現場で使える

TypeScript
詳解実践ガイド

LeapIn株式会社
菅原浩之 [著] CodeMafia 外村将大 [監修]

本書のサポートサイト

本書で使用されているサンプルファイルを掲載しております。訂正・補足情報についてもここに掲載していきます。

https://book.mynavi.jp/supportsite/detail/9784839984274.html

- サンプルファイルのダウンロードにはインターネット環境が必要です。
- サンプルファイルはすべてお客様自身の責任においてご利用ください。
  サンプルファイルおよび動画を使用した結果で発生したいかなる損害や損失、その他いかなる事態についても、
  弊社および著作権者は一切その責任を負いません。
- サンプルファイルに含まれるデータやプログラム、ファイルはすべて著作物であり、著作権はそれぞれの著作者にあります。
  本書籍購入者が学習用として個人で閲覧する以外の使用は認められませんので、ご注意ください。
  営利目的・個人使用にかかわらず、データの複製や再配布を禁じます。
- 本書に掲載されているサンプルはあくまで本書学習用として作成されたもので、実際に使用することは想定しておりません。ご了承ください。

ご注意

- 本書での学習にはインターネット環境が必要です。
- 本書に登場するソフトウェアやURLの情報は、2024年2月段階での情報に基づいて執筆されています。
  執筆以降に変更されている可能性があります。
- 本書の制作にあたっては正確な記述につとめましたが、著者や出版社のいずれも、本書の内容に関して何らかの保証をするものではなく、
  内容に関するいかなる運用結果についても一切の責任を負いません。あらかじめご了承ください。
- 本書中の会社名や商品名は、該当する各社の商標または登録商標です。本書中では™および®は省略させていただいております。

まえがき

本書の特徴と対象となる読者

本書は実務で TypeScript を使いこなすために不可欠な基本概念や機能を基礎から応用レベルまで丁寧に解説しています。最終章ではハンズオン形式でアプリケーションを開発し、学習した内容を実際に使って知識を定着させます。
本書はすでに現場で TypeScript を使用している方々が、さらに型の概念を深く理解したり、重要な機能を参照するために役立ちます。また、本書は TypeScript の概念を一から詳しく説明しているため、これから TypeScript を初めて学ぶ方にも最適な構成となっています。
JavaScript に関する体系的な解説は省略していますが、TypeScript を深く理解する上で有用な JavaScript の知識を巻末の Appendix で提供しています。そのため、JavaScript の基礎知識がある読者であれば、復習を兼ねてスムーズに学習を進めることができるでしょう。

本書は、特に以下のような読者に役立つでしょう。

- TypeScript の主要な概念や機能について深く理解したい方
- 新たに TypeScript プロジェクトへの参加が決まり、基本的な知識を身につける必要がある方
- JavaScript でのエラーに頻繁に遭遇し、より安全かつ快適な開発環境を求めている方
- 実際にコードを書きながら TypeScript を学習し、知識を深めたい方
- TypeScript に関する便利なリファレンスを求めている方
- コメントを使う代わりに型情報を活用してコードの品質を向上させたい方
- 型安全なプログラミングに関心がある方

一方で、以下のような読者の期待にはお応えできないかもしれません。

- JavaScript の基礎知識がまったくない方
- JavaScript や Node.js についての詳細な説明を求めている方
- TypeScript の主要な概念や機能について既に十分な理解を持ち、特定の実装方法に関する具体的なガイダンスを探している方
- 特定のフレームワーク（例えば React や Vue.js）と TypeScript の組み合わせに焦点を当てた内容を求めている方

本書の構成

それぞれの章で学ぶ内容の概要をここで説明します。

■Chapter 1　イントロダクション

TypeScript とはなにか、そしてなぜ必要とされるようになったのかについて学びます。また、TypeScript を使い始めるための基本的な開発環境のセットアップ方法についても解説します。

■Chapter 2　TypeScript の基礎知識

TypeScript の核となる「型」についての基本的な知識を学びます。初めて TypeScript に触れる方を対象に、型を利用したコーディングや型に関するエラーの確認方法を紹介します。さらに、型の基本的な概念、TypeScript と JavaScript の関連性、および TypeScript による型安全性の提供するメリットとその他の特徴についても解説します。

■Chapter 3　基本の型

TypeScript を使いこなす上で必須となる基本的な型に焦点を当てて解説します。プリミティブ型から始め、リテラル型、ユニオン型、型エイリアス、オブジェクト型、そして Array 型や Tuple 型、さらに関数に関連する型に至るまで、幅広いトピックを扱います。各セクションを通じて、TypeScript の型システムがどのような型で構成されているかを理解し、実際のコーディングにおいてこれらの型をどのように利用するかを学びます。

■Chapter 4　クラスとインターフェイス

「クラス」と「インターフェイス」について詳しく学びます。インターフェイスとクラスの基本的な使い方から、継承、アクセス修飾子、アクセサ、そしてクラスとインターフェイスの連携までを学びます。これらの概念を通じて、型安全なオブジェクト指向コードの設計・実装を行うための基礎を習得します。

■Chapter 5　型の高度な概念

TypeScript の型に関する概念を深掘りします。型同士の関係性、複雑な型の互換性、型の拡大・絞り込み方法、そしてさまざまな型演算子や型アサーションを取り扱います。これらの高度な概念を通じて、より洗練された型安全なコードの記述技法を習得します。

■Chapter 6　ジェネリクス

「ジェネリクス」について詳しく学びます。ジェネリクスの基本から、関数、インターフェイス、クラスでの利用方法、そしてジェネリクス型の制約や組み込みのユーティリティ型に至るまでを学びます。ジェネリクスを利用して、型安全性を保持しつつ再利用可能なコードを作成するための基礎を習得します。

■Chapter 7　デコレータ（スキップ可）

「デコレータ」の基本的な使い方について学びます。メタプログラミングの概念から始め、メソッドデコレータを例にしてデコレータの特徴や機能について学びます。また、フィールドデコレータ、クラスデコレータなど、その他のデコレータの利用方法も簡単に解説します。

■Chapter 8　モジュールとライブラリ

TypeScript におけるモジュールの基本的な概念とその利用方法、特に型のエクスポートやインポートについて解説します。また、TypeScript でサードパーティのライブラリを使用する際に必要となる宣言ファイルの詳細や、DefinitelyTyped を介した宣言ファイルのインストール方法、自身での宣言ファイルの作成方法についても説明します。

■Chapter 9　TSConfig ファイルの設定

TypeScript プロジェクトの設定をカスタマイズするための tsconfig.json ファイルに焦点を当て、重要なコンパイルオプションの概要を解説します。出力ファイルの制御、厳格な型チェックの方法、そして JavaScript ファイルで型を扱うためのオプションについても解説します。

■Chapter 10　アプリケーションの作成

アプリケーションを作成を通じて、TypeScript の知識を実践的に利用します。1 つ目のアプリとして Node.js を使用した、ターミナルで動作する CLI ゲームを作成します。2 つ目のアプリとしてブラウザ上で動作するタスク管理アプリを作成します。これらの実装を通じて、TypeScript でのアプリケーション開発のフローを体験します。

本書の読み方

本書は、TypeScript の基本的な知識を体系的に習得するため、初めから順番に読むことをお勧めします。ただし、Chapter 7 で扱うデコレータについては、必要に応じて読み飛ばしても構いません。
一方で、各章は独立して構成されているため、興味のあるトピックから読み始めることもできます。そのため、TypeScript のリファレンスとして利用していただくことも可能です。

本章の表記

以下のように、上部に番号のある囲みには、サンプルコードを掲載しています。サポートサイトからダウンロードできるサンプルファイル一式に、同名のファイルが含まれています（例：2-1.ts）。

▶ 2-1　変数宣言と型注釈

```
let firstName: string = "Bill";
let age: number = 22;
```

以下のように、上部に番号のない囲みには、構文やコマンド、ディレクトリ構造、出力結果、画面に表示される内容の一部などを掲載しています。サンプルファイルの用意はありません。

▶ ts-node のグローバルインストール

```
npm install -g ts-node@10.9.1
```

本文に補足する情報があるときには、以下のように脚注を記載しています。Appendixにて補足の情報の詳細を記載していることがありますので、必要に応じて該当ページを参照してください。

※1　ECMAScriptについて詳しくは、巻末P.272のAppendix 1を参照してください。

サンプルコードについて

本書に記載されているサンプルコードは、以下のページからダウンロードすることができます。

https://book.mynavi.jp/supportsite/detail/9784839984274.html

ダウンロードしたサンプルは以下のようなディレクトリ構造になっています。

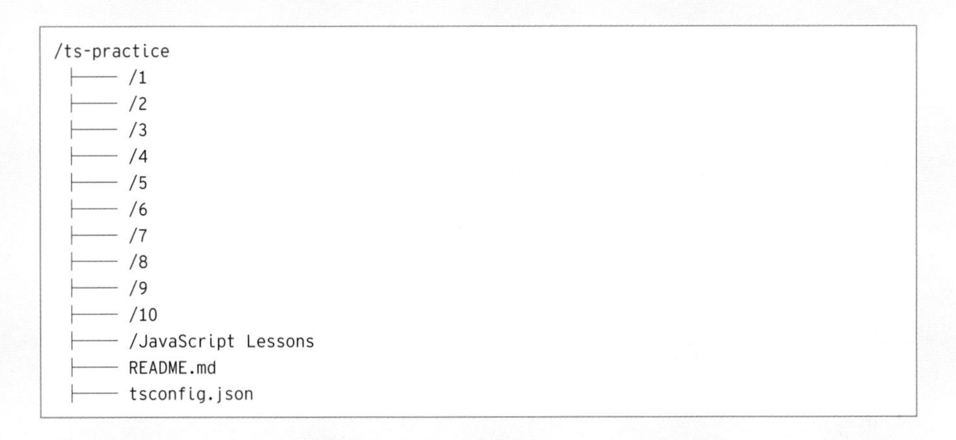

```
/ts-practice
  ├── /1
  ├── /2
  ├── /3
  ├── /4
  ├── /5
  ├── /6
  ├── /7
  ├── /8
  ├── /9
  ├── /10
  ├── /JavaScript Lessons
  ├── README.md
  ├── tsconfig.json
```

ルートディレクトリには、章番号に対応する名前のディレクトリとREADME.md、tsconfig.jsonが配置されています。それぞれのディレクトリには、その章で使用するサンプルコードのファイルが格納されています。それぞれのファイル名は、サンプルコード番号になっています（例：2-1.ts）。サンプルコードの詳細は、README.mdファイルに記述されています。詳しくはそちらをご覧ください。

動作環境について

本書に含まれるサンプルコードの動作は、以下の環境で確認されています。

■ macOS Ventura 13.3.1（Intel）

- TypeScript 5.2.2
- Visual Studio Code 1.85.0
- Node.js 20.8.1
- NPM 10.1.0
- Chrome 120.0

■ Windows 11 Pro（64bit）

- TypeScript 5.2.2
- Visual Studio Code 1.85.0
- Node.js 20.8.1
- NPM 10.1.0
- Chrome 120.0

Contents

Chapter 1 イントロダクション …… 001

1-1 なぜ TypeScript なのか？ …… 002
- 1-1-1 TypeScript とは？ …… 002
- 1-1-2 JavaScript による大規模開発 …… 002
- 1-1-3 JavaScript の限界 …… 003
- 1-1-4 TypeScript の登場 …… 003
- 1-1-5 TypeScript の今後 …… 004

1-2 開発環境の構築 …… 005
- 1-2-1 Node.js のインストール …… 005
- 1-2-2 TypeScript のインストール …… 006
- 1-2-3 TypeScript ファイルの実行 …… 008

Chapter 2 TypeScriptの基礎知識 …… 011

2-1 初めての TypeScript …… 012
- 2-1-1 TypeScript で型を利用してみよう …… 012
- 2-1-2 TypeScript のエラーを見てみよう …… 013

2-2 TypeScript の型とは？ …… 015
- 2-2-1 プログラミング言語における型と型安全性 …… 015
- 2-2-2 TypeScript の型チェックとトランスパイル …… 016
- 2-2-3 TypeScript と JavaScript の関係 …… 017

2-3 型情報以外の TypeScript の役割 …… 019

Chapter 3 基本の型 021

3-1 最も基本の型 022
- 3-1-1 number 型 022
- 3-1-2 string 型 022
- 3-1-3 boolean 型 023
- 3-1-4 基本的な型エラーを見てみよう 023

3-2 リテラル型 025
- 3-2-1 const による変数宣言 025
- 3-2-2 型注釈によるリテラル型 026

3-3 ユニオン型 027
- 3-3-1 ユニオン型の構文 027
- 3-3-2 ユニオン型とリテラル型の組み合わせ 028

3-4 型エイリアス 029
- 3-4-1 型エイリアスの構文 029
- 3-4-2 型エイリアスのユニオン型 030

3-5 オブジェクト型 031
- 3-5-1 JavaScript のオブジェクトの特徴とTypeScript での扱い 031
- 3-5-2 オブジェクト型の基本 031
- 3-5-3 ネストされたオブジェクト型 035
- 3-5-4 過剰プロパティチェック 035
- 3-5-5 オプショナルプロパティ 037
- 3-5-6 読み取り専用プロパティ 038

3-6 Array 型と Tuple 型 039
- 3-6-1 Array 型 039
- 3-6-2 Tuple 型 040

3-7 インターセクション型 043

3-8 any 型 044

3-9 unknown 型 045

3-10 undefined 型と null 型 047

3-11 関数と型 048
- 3-11-1 パラメータと戻り値の型 048
- 3-11-2 オプショナルパラメータ 050
- 3-11-3 関数型 051
- 3-11-4 void 型 052
- 3-11-5 never 型 053
- 3-11-6 関数オーバーロード 055

Chapter 4 クラスとインターフェイス …… 059

4-1 インターフェイス …… 060

4-1-1 インターフェイスの宣言 …… 060
4-1-2 インターフェイスとメソッド …… 061
4-1-3 オプショナルプロパティ …… 062
4-1-4 読み取り専用プロパティ …… 062
4-1-5 インデックスシグニチャ …… 063
4-1-6 インターフェイスと呼び出しシグニチャ …… 065
4-1-7 インターフェイスの拡張 …… 066
4-1-8 複数のインターフェイスの拡張 …… 068
4-1-9 インターフェイスのマージ …… 069
4-1-10 インターフェイスと型エイリアスの違い …… 070

4-2 クラス …… 071

4-2-1 クラスの基本 …… 071
4-2-2 クラスの継承 …… 076
4-2-3 アクセス修飾子 …… 079
4-2-4 アクセサ（ゲッター と セッター） …… 083
4-2-5 static プロパティとメソッド …… 085
4-2-6 抽象クラスと抽象メソッド …… 086
4-2-7 クラスとインターフェイスの実装 …… 087

Chapter 5 型の高度な概念 …… 091

5-1 型同士の関係 …… 092

5-1-1 型と集合 …… 092
5-1-2 サブタイプとスーパータイプ …… 097
5-1-3 トップ型とボトム型 …… 099
5-1-4 型の互換性と代入可能性 …… 099

5-2 複雑な型と互換性 …… 100

5-2-1 オブジェクト型 …… 100
5-2-2 関数型 …… 103

5-3 型の拡大 …… 108

5-4 型の絞り込み …… 111

5-4-1 代入による型の絞り込み …… 111
5-4-2 型ガード …… 112
5-4-3 satisfies …… 117

5-5 ユーザー定義型ガード（型述語） 120

5-6 型アサーション 122

5-6-1 型アサーションの構文 122

5-6-2 非 null アサーション 123

5-6-3 const アサーション 124

5-7 型演算子 125

5-7-1 keyof 125

5-7-2 typeof 126

5-7-3 keyof と typeof の組み合わせ 127

Chapter 6 ジェネリクス 129

6-1 ジェネリクスの基本 130

6-1-1 ジェネリクスとは 130

6-1-2 なぜジェネリクスが必要なのか 131

6-2 ジェネリック関数 133

6-2-1 型パラメータと型引数 133

6-2-2 型引数の型推論と明示的な型の指定 134

6-2-3 型パラメータのデフォルト型 135

6-3 ジェネリックインターフェイス 136

6-4 ジェネリッククラス 138

6-4-1 ジェネリッククラスの宣言 138

6-4-2 ジェネリッククラスのインスタンス化 139

6-4-3 ジェネリッククラスの継承 140

6-4-4 ジェネリックインターフェイスの拡張 141

6-5 ジェネリック型エイリアス 143

6-6 ジェネリック型の制約 144

6-6-1 extends による型パラメータの制約 144

6-6-2 keyof 演算子と extends の組み合わせによる制約 145

6-7 ジェネリクスとユーティリティ型 146

6-7-1 Partial<T> 型 146

6-7-2 Record<K, T> 型 147

6-7-3 Pick<T, K> 型 148

Chapter 7 デコレータ …… 149

7-1 デコレータを学ぶ前に …… 150
7-1-1 デコレータとメタプログラミング …… 150
7-1-2 TypeScript のデコレータとは …… 151
7-1-3 デコレータの仕様の違い …… 152

7-2 初めてのデコレータ（メソッドデコレータ） …… 153
7-2-1 メソッドデコレータの作成 …… 153
7-2-2 デコレータファクトリ …… 158
7-2-3 デコレータが実行されるタイミング …… 159
7-2-4 メソッドデコレータと型 …… 160

7-3 ゲッター、セッターデコレータ …… 165

7-4 フィールドデコレータ …… 167

7-5 クラスデコレータ …… 168

7-6 Auto-Accessor とデコレータ …… 170

Chapter 8 モジュールとライブラリ …… 173

8-1 TypeScript とモジュール …… 174
8-1-1 モジュールとは？ …… 174
8-1-2 モジュールの利用 …… 174
8-1-3 型のエクスポート・インポート …… 176
8-1-4 モジュールとスクリプト …… 178

8-2 TypeScript とサードパーティライブラリ …… 180
8-2-1 ライブラリと宣言ファイル …… 180
8-2-2 宣言ファイルのインストール（DefinitelyTyped） …… 181
8-2-3 宣言ファイルの作成 …… 184

Chapter 9 TSConfig ファイルの設定 …… 187

9-1 tsconfig.json の役割 …… 188

9-2 tsconfig.json の作成とコンパイル …… 189

9-3 プロジェクトのディレクトリ構成の設定 …… 190

9-4 コンパイル対象のファイル・ディレクトリの限定 …… 191

9-5 出力されるファイルの種類の制御 193
9-5-1 sourceMap 193
9-5-2 declaration と declarationMap 194
9-5-3 noEmitOnError と noEmit 194
9-6 コンパイル後の JavaScript のバージョン 194
9-7 コンパイル後のモジュールシステム 195
9-8 ES Modules と CommonJS の相互利用 196
9-8-1 esModuleInterop 196
9-8-2 allowSyntheticDefaultImports 197
9-9 型チェックの厳しさ 198
9-9-1 strict 198
9-9-2 noImplicitAny 198
9-9-3 strictNullChecks 199
9-9-4 strictFunctionTypes 199
9-9-5 strictBindCallApply 200
9-9-6 strictPropertyInitialization 201
9-9-7 noImplicitThis 201
9-9-8 lib 201
9-10 JavaScript ファイルのコンパイルと型チェック 202
9-10-1 allowJs 202
9-10-2 checkJS 204
9-11 tsconfig ファイルの拡張 205

Chapter 10 アプリケーションの作成 207

10-1 Node.js の CLI ゲーム 208
10-1-1 ゲームの概要 208
10-1-2 ゲームの開発のための準備 209
10-1-3 開発環境の構築 211
10-1-4 ゲームの実装 214
10-2 ブラウザで動作するタスク管理アプリ 242
10-2-1 アプリの概要 242
10-2-2 アプリの実装のための準備 243
10-2-3 開発環境の構築 246
10-2-4 アプリの実装 250

Appendix JavaScript Lessons 271

A-1 ECMAScript 272
A-2 Node.js と package.json 272
A-3 パッケージのグローバルインストールとローカルインストール 273
A-4 JavaScript のプリミティブ値とオブジェクト 274
A-4-1 プリミティブデータ型 274
A-4-2 オブジェクト（プリミティブデータ型以外） 274
A-5 let、constおよびvar 275
A-6 識別子の命名規則 276
A-6-1 キャメルケース（camelCase） 276
A-6-2 パスカルケース（PascalCase） 276
A-6-3 スネークケース（snake_case） 276
A-6-4 ケバブケース（kebab-case） 277
A-7 スコープ 277
A-8 リテラルとオブジェクトリテラル 278
A-9 スプレッド構文 279
A-9-1 配列の展開 279
A-9-2 オブジェクトの展開 279
A-10 オプショナルチェーン演算子と null 合体演算子 280
A-10-1 オプショナルチェーン演算子 280
A-10-2 null 合体演算子 281
A-11 関数のパラメータと引数 282
A-11-1 パラメータ（Parameter） 282
A-11-2 引数（Argument） 282
A-12 truthy と falsy 283
A-13 アロー関数と関数式 284
A-14 コールバック関数 285
A-15 クラスと this 286
A-16 JavaScript のプライベートクラスメンバー 288
A-17 三項演算子 288
A-18 typeof、in、instanceof 演算子 289
A-18-1 typeof 演算子 289
A-18-2 in 演算子 290
A-18-3 instanceof 演算子 291

A-19 DOMとイベントリスナ …… 292
A-19-1 要素の取得 …… 292
A-19-2 要素へのイベントリスナの追加 …… 292
A-20 デフォルト引数 …… 293
A-21 残余引数 …… 294
A-22 bind、call、apply メソッド …… 295
A-22-1 bind メソッド …… 296
A-22-2 callメソッド …… 296
A-22-3 apply メソッド …… 297
A-23 コンストラクタ関数とクラス …… 297
A-24 ES Modules の export/import …… 298
A-24-1 export …… 298
A-24-2 import …… 300
A-25 ES Modules と CommonJS …… 301
A-25-1 エクスポート …… 301
A-25-2 インポート …… 301
A-26 JSDoc …… 302
A-27 分割代入 …… 303
A-27-1 配列の分割代入 …… 303
A-27-2 オブジェクトの分割代入 …… 304
A-27-3 関数のパラメータとしての分割代入 …… 304
A-28 Promise …… 305
A-28-1 then メソッド …… 306
A-28-2 catch メソッド …… 306
A-28-3 finally メソッド …… 307
A-29 async/await …… 308
A-30 正規表現 …… 309
A-30-1 正規表現の作成 …… 309
A-30-2 パターン内で使える特殊文字とフラグ …… 310
A-30-3 正規表現に関わるメソッド …… 310

索引 …… 312

Chapter 1

イントロダクション

この章では、TypeScriptが登場した経緯やそのメリット、今後の展望などについてご紹介します。その後、TypeScriptで開発を行うための環境構築や、ファイルの実行手順について解説します。

Chapter 1-1

なぜ TypeScript なのか？

始めに、なぜ TypeScript が必要とされるのか、について理解して、習得するモチベーションをグッと高めましょう！

1-1- 1 TypeScript とは？

TypeScript とはなんでしょうか？ 辞書的な説明をすると、「JavaScript のスーパーセットとして開発された静的型付けのプログラミング言語」と言うことができます。「スーパーセット (superset)」という言葉は「上位集合」と訳されます。集合は、中学校の数学で習うあの集合のことです。これをプログラミング言語の文脈で使うと、TypeScript は、JavaScript のすべての特性や機能を持っており、さらに追加の特性や機能を持っている、という意味になります。端的に言えば、TypeScript は JavaScript の上位互換であるとも言えます。

したがって、すべての有効な JavaScript コードはそのまま TypeScript コードとしても有効であることを意味します。では、追加の特徴と機能とはなんでしょうか？ 最も重要なものは、言語の名前の由来にもなっている「型」です。型とは何か、それによってどのようなメリットが得られるかについては、本書を通して詳しく学んでいきますが、ここではなぜ JavaScript に型を追加する必要があったのかについて、その理由と経緯を振り返ってみましょう。

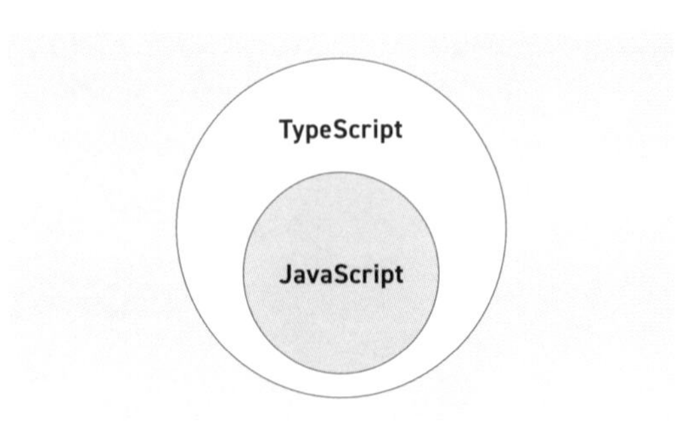

図1-1 TypeScript と JavaScript の関係図

1-1- 2 JavaScript による大規模開発

JavaScript は現在世界で最も使用されている言語になりました。その理由は単純で、あらゆるソフトウェア開発において、Web 開発が占める割合が圧倒的に多く、フロントエンドの Web 開発を行おうとすると必然的に開発言語は JavaScript になるからです。この状況は、みなさんが PC やスマートフォンでインターネットを利用しない日など、もはやあり得ないことからも肌感として理解できます。

2000 年代初頭に始まったブロードバンドの普及により、従来よりもはるかに高速に大量のデータを送受信できるようになりました。それによって Web アプリの機能や見た目は従来と比べ物にならないくらいリッチになりました。さらに、スマートフォンの登場により、Web の利用頻度が劇的に増えることになりました。これらに代表される技術革新によって JavaScript の役割はどんどん大きくなり、その結果、コードは大規模になり、同時にそれらを高速に処理する必要が生じました。

そのような状況で 2008 年に颯爽と登場したのが Google Chrome です。Chrome に搭載された V8 と呼ばれる JavaScript エンジンは、他の従来のエンジンとは根本的に異なる方法で JavaScript を実行するものでした。V8 は JavaScript の実行速度を劇的に向上させ、それによって Web アプリケーションの可能性を大きく広げました。これは、さらに大量の JavaScript コードを実行できるようになったことを意味し、JavaScript のプロジェクトがますます大きくなっていくことを予感させるものでした。一方で、JavaScript 言語自体もそのような状況に対応するよう進化を遂げる必要があり、ECMAScript[※1] によって ES6 (ES2015) の仕様策定も同時期に進められました。

1-1-3 JavaScript の限界

JavaScript およびそのエコシステムは急速に進化し、多くのコミュニティや企業が JavaScript を用いた大規模な開発を始めました。そのうちの 1 つが Microsoft です。Microsoft は、今後、より大きなソフトウェアが開発されるようになることを予見して、それをアシストする便利なエディタの開発に着手しました。それが後の Visual Studio Code（通称 VSCode）です！ VSCode の開発は、当初 JavaScript で行われましたが、その開発は困難を極め、コード量が増えるにしたがってバグの混入の機会は増え、バグの発見をますます難しくしていきました。

根本的に、JavaScript は大規模開発を行うにはいくつもの欠点を抱えていました。というのも、JavaScript は、ウェブページに動的な要素を持たせるために開発された、軽量で対話的な初心者にやさしいスクリプト言語として誕生しました。そのため、たとえば JavaScript には静的型システムやモジュールシステムは実装されませんでした。複雑な処理が必要ない簡単なアプリやサイトであれば、それでも問題ないのですが、大規模かつ長期的に保守運用するプロジェクトにはまったく不向きでした。

そこで、Microsoft はエディタの開発よりも、それを作るためのツールの開発を優先して行うことにしたのです。そのツールこそが後の TypeScript になります。VSCode の開発チームの 1 人は、「TypeScript がなければ VSCode は生まれていない」と回想しています。TypeScript と VSCode は、お互いよいフィードバックループを形成して開発されました。

そのころ、大規模なプロジェクトを手掛ける他のコミュニティも JavaScript の限界を感じていました。例えば、Google は、モダンな Web アプリケーション開発言語として、Dart という新しい取り組みを発表しました。さらに、Web アプリケーションフレームワーク Angular の開発の中で、AtScript という言語も導入しました。この AtScript は後に TypeScript に統合されることとなりました。

1-1-4 TypeScript の登場

Microsoft は JavaScript の限界を解決するために、それを別の言語で置き換えるのではなく、JavaScript の大きな欠点を埋めるという方法を取りました。JavaScript は別の言語で置き換えるほど壊れてはおらず、欠点を修正するだけで十分という判断です。そのためにまず追加された機能が「静的型システム」です。繰り返しになりますが、型システムがどのような問題を解決するのかについては、次の章で詳細に説明します。そのため、ここでは詳細な説明を省略しますが、一言で言えば、型システムによってエラーを発見しやすくなります。

※1　ECMAScriptについて詳しくは、巻末P.272のAppendix 1を参照してください。

それ以外に追加されたものとして、将来 JavaScript に実装される可能性がある、現在 ECMAScript で検討中の機能があります。それには、モジュールシステムやクラス構文、さらに実験的なデコレータなどが含まれていました。先取りして実装した機能をブラウザで実行するには、同等の処理を行う古いバージョンの JavaScript の構文に変換する必要があるため、その変換機能も実装されました。

さらに、TypeScript は静的型情報を利用して、VSCode のような統合開発環境（IDE）にさまざまな便利な機能や情報を提供します。例えば、TypeScript を IDE で使用すれば、コード補完、リファクタリング、定義へのジャンプなどの強力な開発機能を利用できます。

これらの特徴を持った TypeScript は、プログラミング言語であり開発ツールでもあると言えます。また、上記に代表される機能の追加は、JavaScript との互換性を保ちながら行われたので、JavaScript のプロジェクトから段階的に TypeScript に移行していくことも可能にしました。

公開後の、TypeScript の大規模な採用は、Angular との連携によって実現しました。さらに、JSX のサポートを追加し、React との統合が進み、他の多くのライブラリとも統合されました。TypeScript の人気は年々上昇しており、かつては単なる選択肢の 1 つとしてみられていたものが、現在では新しいアプリ開発のデファクトスタンダードとしてのその地位を確立しつつあります。

ここまでの説明を読んで、「私は主に個人開発をしているので、TypeScript は不要だろう」と感じて本を閉じかけた方もいらっしゃるかもしれませんが、ちょっと待ってください！ TypeScript は個人開発においても多くの利点を提供します。大規模なプロジェクトやチームでの開発が TypeScript の利点を最大限に活かせるシチュエーションであるとは言え、個人開発や小規模なプロジェクトにおいても実にさまざまな利点が得られます。それらについては本書を通して実感していただきます。

1-1-5 TypeScript の今後

近い将来、JavaScript が TypeScript のような型システムをネイティブでサポートする日が来るかもしれません。Microsoft の TypeScript 開発チームは、JavaScript の未来の方向性を決定づける TC39[※2] に直接関与しています。そして、その中で議論されているトピックの 1 つが、JavaScript に型のためのコメントを追加するという提案です。

この提案によれば、JavaScript に追加される型情報はコメント形式で記述され、実行時にはこれがすべて取り除かれます。そのため、実際の動作に何の影響も及ぼしません。結果として、既存の JavaScript コードに変更を加えることなく、型を使用することが可能になります。さらに、静的な型チェックを行うサードパーティのツールをプロジェクトに組み込むことで、これらの型を解析し、エラーチェックを効率的に行うことができるわけです。

もし、この変更が実際に採用されると、確かに.ts という拡張子を持つファイルの数は減少する可能性が高いでしょう。しかしながら、TypeScript が提供する多くの高度な機能とツールセットは非常に有用であるため、TypeScript 自体が消え去ることはありません。それらの機能を求める開発者は、今後も TypeScript を利用し続けることでしょう。

※2　TC39についても、巻末P.272のAppendix 1を参照してください。

仮に、この提案が実現しないとすれば、TypeScript は今後ますます利用されるようになるでしょう。なぜなら、TypeScript の競争力が非常に高くなってきているからです。数年前までは、Meta 社が開発した Flow という、JavaScript 用の静的型チェックを行うライバルツールなども存在しましたが、現在では TypeScript が主流となっており、多くのプロジェクトや開発者が TypeScript を採用しています。

前置きが長くなりましたが、TypeScript の魅力は十分に感じていただけたと思いますので、次から TypeScript を実際に利用する準備を行いましょう！

Chapter 1-2 開発環境の構築

TypeScript で開発を行うための環境を構築しましょう。まず、PC に Node.js※3をインストールし、パッケージマネージャーの npm によって、TypeScript をインストールします。

エディタは VSCode を使って、説明を行います。VSCode は TypeScript をサポートするための強力な機能を多数内蔵しており、TypeScript コードを書く際に多くの利点が得られます。また、VSCode は継続的に更新されており、最新の TypeScript の機能を迅速にサポートしています。

1-2-1 Node.js のインストール

また、nvm や volta のような Node.js のバージョンマネージャーを利用することで、複数のバージョンの Node.js を一台のマシン上で簡単に切り替えて使用することもできます。特に、複数のプロジェクトを進行中でそれぞれのプロジェクトで異なる Node.js のバージョンが必要な場合などに役立ちます。今回は、公式サイトからのインストーラーを用いたインストール方法に焦点を当てて解説していきます。

Node.js は Node.js の公式サイトからインストーラーをダウンロードして実行することでインストールできます。他にも、nvm や volta などの Node.js バージョンマネージャーを利用したダウンロードも可能です。後者の方法は、複数のプロジェクトを進行中でそれぞれのプロジェクトで異なる Node.js のバージョンが必要な場合などに役立ちます。今回は、インストーラーを用いた方法を解説します。

以下の URL から OS に応じた LTS 版のインストーラーをダウンロードしてください。

・Node.js ダウンロード URL
https://nodejs.org/en/download

※3　Node.js と package.jsonについて詳しくは、巻末P.272のAppendix 2を参照してください。

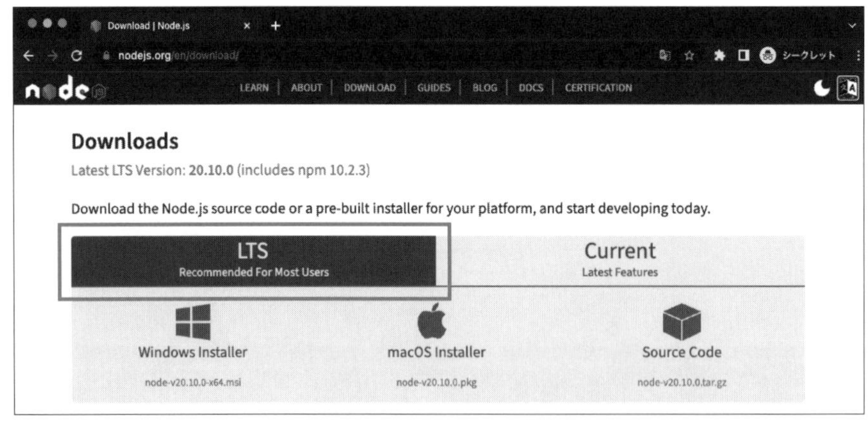

図1-2　Node.js のダウンロード

ダウンロードが完了したらインストーラーを実行して、PC へのインストールを行います。インストールが完了したら、VSCode のターミナルで以下のコマンドを実行し、Node.js が正しくインストールされているかを確認します。

▶ **Node.js のバージョンの確認**

```
node -v

// v20.8.1
```

Node.js のバージョン情報が出力されたらインストール完了です。

1-2- 2 TypeScript のインストール

TypeScript のインストールは Node.js に同梱されている npm というパッケージマネージャーによって行います。

以下のコマンドを実行して、TypeScript をインストールします。

▶ **typescript のグローバルインストール**

```
npm install -g typescript@5.2.2
```

ここでは、"-g"フラグを指定してグローバルインストール[※4]を行います。グローバルインストールは、システム全体でアクセスできる場所にパッケージをインストールする方法です。グローバルにインストールされたパッケージには、どのディレクトリからでもコマンドラインでアクセスできます。

※4　グローバルインストールについて詳しくは、巻末P.273のAppendix 3を参照してください。

以下のコマンドを実行して、typescript がインストールできたか確認しましょう。

▶ **typescript のバージョンの確認**

```
tsc -v

// Version 5.2.2
```

上記のようにバージョン情報が出力されたら typescript のインストールは完了です。typescript のインストールが完了すると tsc コマンドが使用できるようになります。

Node.js 自体のバージョン管理ツール（nvm や volta など）を使用して、同じマシン上で複数の Node.js のバージョンを切り替えない限り、1 台のマシン上でグローバルには 1つのバージョンの TypeScript しかインストールできません。そのため、異なるプロジェクトで異なるバージョンの TypeScript を使用したい場合、プロジェクトごとに TypeScript をローカルにインストールし、バージョンを指定するのが一般的です。これにより、各プロジェクトの依存関係が明確になり、他の環境へのクローンやメンテナンスがスムーズに行えます。TypeScript のローカルインストールによる環境構築の方法については、Chapter 10で詳しく解説いたします。

Windows 環境において PowerShell を使用して、上記のコマンド tsc -v を実行する際、以下のようなエラーメッセージが表示されることがあります。

```
> このシステムではスクリプトの実行が無効になっているため、ファイル ... を読み込むことができません。
```

このエラーは、PowerShell のスクリプト実行ポリシーが制限されている場合に発生します。

このエラーメッセージは、Windows がセキュリティ上の理由で特定のスクリプトの実行を制限していることを示しています。PowerShell には、スクリプトを実行するための「実行ポリシー」というものがあり、これはシステム上で実行できるスクリプトの種類を制御します。標準設定では、セキュリティを強化するために、不明なスクリプトの実行が制限されていることが多いです。この制限により、TypeScript のコンパイラ（tsc）などのスクリプトが実行できなくなります。

この問題を解決するためには、以下の方法によって PowerShell の実行ポリシーを変更する必要があります。

1. PowerShell を管理者として実行：スタートメニューから PowerShell を検索し、「管理者として実行」を選択して起動します。
2. 実行ポリシーの確認：現在の実行ポリシーを確認するには、PowerShell で以下のコマンドを実行します。通常、デフォルトは「Restricted」（制限されている）です。

```
Get-ExecutionPolicy
```

3. 実行ポリシーの変更：実行ポリシーを変更してスクリプト実行を許可するには、以下のコマンドを実行します。

```
Set-ExecutionPolicy RemoteSigned
```

「RemoteSigned」は、ローカルで作成したスクリプトとインターネットからダウンロードしたリモートの署名済みスクリプトの実行は許可されるポリシーです。

この手順により、TypeScript のコマンドを含む多くのスクリプトが正しく実行できるようになります。

1-2- 3 TypeScript ファイルの実行

ここでは、.ts 拡張子を持つ TypeScript コードのファイルを実行してみましょう。
まずは、適当な名前で新しいディレクトリを作成して VSCode で開いてください。
続いて、ディレクトリ内に sample.ts ファイルを作成してみましょう。

▶ プロジェクトのディレクトリ構成

```
/ts-practice // 作成したディレクトリ
├── sample.ts
│
```

作成したファイルに以下のコードを記述してください。

▶ 1-1　確認用コード

```
// sample.ts
console.log("Hello, TypeScript!");
```

このファイルを直接実行しようと思うかもしれませんが、TypeScript ファイルはそのままでは実行できません。まず、JavaScript ファイルへと変換する必要があります。その変換の際には、tsc コマンドを使用します。以下のように、変換したい TypeScript ファイル名を指定して tsc コマンドを実行してください。

▶ tsc コマンドによる JavaScript ファイルへの変換

```
tsc sample.ts
```

上記のコマンドを実行すると、同じディレクトリ内に JavaScript ファイルが生成されます。

▶ JavaScript ファイルの出力先

```
/ts-practice
├── sample.js // JavaScriptファイルが生成
├── sample.ts
│
```

あとは、この JavaScript ファイルを実行するだけです。以下のコマンドによって実行してみましょう。

▶ .js ファイルの実行

```
node sample.js

// Hello, TypeScript!
```

これで、TypeScript ファイルのコードを実行する準備が整いました。しかし、毎回 JavaScript ファイルへの変換を行ってから実行するのは面倒ですよね？ そこで、ts-node という TypeScript コードを直接実行できる Node.js のパッケージを導入しましょう！ ts-node を使用すると、変換のステップなしで TypeScript コードを直接実行できます。本書のような学習のためのコードの実行に非常に便利です。このパッケージもグローバルにインストールします。

▶ ts-node のグローバルインストール

```
npm install -g ts-node@10.9.1
```

インストールが完了したら、下記のコマンドによって sample.ts ファイルを直接実行してみましょう。

▶ ts-node による.ts ファイルの実行

```
ts-node sample.ts

// Hello, TypeScript!
```

これで、.ts ファイルを直接実行できるようになりました。ts-node コマンドの後ろに、実行したい .ts ファイルのパスを指定する必要がありますが、VSCode には、ファイルをドラッグしてターミナル上にドロップするだけでそのパスが自動的に入力される便利な機能があります。その機能を使うと、ts-node コマンドを入力後、ファイルをドラッグ&ドロップするだけで簡単に実行ができるようになります。

開発環境構築の最後の準備として、TypeScript コンパイラの設定を行いましょう。コンパイラオプションの詳しい内容については、TypeScript に慣れていただいたあと、Chapter 9で詳しく学習しますのでここでは、必要最低限の説明しか行いません。

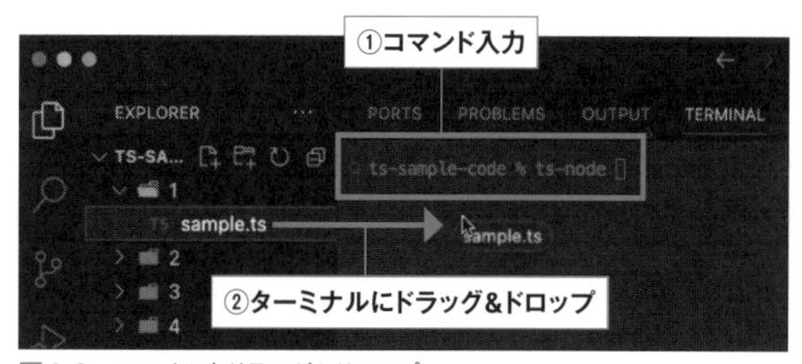

図1-3　ファイルをドラッグ&ドロップ

まず、コンパイラオプションを設定するための tsconfig.json ファイルを下記のコマンドを実行することで生成します。

▶ tsconfig.json ファイルの生成

```
tsc --init
```

上記のコマンドによって、下記の位置に tsconfig.json ファイルが生成されていることを確認してください。

▶ tsconfig.json ファイルの出力先

```
/ts-practice
├── sample.ts
├── tsconfig.json
│
```

次に、tsconfig.json ファイルを編集して、コンパイルのオプションを設定しましょう。生成された tsconfig.json ファイルには数多くのオプションが存在しますが、ここでは以下の指定オプションのみを編集することにします。それ以外のオプションについては削除せずにそのままにしておいてください。

▶ 1-2　コンパイラオプションの設定

```
// tsconfig.json
{
  // 省略

  "compilerOptions": {
    /* Language and Environment */
    "target": "ES2022",

    // 省略

    /* Emit */
    "outDir": "./dist"
  }
}
```

ごく簡単に説明すると、target オプションは、変換された JavaScript のターゲットバージョンを指定します。module オプションは、変換後の JavaScript のモジュールシステムの指定です。

outDir はコンパイルされた JavaScript ファイルを出力するディレクトリを指定します。この設定によって、tsc コマンドの実行によって、TypeScript ファイルをコンパイルして JavaScript ファイルを出力する場合は、dist ディレクトリ内に出力されるようになります。

お疲れさまでした。これで開発環境のセットアップは完了です。次から、実際に TypeScript コードに触れて学習していきましょう！

Chapter 2

TypeScriptの基礎知識

この章では、まず簡単なTypeScriptコードに触れた後、TypeScriptの型がどのような概念であるかを学びます。また、型定義以外にTypeScriptが果たす役割についても学びましょう。

Chapter 2-1

初めての TypeScript

ここではTypeScriptに軽く触れながら、型注釈と型推論を基本を学ぶことで、型がどんなものでどのようなメリットをもたらすのかを体験しましょう。

2-1- 1 TypeScript で型を利用してみよう

ここでは、TypeScript で型を利用するための主要な 2 つの方法と、それぞれの特徴をいくつかの基本的なコード例を通じて見ていきます。型が具体的に何を意味するのかは、次の節で詳細に説明しますので、今は型を使用して JavaScript との差異を実感してみましょう。

TypeScript で型を利用するには、以下のような形式で変数名に続けて型名を記述します。

▶ 型注釈による型の利用

```
変数名: 型名
```

以下は、変数を宣言して、値を代入しているだけのコードです。

▶ 2-1　変数宣言と型注釈

```
let firstName: string = "Bill";
let age: number = 22;
```

この例では、TypeScript に「変数 firstName は string 型で、変数 age は number 型です。」と伝えています。このように変数に対して明示的に型名を指定することを**型注釈**（type annotation）と呼びます。string 型や number 型については次の章で詳しく説明します。ここ強調したいのは、TypeScript では変数の型を明示的に指定することができる、ということです。

そう聞くと、「TypeScript では、すべての変数にいちいち型を指定しなくてはいけないのか？」と心配になるかもしれませんが、ご安心ください。TypeScript には**型推論**（type inference）という強力な機能があり、変数の型を自動で推測し、適切に設定してくれます。

TypeScript では、マウスカーソルを変数名の上に置くことで、その型情報を表示できます。試しに、先ほどのコードから型注釈を削除しても、TypeScript の型推論機能が変数の初期値に基づいて正確に型を推論することが確認できます。

▶ 2-2　型推論

```
let firstName = "Bill"; // 初期値 "Bill" から string 型と推論
let age = 22; // 初期値 22 から number 型と推論
```

型推論を利用することで、型注釈を省略し、コードをより簡潔で読みやすいものにすることが可能です。そう聞くと今度は「TypeScript が推論を間違えたらどうするんだ！」と心配になりますが、安心してください！ TypeScript は型を正確に推論できない場面では、当てずっぽうで推論する代わりに、エラーを通じて開発者に型を明示するよう促します。

TypeScript の型推論は完璧ではありませんので注意が必要ですが、型推論はとても強力なため可能な限り積極的に推論させることが推奨されています。

2-1- 2 TypeScript のエラーを見てみよう

ここでは、型注釈で指定された型とは異なる値を変数に代入しようとした場合や、ある型で許可されていない操作を実行しようとしたときに、TypeScript がどのようなエラーメッセージを出すのかを見てみましょう。

例として、先ほどの number 型と推論されている変数 age に、string 型の値を代入してみます。

▶ 2-3　異なる型の値を代入した場合

```
let age = 22; // 初期値から number 型と推論

age = "23"; // string 型の値を代入
// >> Type 'string' is not assignable to type 'number'.
//   (型 'string' を型 'number' に割り当てることはできません。)
```

この例では、型推論によって number 型とされている変数 age に string 型の値を代入しています。この時、TypeScript は「string 型は number 型に代入する（割り当てる）ことはできない。」という内容のエラーメッセージを表示し、開発者が許可されていない値を代入していることを警告します。

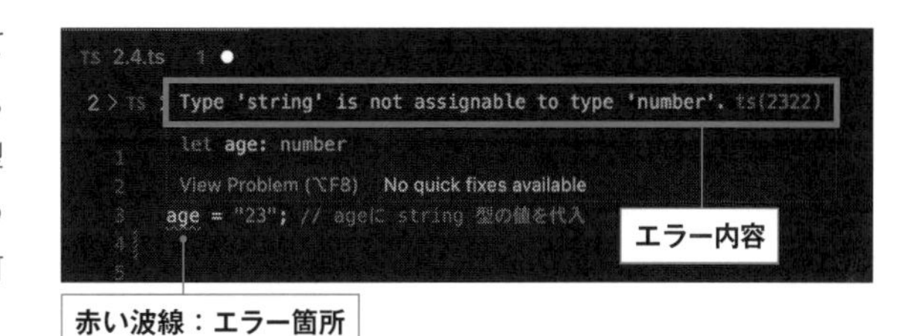

図 2-1　VSCode 上での型エラーの表示

もう 1 つ別のエラーの例を見てみましょう。

▶ 2-4　パラメータに型を指定しない場合

```
function greet(firstName) {
  console.log("Hello, " + firstName);
}

// >> Parameter 'firstName' implicitly has an 'any' type.
//   (パラメーター 'firstName' の型は暗黙的に 'any' になります。)
```

この例では、greet という関数を定義しています。関数 greet は引数を受け取り、それを文字列"Hello"と結合してコンソールに表示するだけです。一見、問題なさそうですが、TypeScript は「パラメータ firstName が暗黙的に any 型を持つ。」という内容のエラーを出します。
新しく出てきた any 型については後ほど解説しますが、ここでは単純に any 型はどんな型の値でも受け入れる型だと考えてください。つまり TypeScript は「firstName を'any 型'に指定することは許可しない、型を明示的に指定してください。」と警告しています。

any 型が許可されない理由は、「どんな型でも受け入れる」という性質が、意図しない型の値が firstName に代入されるリスクを招くからです。この例のように、TypeScript は型推論が行えない場合、エラーを通じて開発者に知らせてくれます。

最後にもう 1 つの例を見てみましょう。

▶ 2-5　型に許されていない操作（演算）をしようとした場合

```
console.log(2 + true);

// >> Operator '+' cannot be applied to types 'number' and 'boolean'.
//   (演算子 '+' を型 'number' および 'boolean' に適用することはできません。)
```

この例では、数値 2 と真偽値 true を加算しようとしています。この操作に対して TypeScript は、「number 型と boolean 型との間に'+'演算子は適用できない」という趣旨のエラーメッセージを出します。それぞれの型には許可された操作が決められていますので、TypeScript はそのルールに反する操作を許可してくれません。

これらの例からわかるように、TypeScript は変数の型情報を常にチェックしており、開発者が誤った操作をしたり、必要な型の指定を忘れた場合には、直ちにエラーメッセージで通知してくれます。
一見すると、JavaScript コードに比べて多くのエラーが表示されるようになり、仕事が増えただけのような気がしますが、次の節では「型」についての理解を深め、型エラーを捉えることの利点を実感しましょう。

なお、本書で使用される「エラー」という表現は、主に TypeScript によって検出される「型エラー」を指します。これは JavaScript のコードが実行される際に生じる「ランタイムエラー」とは異なるものです。型エラーとランタイムエラーは、それぞれ異なる種類のエラーであり、発生するタイミングも異なります。この違いを理解し、それぞれを適切に識別することが重要です。

Chapter 2-2

TypeScript の型とは？

ここでは「型」という概念を深く掘り下げます。TypeScriptがコードの正確性と安全性をどのように高めるかを学びましょう。

TypeScript は「JavaScript に静的型チェックの機能を加えたもの」と説明されることがありますが、そもそもプログラミング言語の文脈で「型」とは具体的に何を意味するのでしょうか？また、「静的に」型をチェックするとは、どのようなプロセスを指すのでしょうか？

TypeScript の具体的な型の種類や使い方を学ぶ前に、まずは TypeScript での型がどのような概念であるか、それが持つ特性や役割を理解して、型そのものに対する理解を深めましょう。

2-2- 1 プログラミング言語における型と型安全性

TypeScript の名前にも表れている「型」という概念ですが、一般的にプログラミング言語における**型**（type）とは、プログラミング言語が扱えるさまざまなデータ形式を抽象化し、分類したときの「種類」のことを指します。利用可能な型はプログラミング言語によって異なりますが、あらゆるデータは何らかの型に分類されて処理されるのが一般的です。

型の分類はデータが持つ共通の属性に基づいて行われます。これらの属性には、データが取り得る具体的な値だけでなく、そのデータに対して行える操作も含まれます。操作とはどういうことか JavaScript の Number 型を例に考えてみましょう。JavaScript では数値を表すデータはすべて Number 型に分類され、その値に対しては、+、-、===、&&などの演算子による処理が可能であり、呼び出すことのできるメソッドが決められています。このように、データ型ごとに許可される演算や処理が定められているのです。つまり、あるデータの型が決まるということは許される値だけでなく、その値に許可された操作（裏を返せば禁止された操作）も同時に決まるということです。

以上の説明から、型情報を利用してコードをチェックすれば、変数に対する不適切な代入や不正な操作などの型に関するエラー（Type Error）を検出できるということがわかります。型情報を用いたコードの検査のことを**型チェック**（type checking）と呼び、このプロセスを実行するツールを型チェッカーと呼びます。

型チェックは、**型システム**と呼ばれるルール体系に基づいて実施されます。このルール体系はプログラミング言語が定めており、使用可能な型の種類、異なる型同士の関係性、許容される操作、型の変換の可否、型推論や型注釈の規則など、さまざまな要素を含んでいます。型によって強化されるコードの安全性は**型安全性**（type safety）と呼ばれ、この安全性のレベルはプログラミング言語によって異なります。

TypeScript の公式ドキュメントによれば、開発者が書くエラーで最も多いのは型エラーだとあります。それは少なくとも JavaScript に関しては正しく、おそらくみなさんが一度は遭遇したことのある「TypeError: Cannot read properties of undefined」というエラーメッセージは、型エラーの典型例です。他にも、関数でない値を実行しようとしたり、配列を要求する関数にオブジェクトを渡すなど、多岐にわたる型エラーが存在します。TypeScript はこうした型関連のエラーを検出する能力を持っています。この点だけでも、TypeScript が提供する型安全性のメリットを実感していただけたと思いますが、型の役割はこれだけにとどまりません。

型情報は、ドキュメンテーションの役割も果たし、開発者が記述したコードの意図を明確にします。例えば、関数の場合、引数や戻り値の型が型注釈によって明示されていれば、開発者のコメントを読まなくても、その関数の使用方法がすぐに理解できます。コメントは書き方のルールを定めたとしても開発者によってばらつきが大きくなりがちですし、メンテナンスがされていなかったり、そもそもコメント自体が間違っている可能性もあります。型注釈はそのような問題を回避します。

型の基本概念と恩恵を理解していただいたところで、次に TypeScript での型のチェックがどのように行われるのかを見ていきましょう。

2-2- 2 TypeScript の型チェックとトランスパイル

TypeScript の型チェックのプロセスについて学ぶ前に、TypeScript コードが実行されるまでの流れを確認しましょう。

TypeScript コードは、JavaScript とは異なり、直接実行することはできません。TypeScript ファイルは.ts という拡張子が付けられますが、これらのファイルをブラウザで直接読み込んでも、また Node.js で実行しようとしても動作しません。ブラウザや Node.js には**JavaScript エンジン**と呼ばれる JavaScript コードを解析して実行するためのプログラムが組み込まれています。JavaScript エンジンは、JavaScript で記述されたコードを、コンピュータが理解できる機械語（0 と 1 の羅列の形式）に変換し実行します。この、人間が読めるプログラミング言語で書かれたコードをコンピュータが実行可能な形式に変換する処理を**コンパイル**と呼びます。JavaScript エンジンは TypeScript コードをコンパイルすることはできないため、TypeScript コードを直接実行することもできません。

したがって、TypeScript コードを実行するためには、まず JavaScript コードへと変換する必要があります。このプロセス、すなわち、ある言語で書かれたコードを別の言語に変換したり、後方互換を持つ同じ言語のコードに変換したりする処理は**トランスパイル**と呼ばれます。トランスパイルとコンパイルは一般的には異なるプロセスを指しますが、厳密に使い分けされておらず、トランスパイルのことをコンパイルと言うこともあります。TypeScript の公式ドキュメントは、TypeScript コードから JavaScript コードへの変換もコンパイルと表現していますので、本書でもそれに従い、これ以降「コンパイル」という言葉を使います。TypeScript コードのコンパイルは、TypeScript の tsc（TypeScript Compiler）と呼ばれるプログラムによって行われます。

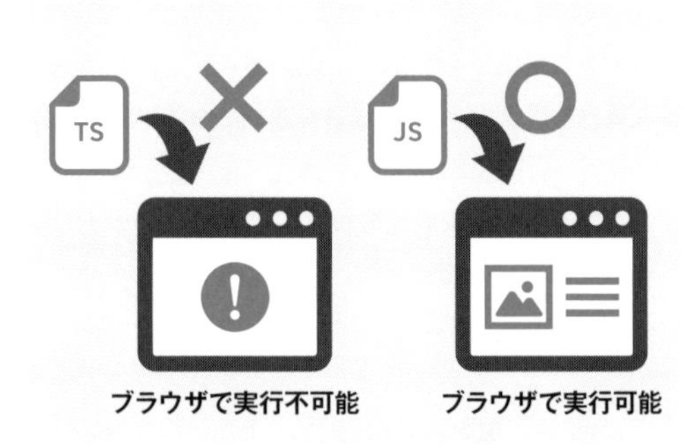

図2-2　ブラウザでの TypeScript の実行

コンパイルを行うプログラムは**コンパイラ**と呼ばれます。コンパイラには C 言語のようにプログラムの実行前にコンパイルを行う、事前コンパイラ（Ahead-Of-Time Compiler、AOT コンパイラ）と JavaScript のようにプログラム実行時にコンパイルを行う、実行時コンパイラ（Just-In-Time Compiler、JIT コンパイラ）があります。

前置きが長くなりましたが、TypeScript の型チェックはこのコンパイルの過程で行われます。以前、「TypeScript は JavaScript に静的型チェックの機能を加えたもの」と説明されることがあると述べましたが、型チェックがコードの「実行前に」行われるという特徴こそが「静的」の意味です。コンパイル時に型を決定し型チェックを実行するこのようなプログラミング言語は**静的型付け言語**と呼ばれ、他の代表的な静的型付け言語には Java、C#、Rust などがあります。

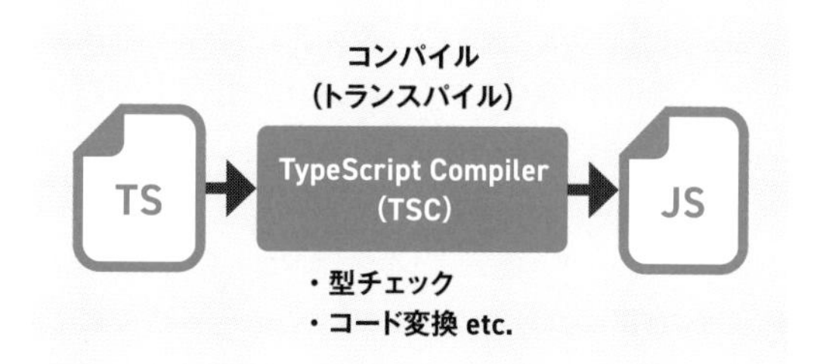

図2-3　TypeScript のコンパイル

TypeScript の型チェックにおいて特筆すべきは、VSCode などの IDE を使用することで、コンパイルを待たずともコード入力中に自動的に型チェックが行われ、型エラーをリアルタイムで開発者に報告してくれる点です。この即時フィードバックは非常に大きな利点ですが、さらに IDE は型情報を利用してコードの自動補完機能も提供してくれます。これは、開発者がコードを書く際、IDE が型情報をもとに常に監視しており、変数名を入力すると、その変数に紐づく利用可能なメソッドやプロパティを選択肢として提示してくれることを意味します。この機能はタイピングミスによるエラーを減らすだけでなく、開発の速度向上にも寄与します。

少し脱線しましたが、次の節では、JavaScript との比較を通じて TypeScript の特徴やメリットを確認し、その後で具体的な学習内容に進んでいきましょう。

2-2-3 TypeScript と JavaScript の関係

ここでは、JavaScript との比較という視点で TypeScript の特徴についてさらに詳しく見てみましょう。

2-2-3-1 TypeScript と JavaScript の型

TypeScript の型はコンパイル時にチェックされることを学びました。では、型チェックが終わって JavaScript に変換された後、その型情報はどうなるのでしょうか？先に結論から言うと、変換過程で型情報はすべて削除されるため、結果として得られる JavaScript コードには TypeScript の型情報は残りません。つまり、型情報が JavaScript の実行結果に影響を与えることはありません。これは重要な特徴で、TypeScript は型の安全性を提供することに専念しており、それ以外の余計な挙動は加えないという方針を持っているため、型を安心して利用できます。

型情報が JavaScript コードに残らないと述べましたが、JavaScript 自体には**データ型**という概念が存在します。次に、JavaScript のデータ型についてコードを通じて見ていきましょう。

▶ 2-6　JavaScript におけるデータ型

```
let age = 35; // 35 は Number 型の値

// OK
age = "35"; // "35" は String 型の値
```

この例では、始めに変数 age に Number 型の値を代入し宣言していますが、次の行で String 型の値を再代入しています。コード上では age の型が固定されているように見えるかもしれませんが、そうではありません。JavaScript では、変数には固定の型が存在せず、代入される値に応じて変数は動的に異なる型の値を保持することができます。したがって、age に Number 型のデータ入れた後に、String 型のデータを代入してもエラーにはなりません。

このように、コードが実行される時（ランタイム）に、変数が保持するデータの型が検証されるプログラミング言語は、**動的型付け言語**と呼ばれます。この性質により、同じ変数に異なる型の値を代入することが可能となり、プログラムの柔軟性が高まりますが、型に関するエラーを引き起こすリスクも増加します。他の代表的な動的型付け言語には Python、Ruby、PHP などがあります。

プログラムの実行時に型が検証されるということは、実際にプログラムを実行するまで型エラーが検出されないことを意味します。しかし、TypeScript を使うと、IDE の支援により実際にコードを実行する前に、コーディングの過程でエラーに気付くことができます。

2-2-3-2 暗黙の型変換

これまで学んだように、TypeScript ではいったん型が決定された変数に異なる型の値を代入しようとするとエラーが生じます。一方で JavaScript では、ランタイム時に、値のデータ型が暗黙的に（自動的に）変換されることがあります。このような暗黙の型変換を許容するプログラミング言語は**弱く型付けされた言語**と呼ばれます。では、この暗黙の型変換がどのように働くのか、コードを通じて見ていきましょう。

▶ 2-7　JavaScript における暗黙の型変換

```
let num = 3 + true;
console.log(num); // 4
```

上の JavaScript コードは、数値と真偽値を加算しています。この場合、JavaScript は true を数値に暗黙的に変換し、1 として扱います。結果として 3 + true は 3 + 1 と評価され、結果は 4 になります。つまり、JavaScript は Boolean 型のデータ型である true を暗黙的に Number 型に変換していることがわかります。

このように JavaScript は積極的に開発者の意図を汲み取って、なるべくエラーが発生しないように、柔軟にコードを変換してくれます。JavaScript のこの振る舞いはコードを簡潔で柔軟にし、開発速度の向上に寄与するように見えるかもしれません。実際に小規模な開発ではそのメリットを享受できるでしょう。しかし、プロジェクトが大規模になり複数人での開発が行われる場合、この特徴が原因で大きな問題を引き起こす可能性があります。暗黙の型変換によるバグは特定が困難であり、開発者は JavaScript が行う型変換を正確に理解している必要があります。また、型が暗黙的に変換されるコードは、読むだけでは動作を正確に予測することが難しく、可読性が低下します。それが結果としてコードの保守やリファクタリングを困難にし、新たなエラーの導入リスクを高めることになります。

一方で、TypeScript では暗黙的な型変換は基本的に行われず、代わりに型の不一致によるエラーが報告され、コードの安全性が保たれます。型変換が必要な場面では、開発者がその意図をコード内で明示的に示す必要があります。このような厳格な型管理を行う言語は、**強く型付けされた言語**の言語と呼ばれます。

Chapter 2-3

型情報以外の TypeScript の役割

最後に、型情報以外の TypeScript と JavaScript の重要な関係性について見ていきましょう。

TypeScript コンパイラには、新しいバージョンの JavaScript の構文を古い構文へと変換するという重要な役割があります。この機能のおかげで、開発者は最新の JavaScript 機能を利用してコーディングでき、そうして書かれたコードは古いバージョンの JavaScript しかサポートしないブラウザであっても動作します。例えば、const や let のような変数宣言キーワードやクラス構文は ES2015 で導入されましたが、TypeScript を使用することでブラウザのバージョンに束縛されることなくこれらを自由に使用できます。さらに、将来 JavaScript に導入されるであろう機能も、TypeScript を通じて先行して利用することが可能です。

ただし、TypeScript に先行して組み込まれる新機能については、JavaScript の標準として確定しているわけではないため、注意が必要です。これらの機能は TypeScript の独自機能としてのみ利用可能で、将来的に JavaScript の標準に採用されるか、あるいは変更される可能性があるという点を理解した上で慎重に使用するべきです。

この節では、プログラミング言語の「型」という概念から始め、TypeScript の特性を JavaScript と比較することで学びました。TypeScript は、単なる型情報を付加した JavaScript ではなく、型安全性を提供するだけでなく、コンパイラの機能、ドキュメンテーション、コード補完などの開発効率を向上させる多面的な利点を有しています。

型についての基礎知識と TypeScript がもたらす恩恵についての理解を深めたところで、次の章では TypeScript の具体的な型システムについて詳しく学んでいきましょう。

Chapter 3
基本の型

この章では、TypeScript の基本的な型に焦点を当てます。ここで学ぶ型は、あらゆるプログラミングシナリオにおいて頻繁に使用されます。これらの型は、TypeScript の型システムの基盤を形成し、これらを組み合わせることで、さまざまなデータ構造やパターンを表現できます。TypeScript の柔軟性やさらに複雑な機能を利用するために必要な前提知識となります。

Chapter 3-1

最も基本の型

まず始めに、数値、文字列、真偽値といった、多くのプログラミング言語に共通して存在する最も基礎的な型から解説を始めます。

TypeScript は JavaScript のプリミティブなデータ型に相当する型を提供しており、ここでは JavaScript でよく使用されるいくつかのプリミティブ型※1について、それに対応する TypeScript の型を見ていきます。

3-1-1 number 型

number 型は、TypeScript で数値を扱うための型です。整数から浮動小数点数、負の値まで、あらゆる数値は number 型に分類されます。さらに、NaN (Not a Number) や Infinity といった特殊な数値も number 型に含まれます。

▶ 3-1 number 型の使用例

```
let age: number = 22; // 型注釈により number 型とする
let height = 180.5; // 型推論により number 型となる
let hexadecimal: number = 0xff; // 16進数
let notANumber: number = NaN; // 非数
let positiveInfinity: number = Infinity; // 無限大を表す数値
```

3-1-2 string 型

string 型は、テキストデータを表現するための型です。この型は、シングルクォート (')、ダブルクォート (")、またはバックティック (`) で囲んだ文字列を扱えます。バックティックは、テンプレートリテラルとしても知られ、文字列内に変数を埋め込んだり、複数行にわたる文字列を扱えます。

▶ 3-2 string 型の使用例

```
let firstName: string = "Alice"; // 型注釈により string 型とする
let greeting = "Hello, TypeScript!"; // 型推論により string 型となる
let introduceMessage = `Hello, my name is ${firstName}.`; // 型推論により string 型となる
```

※1 JavaScript のプリミティブ値とオブジェクトについて詳しくは、巻末P.274のAppendix 4を参照してください。

3-1-3 boolean 型

boolean 型は、真偽値を表現するための型です。boolean 型は true または false の 2 つのリテラル値を取ります。

▶ 3-3 boolean 型の使用例

```
let isCompleted: boolean = false; // 型注釈によって boolean 型とする
let isValid = true; // 型推論により boolean 型となる
```


3-1-4 基本的な型エラーを見てみよう

前の節でも TypeScript が表示するエラーについて少し学びましたが、型に関する基礎知識を学んだ今、いくつかの典型的な型エラーについて改めて確認してみましょう。

まず、変数にその型に許されない値を代入すると TypeScript はエラーを報告します。

▶ 3-4 異なる型の値を代入しようとした例

```
let age = 22; // 型推論により number 型となる
age = "22"; // number 型の変数に string 型の値を代入
// >> Type 'string' is not assignable to type 'number'.
//   (型 'string' を型 'number' に割り当てることはできません。)

let firstName = "Alice"; // 型推論により string 型となる
firstName = 0; // string 型の変数に number 型の値を代入
// >> Type 'number' is not assignable to type 'string'.
//   (型 'number' を型 'string' に割り当てることはできません。)

let isCompleted = false; // 型推論により boolean 型となる
isCompleted = 1; // boolean 型の変数に number 型の値を代入
// >> Type 'number' is not assignable to type 'boolean'.
//   (型 'number' を型 'boolean' に割り当てることはできません。)
```

これらは型エラーの中でも最も基本的なものです。型チェックによって、変数に予期しない型の値が代入されていることによって発生するエラーを防ぐことができます。

次に、型が許可しない操作を試みた場合に生じるエラーについて見ていきましょう。

▶ 3-5　型に許されていない操作をしようとした例

```
let age = 22;
age.toUpperCase(); // number型にはない不正なメソッドの呼び出し
// >> Property 'toUpperCase' does not exist on type 'number'.
//   (プロパティ 'toUpperCase' は型 'number' に存在しません。)

let firstName = "Alice";
firstName.toFixed(); // string型にはない不正なメソッドの呼び出し
// >> Property 'toFixed' does not exist on type 'string'. Did you mean 'fixed'?
//   (プロパティ 'toFixed' は型 'string' に存在していません。'fixed' ですか?)

let isCompleted = true;
isCompleted + isCompleted; // boolean型には許可されていない + 演算子を適用
// >> Operator '+' cannot be applied to types 'boolean' and 'boolean'.
//   (演算子 '+' を型 'boolean' および 'boolean' に適用することはできません。)
```

1つ目の例は、number 型の変数 age から toUpperCase メソッドを呼び出そうとしています。これを見て TypeScript は number 型の変数から toUpperCase メソッドを呼び出すという不正な操作をしようとしていることを教えてくれます。

2つ目の例も同様に string 型の変数から number 型のメソッドを使用しようとしているためエラーになります。3つ目の例では、boolean 型同士に許可されていない操作である＋演算子での処理を行おうとしているためエラーが発生しています。

3つ目の例は、ランタイムエラーにはならず、JavaScript では true を 1 に暗黙的に変換して数値の加算として処理されますが、TypeScript はこのような暗黙的な型変換を推奨しません。そのため、TypeScript はこの潜在的な問題を検出して、開発者にエラーを通知します。

もし、JavaScript で上記のようなコードを記述してしまった場合は、実行するまでこのエラーに気付かないことが多々あります。実行して初めて、「TypeError: age.toUpperCase is not a function」のようなランタイムエラーとして出現します。ランタイムエラーが発生しない場合でも、開発者が意図しない処理が行われており、それが後の処理でエラーを引き起こす原因になることもあります。

この例のような非常にシンプルなケースであれば、バグの特定は容易です。しかし、もしバグが、滅多にない特定の条件でしか発生しないエッジケースであった場合、事前に入念にテストをすれば見つけられるかもしれませんが、運が悪ければユーザーや顧客の環境で初めて明らかになることもあります。

ここではごく簡単な例でしたが、TypeScript の型システムの有り難みを実感していただけたと思います。ここで取り上げた型情報は JavaScript でおなじみのデータ型と対応しているため、新鮮な知見は少ないかもしれません。いよいよ次から TypeScript 独自のとてもユニークな型について学んでいきましょう！

Chapter 3-2

リテラル型

TypeScriptの強力な型システムの中でも特にユニークなリテラル型を学びましょう。

まずは、TypeScript の強力な型システムの中でも特にユニークなリテラル型です。**リテラル型**は、変数が取りうる値を特定の具体的な値に限定することで、プログラムの意図をより明確に表現できます。この節ではリテラル型の概念とその使用法について詳しく説明していきます。

3-2- 1 const による変数宣言

前の節のコードサンプルでは、let キーワードで変数を宣言しました。その場合は変数に値を再代入することが前提となりますので、後続の処理で予期せぬ値が代入されてしまうことを防止できるという意味で、TypeScript の型による制限が効果的なのは明らかです。一方で、const[※2] キーワードを使って宣言された変数は再代入ができません。この再代入不可能な変数の型は TypeScript ではどのように扱われるのでしょうか？コードで確認してみましょう。

▶ 3-6 const キーワードによる変数宣言

```
const adultAge = 18; // リテラル型 (18)
```

変数 adultAge の型は初期値から number 型として推論されそうです。しかし、VSCode 上でマウスカーソルを変数名の上において型を確認すると、18 という型名が表示されます。TypeScript では、const を使用して変数を宣言すると、その変数は number 型や string 型のようなプリミティブ型に対応する型ではなく、初期値に基づいた特定の値のみを許可するリテラル型として扱われます。上の例では、adultAge は number 型ではなく、具体的な値 18 のみを取りうるリテラル型として推論されます。つまり、この変数は宣言時に代入された値である 18 以外の値を持つことができません。このような特定の値しか取ることができない型をリテラル型と呼びます。

上の例の、リテラル型 (18) は、number 型をさらに限定した型とみなせるので、リテラル型 (18) の変数 adultAge を number 型の変数 age に代入することは可能です。

▶ 3-7 リテラル型の変数の代入

```
let age: number;

const adultAge = 18; // リテラル型 (18)
age = adultAge; // number 型の変数に代入可能
```

このような型の関係は、number 型だけでなく他のプリミティブ型にも当てはまります。リテラル型と number 型、string 型などの基本的な型との関係については、Chapter 5で詳しく解説します。

※2 let、const、var について詳しくは、巻末P.275のAppendix 5を参照してください。

3-2-2 型注釈によるリテラル型

型注釈によって明示的にリテラル型に指定することもできます。型注釈によってリテラル型を指定するときは、型名として、プリミティブ値をリテラルで直接記述します。

▶ 3-8 型注釈によるさまざまなリテラル型

```
// 数値
let adultAge: 18; // リテラル型 (18)
adultAge = 20;
// >> Type '20' is not assignable to type '18'.
//   (型 '20' を型 '18' に割り当てることはできません。)

// 文字列
let greet: "Hello"; // リテラル型 ("Hello")
greet = "Bonjour";
// >> Type '"Bonjour"' is not assignable to type '"Hello"'.
//   (型 '"Bonjour"' を型 '"Hello"' に割り当てることはできません。)

// 真偽値
let isTrue: true = true; // リテラル型 (true)
isTrue = false;
// >> Type 'false' is not assignable to type 'true'.
//   (型 'false' を型 'true' に割り当てることはできません。)
```

特定のリテラル型以外の値を変数に代入しようとした場合、TypeScript はエラーを表示します。

以上がリテラル型の基本的な使い方です。しかし、変数に格納可能な値を 1 つのリテラルに制限したい場合は、単に const キーワードで変数を宣言するだけでよいはずです。const を使えば、変数は再代入不可能となるため、値が固定されます。このため、一見リテラル型は冗長に思えるかもしれません。

しかし、リテラル型の真の価値は、次の節で取り上げるユニオン型と組み合わせたときに明らかになります。ユニオン型とリテラル型を組み合わせることで、より強力で柔軟な型の表現が可能になります。

Chapter 3-3

ユニオン型

ユニオン型の柔軟性を学び、異なる型を組み合わせて新しい型を形成する方法を学びましょう。

TypeScript の型システムは、あらかじめ準備された型に加えて、独自の型を作成する柔軟性を提供します。このカスタマイズを可能にする基本的な方法の 1 つがユニオン型です。基本的な型についての理解が深まったところで、それらを組み合わせてユニオン型を形成する方法について学んでいきましょう。

3-3-1 ユニオン型の構文

ユニオン型を定義する構文は非常にシンプルで、異なる型を|(パイプ記号) で区切ることでユニオン型を作成します。

ユニオン型の具体例を確認しましょう。

▶ 3-9 ユニオン型の宣言

```
let id: number | string; // number 型とstring 型のユニオン型
let role: number | string | boolean; // 3つ以上の場合も同様にパイプ記号で繋げる
```

上の例では、変数 id が number 型と string 型のユニオン型として指定されています。一方、変数 role は、3 つの異なる型を組み合わせて作られたユニオン型です。ユニオン型を形成する各々の型は「メンバー」と称されます。

ユニオン型の変数には、その型に含まれるいずれかの型の値を代入することが可能です。

▶ 3-10 ユニオン型の変数への代入

```
let id: number | string;

// OK
id = 10; // number 型は代入可能
id = "10"; // string 型は代入可能

// Error
id = true; // boolean 型は代入不可能
// >> Type 'boolean' is not assignable to type 'string | number'.
//   (型 'boolean' を型 'string | number' に割り当てることはできません。)
```

この例では、変数 id には number 型または string 型の値を代入できます。しかし、これらの型に該当しない値を代入しようとすると、TypeScript はエラーを報告します。

ユニオン型を使用する利点は、変数に柔軟性を与えられる点にあります。これにより、変数が複数の異なる型の値を取りうる状況に適応させることが可能です。たとえば、異なる型の引数を受け入れる関数や、API から返されるデータの型が不確定な場合などに有効です。

3-3- 2 ユニオン型とリテラル型の組み合わせ

3-3

前の節ではリテラル型について学習しましたが、リテラル型単独ではその有用性をいまいち実感できませんでした。しかし、リテラル型をユニオン型と組み合わせて使うことで、型の安全性を維持しつつ、変数に柔軟性を与えられます。簡単な例で見てみましょう。

▶ 3-11 ユニオン型とリテラル型

```
let eventType: "click" | "hover" | "keydown"; // リテラル型のユニオン型
eventType = "click"; // ユニオン型のメンバーである特定の文字列だけ代入可能

const themeColor: "light" | "dark" | "solarized" = "dark";
```

この例では、変数が取りうる値を特定のセットに制限しています。再代入は可能ですが、特定のリテラル値に限定したい場合や、再代入を許さず初期値を特定の選択肢に限定したい場合にこのパターンが有用です。たとえば、ウェブアプリケーションで取り扱うイベントの種類が限定されている場合や、UI のテーマカラーを限定したい場合に、ユニオン型とリテラル型の組み合わせを使用すれば、これらの選択肢をあらかじめ定義することができます。

このように、TypeScript では型を組み合わせて自由に設計することが可能であり、これによって柔軟な型利用が実現されます。

Chapter 3-4

型エイリアス

型エイリアスを通じて特定の型構造に名前を付け、再利用する方法を学びましょう。

3-4

ユニオン型を使って複数の型を組み合わせる方法を学びましたが、もし同じユニオン型をプログラムの複数の場所で使い回したい場合、毎回すべての型を注釈として書き出すのは非効率です。TypeScript では、特定の型に名前を割り当てて再利用する機能を提供しており、これを型エイリアスと呼びます。型エイリアスを定義することで、既存の型に簡潔な名前を与えて、変数のように何度でも参照することが可能になります。これはコードの可読性を高めるだけでなく、複雑な型の管理を容易にします。

3-4- 1 型エイリアスの構文

型エイリアスは、**type** キーワードを使用して定義します。以下は、ユニオン型を使用した型エイリアスの一例です。

▶ 3-12 型エイリアスの宣言

```
type Role = number | string; // number 型と string 型のユニオン型にRoleという名前をつける
type EventType = "click" | "hover" | "keydown"; // リテラル型のユニオン型にEventTypeという名前をつける
```

Role 型は number 型と string 型のユニオン型を表し、EventType 型は複数のリテラル値を組み合わせたユニオン型です。

型エイリアスの宣言は変数宣言に似ています。type キーワードの後にエイリアス名を記述し、等号 (=) の右側に任意の型を記述します。ただし、型エイリアスの名前には制約があり、TypeScript や JavaScript の予約語は使用できません※3。これは通常の変数宣言と同様です。また、型エイリアスの名前は通常、パスカルケース（各単語の先頭文字が大文字のキャメルケース）で記述されるのが慣例です。任意の型に、型エイリアスを使用して名前を付けることができます。

型エイリアスは let や const で宣言された変数と同様にブロックスコープ※4の特性を持ち、宣言されたブロック内でのみ有効です。
型エイリアスを使用して変数の型を指定する方法は、これまで見てきた型注釈を使った方法と同じです。

▶ 3-13 型注釈による型エイリアスの利用

```
type Role = number | string; // 型エイリアスを宣言
let firstRole: Role; // Role 型を指定
let lastRole: Role; // Role 型を使い回す
```

※3 識別子の命名規則について詳しくは、巻末P.276のAppendix 6を参照してください。
※4 スコープについて詳しくは、巻末P.277のAppendix 7を参照してください。

firstRole と lastRole 変数は、number 型と string 型のユニオン型として定義されています。型エイリアスを使用することで、コードの記述量を削減すると同時に、型名を通じてその意味を伝えられます。これにより、開発者の意図が明確になり、コードの可読性と保守性が向上します。

3-4- 2 型エイリアスのユニオン型

型エイリアスは、他の型エイリアスと組み合わせて使うこともできます。この方法を利用することで、より複雑な型の構造も簡潔に定義できます。

▶ 3-14　型エイリアスのユニオン型

```
type Animal = Cat | Dog;

type Cat = "mike" | "dora" | "persian";
type Dog = "shiba" | "poodle" | "pug";

let pet: Animal = "shiba"; // OK
```

また、型エイリアスを定義する際には、その型エイリアスを使用する順番で宣言する必要はありません。上記の例では、Animal 型エイリアスが Cat 型と Dog 型エイリアスを使用している場合でも、Cat と Dog が Animal の定義の後で宣言されていても問題ありません。TypeScript のコンパイラは、型エイリアスをコンパイル時に適切に処理し、解決してくれます。

Chapter 3-5

オブジェクト型

これまでの節では、データとして数値、文字列、真偽値といったJavaScriptのプリミティブ値に対応する型を扱ってきました。ここからは、より複雑なデータ構造を表現することができるオブジェクトを扱います。

3-5-1 JavaScriptのオブジェクトの特徴とTypeScriptでの扱い

JavaScriptでは、オブジェクト[※5]は中心的な概念であり、データとそれに関連する機能を組み合わせる手段として、プログラムの構造を表現する基本的な要素です。

JavaScriptのオブジェクトは、その高度な柔軟性によって、開発者が迅速かつ簡潔にコードを記述できるよう支援します。例えば、オブジェクトに新たなプロパティを動的に追加し、その構造を随時変更できます。これは初心者にとっても使いやすく、また複雑なデータ構造を手軽に構築することを可能にするため、開発プロセスを迅速化できる利点があります。特にプロトタイピングの段階ではこの特性が非常に役立ちます。

しかし、この柔軟性は慎重な取り扱いを必要とする側面もあります。オブジェクトの構造が動的であるため、タイプミスや未定義のプロパティへのアクセスによるエラーが発生しやすく、エラーは実行時まで明らかにならないことが多いです。さらに、オブジェクトの構造が可変的であるため、他の開発者によるコードの読解や理解が困難になる場合があります。これは特に大規模なチームや長期にわたるプロジェクトの保守において問題になりがちです。

一方でTypeScriptでは、オブジェクトの構造を事前に明示的に定義することができ、これによりコードの可読性と保守性が向上します。また、開発環境の提供する自動補完やリファクタリングといった機能を最大限に活用できます。こうしてTypeScriptはJavaScriptの柔軟性を保ちつつ、型安全性を提供し、開発の品質と効率を高めます。

この節では、TypeScriptでオブジェクトを扱う場合の基本的な知識を学びましょう。

3-5-2 オブジェクト型の基本

まず始めに、オブジェクトリテラルを使ってオブジェクトを生成し、それを変数に代入した際にTypeScriptがどのように型を推論するかを見てみましょう。

※5　オブジェクトリテラルについて詳しくは、巻末P.278のAppendix 8を参照してください。

▶ 3-15 オブジェクトリテラルによるオブジェクトの生成

```
// オブジェクトリテラルで生成したオブジェクトを代入
const person = {
  name: "Alice",
  age: 30,
};

// 型推論の結果
// {
//   name: string;     name プロパティは string 型
//   age: number;    age プロパティは number 型
// }
```

上の例では、変数 person の型は{ name: string, age: number }という形式のオブジェクト型として推論されます。つまり、name プロパティは string 型の値を持ち、age プロパティは number 型の値を持つと推論されます。

オブジェクトに対する操作を行う際、TypeScript は型の安全性を保つために型チェックを実施します。次に、person オブジェクトを操作して型エラーが発生するコードの例をいくつか見ていきます。

▶ 3-16　存在しないプロパティへのアクセス

```
console.log(person.address);
// >> Property 'address' does not exist on type '{ name: string; age: number; }'.
//   （プロパティ 'address' は型 '{ name: string; age: number; }' に存在しません。）
```

person オブジェクトには address プロパティが含まれていないため、そのプロパティにアクセスしようとするコードはエラーを引き起こします。TypeScript では、型定義に存在しないプロパティにアクセスしようとすると、コンパイル時にエラーが表示されます。これに対して、JavaScript で同様のコードを実行すると、存在しないプロパティへのアクセスは undefined と評価されるため、エラーは発生しませんが、潜在的なバグの原因になり得ます。

▶ 3-17　プロパティの型と異なる値の代入した場合

```
person.age = "30";
// >> Type 'string' is not assignable to type 'number'.
//   （型 'string' を型 'number' に割り当てることはできません。）
```

これは当然ですが、age プロパティは number 型であるため、string 型の値を代入することはできません。

このように JavaScript では許可されていた操作がエラーとして検出され、型安全が保たれていることがわかります。

これまで学んだ型と同じように、オブジェクトの型も型注釈を用いて明示的に宣言することが可能です。次に、その方法を具体的な例で見ていきましょう。

▶ **3-18　型注釈によるオブジェクト型の指定**

```
let book: {
  title: string; // プロパティ名: 型名;
  author: string;
  publishedIn: number;
} = {
  title: "こころ",
  author: "夏目漱石",
  publishedIn: 1914,
};
```


オブジェクト型を型注釈で指定する場合は、変数名に続けてオブジェクトに類似した構文を使用します。オブジェクトリテラルとの違いは、プロパティの値の代わりに型を記述し、プロパティをセミコロン「;」で区切る点です。
型注釈でオブジェクト型を明示することは可能ですが、この構文はオブジェクトリテラルに似ており、紛らわしい上に、記述量が多いため、特に再利用する際には面倒なことがあります。そこで、型エイリアスを使って書き直してみましょう。

▶ **3-19　型エイリアスを用いたオブジェクト型の定義**

```
type Book = {
  title: string;
  author: string;
  publishedIn: number;
};

const book: Book = {
  title: "こころ",
  author: "夏目漱石",
  publishedIn: 1914,
};
```

型エイリアスを用いると、コードが読みやすくなり、再利用性も向上します。また、TypeScript がエラーを報告する際にエイリアス名を用いてメッセージを表示するため、エラーメッセージも理解しやすくなるという利点があります。

次に、変数に型注釈を付けてオブジェクト型を指定した場合に TypeScript がどのように型チェックを行うのかを見ていきましょう。

▶ 3-20　プロパティの不足

```
type Book = {
  title: string;
  author: string;
  publishedIn: number;
};

// Error
const book: Book = {
  title: "こころ",
  author: "夏目漱石",
  // publishedInプロパティが欠如しているためエラー
};
// >> Property 'publishedIn' is missing in type '{ title: string; author: string; }' but required in
type 'Book'.
//   (プロパティ 'publishedIn' は型 '{ title: string; author: string; }' にありませんが、型 'Book' では
必須です。)
```

上の例では、代入されたオブジェクトが publishedIn プロパティを欠いているため、TypeScript はエラーを報告します。オブジェクトに必要なプロパティが 1 つでも欠けている場合、または必要なプロパティがすべて存在していても、プロパティの型が期待される型と一致しない場合に、TypeScript はエラーを表示します。

TypeScript がオブジェクトの型をチェックする際には、その構造だけを基準に型付けを行います。つまり、オブジェクトが期待されるプロパティとその正しい型を持っていれば、そのオブジェクトは特定の型であると認識されるということです。

このように、型の名前ではなくオブジェクトの構造に基づいて型付けを行うシステムを**構造的型付け**（structural typing）と言います。後の章でより具体的なケースを用いて詳しく説明しますが、今は TypeScript においてオブジェクトの型はその構造によって判断されるということを覚えておいてください。

なお、TypeScript には非プリミティブな値を表す object 型もありますが、この型は具体的な構造を指定せず、単に値がオブジェクトであることを示すだけなので、実際にはほとんど使用されません。

3-5- 3 ネストされたオブジェクト型

JavaScript では、オブジェクトのプロパティが別のオブジェクトである場合が頻繁にあります。もちろん、TypeScript もこのようなネストされたオブジェクト構造をサポートしています。

▶ 3-21 ネストされたオブジェクト型

```
type Employee = {
  id: number;
  name: string;
  address: {
    street: string;
    city: string;
    zipCode: string;
  };
};
```

ネストされているオブジェクト型を抜き出して、型エイリアスで書き換えることも可能です。

▶ 3-22 ネストされたオブジェクト型の型エイリアスでの書き換え

```
type Address = {
  street: string;
  city: string;
  zipCode: string;
};

type Employee = {
  id: number;
  name: string;
  address: Address; // 型エイリアスを指定
};
```

この型を満たすオブジェクトは、ネストされた構造を含め、定義されたすべてのプロパティとその型が一致している必要があります。

3-5- 4 過剰プロパティチェック

TypeScript では、オブジェクトリテラルで生成されたオブジェクトを特定の型が注釈された変数に代入する際、その型に定義されていない余分なプロパティがオブジェクトに存在するとエラーが報告されます。この機能は**過剰プロパティチェック**と呼ばれ、オブジェクトに不要なプロパティが含まれていないことを確認し、それを保証します。

具体的な例を以下で見てみましょう。

▶ **3-23 過剰プロパティチェック**

```
type Person = {
  name: string;
  age: number;
};

// OK
const john: Person = {
  name: "John",
  age: 25,
};

// NG
const alice: Person = {
  name: "Alice",
  age: 30,
  gender: "female", // Person 型にはない、gender プロパティ含まれるためエラー
};
// >> Object literal may only specify known properties, and 'gender' does not exist in type 'Person'.
//    （オブジェクト リテラルは既知のプロパティのみ指定できます。'gender' は型 'Person' に存在しません。）
```

この例では、変数 alice に代入されているオブジェクトが型定義にない gender プロパティを持っているため、TypeScript はエラーを報告します。

ただし、過剰プロパティチェックは「**オブジェクトリテラルで生成したオブジェクトを直接変数に代入する場合**」にのみ適用されることに注意してください。別の変数に割り当てられたオブジェクトを経由すると、このチェックは行われません。

次のコード例では、過剰プロパティチェックが行われていないことを確認できます。

▶ **3-24 過剰プロパティチェックが行われない例**

```
// あらかじめオブジェクトリテラルでオブジェクトを作成して変数に代入
const alice = {
  name: "Alice",
  age: 30,
  gender: "female",
};

const aliceAsPerson: Person = alice; // OK
```

この例では、最初にオブジェクトリテラルを使用してオブジェクトを生成し、それを変数 alice に代入しています。その後、Person 型として宣言された新しい変数 aliceAsPerson に alice を代入しています。alice は Person 型で定義されていない gender プロパティを含んでいますが、これがエラーを引き起こすことはありません。

このように、オブジェクトリテラルで生成されたオブジェクトではなく、別の変数に代入されている既存のオブジェクトを別の変数に代入する際には、過剰プロパティチェックは発動しません。過剰プロパティチェックが動作するのは、オブジェクトリテラルで生成されたオブジェクトが直接型注釈付きの変数に代入される場合のみである点に注意が必要です。

3-5- 5 オプショナルプロパティ

TypeScriptでは、オブジェクトのプロパティを必要に応じてオプショナル（任意の）ものとして宣言できます。これにより、そのプロパティがオブジェクトに存在するかどうかが任意になり、存在しなくても型チェックを通過することを意味します。オプショナルなプロパティは、プロパティ名の後に「?」記号を付けて宣言します。

オプショナルプロパティの使用例を以下に示します。

▶ 3-25 オプショナルプロパティの宣言

```
type Person = {
  name: string;
  age?: number; // ageはオプショナル
};

// OK
const alice: Person = {
  name: "Alice",
  age: 28,
};

// OK. オプショナルなageプロパティが存在しなくても問題ない
const bob: Person = {
  name: "Bob",
};
```

この例では、Person型においてageプロパティはオプショナルとして設定されています。これは、変数bobに代入されるオブジェクトにageプロパティが含まれていなくても、TypeScriptからエラーが出ないことを意味します。

では、この場合オプショナルプロパティであるageの型はどうなるのでしょうか？VSCode上でageプロパティにマウスカーソルを合わせると、「age?: number | undefined」と表示されます。これはnumber型とundefined型のユニオン型を意味します。ここで新しく登場するundefined型は、JavaScriptの値「undefined」に対応する型です。

仮に「?」マークを使わずに、「age: number | undefined」とプロパティを明示的に定義すると、プロパティを省略することはできません。この定義では、ageにはnumber型の値、もしくはundefinedを明示的に割り当てる必要があります。

オプショナルプロパティを持つ型を使用すると、省略可能なプロパティを持つオブジェクトを定義できるようになります。これによりオブジェクトの柔軟性が高まりますが、存在しない可能性のあるプロパティへのアクセスも許されるため、そのプロパティがundefinedであるリスクを常に考慮する必要があります。

3-5- 6 読み取り専用プロパティ

TypeScriptでは、オブジェクトのプロパティを読み取り専用にすることが可能です。読み取り専用とされたプロパティは、オブジェクトが最初に作成された際に値が割り当てられ、後からその値を変更することはできません。読み取り専用プロパティは、**readonly**キーワードを使用して宣言されます。

▶ 3-26 読み取り専用プロパティの宣言

```
type ImmutablePerson = {
  readonly name: string;
  age: number;
};

const alice: ImmutablePerson = {
  name: "Alice",
  age: 30,
};

// OK. 値の変更が可能
alice.age = 31;

// NG. 読み取り専用プロパティに値の変更は許可されない。
alice.name = "Jane";
// >> Cannot assign to 'name' because it is a read-only property.
//   (読み取り専用プロパティであるため、'name' に代入することはできません。)
```

この例では、nameプロパティが読み取り専用として宣言されているため、値の再代入が許可されません。

Chapter 3-6

Array 型と Tuple 型

ここでは基本的なデータ型である配列を表現するためのArray型を学び、さらにArray型より厳密なTuple型について学びましょう。

配列は多くのプログラミング言語で基本となるデータ構造であり、JavaScript でも頻繁に使用されます。TypeScript には配列を表現する専用の型が用意されており、配列に類似したデータ構造であるタプルもサポートしています。この節では、配列とタプルの型について詳しく見ていきましょう。

3-6- 1 Array 型

まず、JavaScript で通常行うように配列を定義し、TypeScript がどのように型を推論するかを見てみましょう。

▶ 3-27　配列の型推論

```
const nums = [1, 2, 3, 4, 5]; // number[]型
const personNames = ["Alice", "Bob", "Charlie"]; // string[]型
```

型を確認すると、それぞれ変数 nums は number[]型、変数 personNames は string[]型と推論されます。「number」と「string」は配列に格納されている要素の型を指し、TypeScript は配列の初期化時にその要素の型から配列全体の型を推論します。このような、JavaScript の配列に対応する型を**Array 型**と呼びます。

JavaScript の配列は型に柔軟で、異なるデータ型の要素を同一の配列内に格納することが可能です。これにより、数値、文字列、その他のどんな型の値でも保持できます。次に、number[]型に指定された nums 配列に異なる型の値を格納し、TypeScript の型チェックがどのように機能するかを確認してみましょう。

▶ 3-28　配列への異なる型の値の追加

```
nums.push("six"); // number[]型の配列に string 型の値を追加することはできない
// >> Argument of type 'string' is not assignable to parameter of type 'number'.
//   (型 'string' の引数を型 'number' のパラメーターに割り当てることはできません。)
```

TypeScript は、number[]型として指定された配列に、number 型以外のデータを追加しようとするとエラーを出します。すなわち、あらかじめ決められた型のデータのみが許可されます。

次に、number 型と string 型のデータを混在させた配列を定義した場合について見てみましょう。

▶ 3-29　複数種類の型の値を用いて配列を初期化した場合

```
// OK. (number | string)[]と型推論
const nums = [1, 2, 3, 4, 5, "six"];
```

このシナリオでは、TypeScript はエラーを出さずに nums の型を(string | number)[]と推論します。つまり、配列の要素に含まれるすべてのデータ型をカバーするユニオン型が推論されます。

これまでに学んだ他の型と同じく、配列に対しても型注釈を使用して明示的に型を指定できます。

▶ 3-30　型注釈による Array 型の指定

```
let fruits: string[]; // 型注釈によるArray型の指定
fruits = ["Apple", "Grape", "Banana", "Peach", "Pear"];

console.log(fruits[0].toUpperCase()); // APPLE
```

Array 型の型注釈を行うには、「変数名:」に続けて「型名[]」を記載します。例えば、文字列の配列を注釈するには「string[]」のように記述します。TypeScript の配列は JavaScript の配列と同様に、0 から始まるインデックスによってアクセスが可能です。

また、TypeScript は配列の要素の型を認識しているため、変数がアクセスできるメソッドの候補を提示したり、存在しないプロパティへのアクセスを試みた際にエラーを表示したりしてくれます。型推論によって得られた結果と同じように、fruits 配列に string 型以外の要素を追加しようとするとエラーが発生します。

3-6- 2 Tuple 型

TypeScript には JavaScript には存在しないデータを表現できる Tuple（タプル）という型が存在します。Tuple 型は配列型に似ていますが、固定された長さを持ち、各要素に対して特定の型が指定されているという点で異なります。タプルでは通常の配列メソッドを使用することができます。

Tuple 型は、その要素の型を[]弧内にカンマで区切って指定します。Array 型の構文に似ているので注意してください。

▶ 3-31　型注釈による Tuple 型の指定

```
// [string, number]型
const person: [string, number] = ["Alice", 30];
```

この例では、変数 person は 0 番目の要素が string 型で、1 番目の要素が number 型である Tuple 型です。Tuple 型 は他の型とは異なり、基本的に型注釈によって明示的に型を指定する必要があります。なぜなら、TypeScript は配列リテラルだけを見ても、それが Array 型なのか Tuple 型なのかを区別できないからです。したがって、型注釈を省略した配列リテラルは Array 型として推論されます。

タプルは要素の数と各要素の型が厳密に定義されているため、定義に沿わない操作をしようとすると型エラーが起こります。以下は、Tuple 型に関する型エラーの例です。

▶ **3-32　Tuple 型に長さの異なる配列を代入**

```
let person: [string, number] = ["Alice", 30];

// NG
person = ["Alice", 30, 1993];
// >> Type '[string, number, number]' is not assignable to type '[string, number]'.
//     Source has 3 element(s) but target allows only 2.
//   （型 '[string, number, number]' を型 '[string, number]' に割り当てることはできません。
//      ソースには 3 個の要素がありますが、ターゲットで使用できるのは 2 個のみです。）
```

変数 person は Tuple 型で定義されており、2 つの要素を持つことが期待されています。そのため、3 つ目の要素を含む配列を代入しようとすると、TypeScript は型の不一致によりエラーを報告します。Tuple 型はその長さと要素の型が事前に定義されているため、指定された構造から逸脱する任意の操作が許可されません。

▶ **3-33　タプルの不正なインデックスにアクセス**

```
let person: [string, number] = ["Alice", 30];

// NG
console.log(person[2]);
// >> Tuple type '[string, number]' of length '2' has no element at index '2'.
//   （長さ '2' のタプル型 '[string, number]' にインデックス '2' の要素がありません。）
```

タプルでは、各要素は指定された正しいインデックスを通じてのみアクセス可能です。存在しないインデックスへのアクセスを試みると、TypeScript ではエラーが生成されます。これに対して、JavaScript では存在しないインデックスにアクセスしてもエラーは発生せず、undefined が返されます。タプルの使用は、このように不意に undefined が返されるのを防ぐために役立ちます。

また、Tuple 型の各要素には、「ラベル名: 型名」という構文で、ラベルを付けることができます。

▶ **3-34　ラベル付き Tuple 型**

```
type RGB = [red: number, green: number, blue: number];
```

タプルにラベルを付けることで、各要素がどんなデータを表しているのかをコード上で直接示すことができ、コードの読みやすさが向上します。ラベルはすべての要素に付けるか、あるいはまったく付けないかのどちらかである必要があります。

加えて、ラベル名の末尾に「?」を付けることで、該当する要素をオプショナル（任意の）として宣言できます。また、スプレッド構文「...」[※6]を使って、配列内の複数の要素を含む範囲を指定することも可能です。

※6　スプレッド構文（...）について詳しくは、巻末P.279のAppendix 9を参照してください。

▶ 3-35　タプルの要素のオプション化

```
type Foo = [first: number, second?: string, ...rest: any[]];

let a: Foo = [1]; // first要素のみの配列を代入可能
let b: Foo = [1, "hello"]; // firstとsecond要素のみ
let c: Foo = [1, "hello", true, 10, "world"]; // first, second要素の他に、...restに複数の要素を割り当てる場合
```

この機能により、タプルは動的な要素数の変動にも柔軟に対応できるようになります。これは、要素数が実行時に変わる可能性のある場面で非常に便利です。

これまでの例からも明らかなように、タプルを使用する際には、要素数とそれぞれの要素の型に注意を払う必要があります。タプルの厳格な構造のおかげで、TypeScript は通常の配列よりも容易にコードのエラーを検出できます。

タプルはコンパイルされると JavaScript の配列に変換されます。JavaScript にはタプルという概念が存在しないため、単純な配列として表現されます。この配列は、タプルで指定された型の要素を持ちますが、JavaScript では実行時にこれらの型を強制することはありません。

Chapter 3-7

インターセクション型

インターセクション型は、ユニオン型のように、複数の型を組み合わせて新しい型を作成するために用います。

ユニオン型が「A または B」の型を表すのに対し、インターセクション型は「A かつ B」の型を表現します。つまり、インターセクション型は、組み合わせられたすべての型の特性を持つ新しい型を定義します。言葉だけでは理解しづらいので具体例を見てみましょう。
インターセクション型を定義するためには、& 演算子を使用します。

▶ 3-36 インターセクション型の定義

```
// CombinedType型はメンバーである型をすべて同時に満たす型
type CombinedType = TypeA & TypeB & TypeC;
```

例として、2 つのオブジェクト型を組み合わせて、新しい型を定義してみましょう。

▶ 3-37 インターセクション型の利用

```
type Engine = {
  engineType: string;
  volume: number;
};

type Wheels = {
  wheelCount: number;
};

type Car = Engine & Wheels;

const myCar: Car = {
  engineType: "V8",
  volume: 3000,
  wheelCount: 4,
};

console.log(myCar.wheelCount); // 4
```

この例では、Engine 型と Wheels 型という 2 つの型をインターセクション型を使って結合し、Car 型を定義しています。Car 型のオブジェクトは Engine 型と Wheels 型の両方が持つプロパティを必ず含む必要があり、変数 myCar に代入されたオブジェクトはこの条件を満たしています。つまり、myCar は Engine 型の特性と Wheels 型の特性の両方を持っていると言えます。

しかし、常にすべての型を組み合わせることが可能というわけではありません。例えば、number 型と string 型をインターセクション型として結合しようとしても、これら 2 つの型を同時に満たすような値は存在しないため、結果として意味を成しません。このような存在しえない値の型は、TypeScript では never 型と呼ばれます。never 型については後ほどさらに詳しく説明します。

インターセクション型は、既存の型を組み合わせてより複雑な型を作成する際に有用ですが、過度に使いすぎると型定義が不必要に複雑になり、理解や保守が難しくなるリスクがあります。そのため、この型を利用する際はバランスを考え、適切なケースでのみ使用することが重要です。

Chapter 3-8

any 型

型の制約なしに任意の値を受け入れるany型について解説します。また、その危険性と数少ない利用ケースについても学びます。

any 型は TypeScript における特別な型の 1 つで、any 型の変数には型チェックが適用されません。これは、any 型の変数に任意の値を代入できることを意味し、また any 型の変数を他の任意の型の変数に代入することも可能です。

通常、型は許可された操作を持っていますが、any 型では型チェックが行われないため、どんな操作も行えるようになります。言い換えれば、any 型を使用するということは、TypeScript の型安全性を意図的に手放すことに他なりません。ここでは any 型の動作を見てみましょう。

▶ 3-38　any 型の変数の挙動

```
let value1: any = 1; // any型
value1 = "noTypeCheck"; // any型
value1.nocheck(); // 型チェックが行われないのでエラーなし

let value2: any = [1, 2, 3]; // any型
let value3 = value1 + value2; // 型チェックが行われないのでエラーなし
```

上記の例では、any 型として指定された変数 value1 に最初に数値の 1 を代入し、次に文字列を代入していますが、TypeScript はこれを型エラーとして検出しません。さらに、存在しないメソッド nocheck()を呼び出しても、エラーは報告されません。この処理はもちろんランタイム上のエラーを引き起こし、コードはクラッシュしますが、TypeScript のコンパイルは通ってしまいます。

その後、any 型の変数 value2 に配列を代入し、それを value1 と+演算子で結合していますが、こちらもコンパイル時のエラーは発生しません。この操作は実行時エラーを引き起こさないかもしれませんが、意図しない結果となるのは明らかです。

このように、any 型は TypeScript の型安全性を損なう可能性があり、避けるべきですが、有用なケースも存在します。1 つの典型的な利用ケースは、既存の JavaScript コードの TypeScript への移行過程です。動的な型付けの特徴を活用した JavaScript コードのすべてに型注釈を追加することが困難な場合があります。このような場合、移行をスムーズに進めるために一時的に any 型を使用することで JavaScript との互換性を保ちつつ、徐々に型安全性を導入していくことができます。

また、サードパーティのライブラリや外部 API から返されるデータの型が不明で、文書化されていない場合に any 型を利用することがあります。

これらのような明確な目的がない限り any 型の利用は極力避けるべきです。

開発者が型を明示的に指定できない場合や TypeScript が型推論できない場合には、any 型がデフォルトで適用されます。しかし、たとえそのような場合でも、まずは any 型より安全な unknown 型の使用を検討すべきです。

Chapter 3-9

unknown 型

型安全性を維持しながら未知の型の値を扱うことができるunknown型を学び、any型の安全な代替としての役割を理解しましょう。

unknown 型は any 型と同じく、どんな型の値でも代入することが可能です。しかし、any 型とは異なり、unknown 型は型安全性を損なうことなく未知の型を扱えます。

unknown 型を使用すると、TypeScript に対して「この変数にはどんな型の値が来るかわからない」と宣言することができます。これにより、unknown 型の変数にどんな値でも代入できるようになります。ここまでは any 型と同じですが、TypeScript は unknown 型の変数の型チェックを放棄せず、厳格な制約を適用します。unknown 型がどのような制約を課すのか見ていきましょう。

まず、any 型と異なり、unknown 型の変数を別の型が期待される変数に直接代入することはできません。これにより、型が不明な変数を誤って使用するリスクを減らします。

▶ 3-39　unknown 型の変数への代入

```
let value1: unknown = 1; // unknown 型なのでどんな値でも代入可能

// NG
let value2: number = value1; // unknown 型の変数を代入することはできない
// >> Type 'unknown' is not assignable to type 'number'.
//    (型 'unknown' を型 'number' に割り当てることはできません。)
```

この例では、unknown 型の変数 value1 が宣言され、数値 1 が代入されています。value1 は unknown 型なので、この時点では value1 がどの型の値を持っているのかはコンパイル時には判断できません。次に、value1 を number 型の変数 value2 に代入しようとしますが、これはエラーとなります。unknown 型の値は型チェックの結果が不明であるため、他の型として扱われる変数に直接代入することはできません。また、unknown 型の変数に対するプロパティやメソッドのアクセスも許可されていません。

また、unknown 型に対する算術演算も許可されません。

▶ 3-40　unknown 型の変数の演算

```
let value1: unknown = 1; // unknown 型

// NG
console.log(value1 + 1); // unknown 型の変数との+演算は許可されない
// >> 'value1' is of type 'unknown'.
//    ('value1''は 'unknown' 型です。)
```

unknown 型の変数に対して可能な操作は限られていますが、比較演算は許可されています。これには等価性を判断する演算子 (==、!=、===、!==) や比較演算子 (<、>、<=、>=) が含まれます。さらに、typeof 演算子や instanceof 演算子を使って値の型をチェックすることも可能です。

unknown 型が許可する操作が非常に少ないため、一見するとあまり実用的でないように感じられますが、開発者が unknown 型の変数に入っているデータの型を特定して、TypeScript に伝えると TypeScript は提供された型に基づいて値をチェックします。以下にその例を見てみましょう。

▶ 3-41　unknown 型の変数を他の型へ特定

```
let value3: unknown = 10; // unknown 型
if (typeof value3 === "number") {
  console.log(value3 + 1); // OK
}
```

この例では、unknown 型に許された数少ない演算によって、変数が number 型であるかを確認しています。そのチェックが真であると確認されれば、unknown 型の変数を number 型として扱うことができるようになります。このように特定の条件下で変数や式の型をより具体的な型に絞り込むプロセスを型の絞り込みと呼びます。TypeScript はコードの流れを分析して、特定の条件が満たされた場合に変数の型をより具体的なものに絞り込むことができます。型の絞り込みについては、Chapter 5でさらに詳細に説明します。

any 型は型チェックを完全に放棄するのに対し、unknown 型は型の検証を要求します。これにより、型の安全性を維持しながら未知の型を扱うことが可能になります。

Chapter 3-10

undefined 型と null 型

誤って使用されるとバグの原因になりやすい undefined と null を表現するための型について学びましょう。

undefined と null は、JavaScript および TypeScript において特殊な意味を持つ値です。これらは通常、「存在しない」や「未定義」を表すのに使用されます。TypeScript では、これらの特定の値を持つ変数のために undefined 型と null 型が用意されています。

undefined 型の変数は、undefined という単一の値を持つことができます。これは変数が初期化されていないか、意図的に値が未設定であることを示します。オプショナルなプロパティや引数の値が提供されていない場合にも undefined が用いられます。

同様に、null 型の変数は null という値のみを持つことができます。null は、値が意図的に「何もない」状態、つまり「空」であることを示す特別な値です。オブジェクトのプロパティがまだ設定されていない状況や、値をリセットしたいときにしばしば使用されます。

Chapter 9で TypeScript のコンパイラオプションについて詳しく学ぶことになりますが、strictNullChecks というオプションが有効な場合、TypeScript は null や undefined が代入され得る変数に対して、その変数の値にアクセスや操作を行う前に型チェックを行うよう要求します。この機能により、予期しない null や undefined の値によるエラーを防ぐことができます。以下にその挙動の例を示します。

▶ 3-42　厳格な null チェックによるエラー

```
const person = {
  age: 25,
  firstName: Math.random() > 0.5 ? "Alice" : null,
};

// NG. firstNameプロパティがnullである可能性がるためエラー
console.log(person.firstName.toUpperCase());
// >> 'person.firstName' is possibly 'null'.
//   ('person.firstName' は 'null' の可能性があります。)

// OK
console.log(person.firstName?.toUpperCase());
```

この例では、person オブジェクトの firstName プロパティは string | null というユニオン型であると定義されています。firstName が null である可能性があるため、strictNullChecks が有効な状態で person.firstName の toUpperCase メソッドを直接呼び出そうとするとコンパイラエラーが発生します。これは null 値にメソッドを呼び出す操作ができないためです。

しかし、オプショナルチェーン演算子 (?.) ※7 を使用することで、null でない場合に限り toUpperCase メソッドを呼び出すという条件付きの実行を行うことができます。つまり、firstName が null であれば toUpperCase は呼び出されず、null 以外の値があればそのメソッドを安全に実行します。

この方法により、null 参照エラーや未定義のプロパティへのアクセスによって発生する一般的なエラーをランタイムで防ぐことが可能になります。

Chapter 3-11

関数と型

関数のパラメータと戻り値の型を明確に定義する方法について学びましょう。

TypeScript において、関数はオブジェクトと同じく、プログラムを構成する基本的な要素です。関数を用いることで、プログラミングの多様なパターンやテクニックを実現することができます。この節では、関数の型に関するさまざまな側面について詳しく解説していきます。

3-11- 1 パラメータと戻り値の型

まずは、いつも通り関数※8 を定義して、TypeScript がどのように型推論するのか確認しましょう。

▶ 3-43 関数の型推論とエラー

```
// NG. パラメータ a, b は any 型になるためエラー
function addNumbers(a, b) {
  return a + b;
}

// >> Parameter 'a' implicitly has an 'any' type.
//   (パラメーター 'a' の型は暗黙的に 'any' になります。)
// >> Parameter 'b' implicitly has an 'any' type.
```

早速エラーが表示されてしまいました。これまでは型注釈を行わずに変数を宣言をした場合でも TypeScript はその値から型推論をしてくれていましたが、関数のパラメータに関しては型推論を行うことができません。それは当然で addNumbers 関数の定義からはパラメータの型を推論するヒントが足りないからです。return 文で a + b を返しているため+演算子が許可された型だということはわかりそうですが、TypeScript は戻り値の型からパラメータの型を推論することはしません。その結果、パラメータの a,b は暗黙的に any 型として推論されることになり、関数の戻り値も any 型になります。TypeScript はこのような曖昧な型指定をエラーとして扱います。なぜなら、any 型は型安全性を損ね、エラーの潜在的な原因となるからです。

※7 オプショナルチェーン演算子と null 合体演算子について詳しくは、巻末P.280のAppendix 10を参照してください。

※8 関数のパラメータと引数について詳しくは、巻末P.282のAppendix 11を参照してください。

実際、この関数のパラメータの型は、この関数を書いた人だけしか正しく推論できません。関数名から number 型が適切であると推測することはできますが、string 型である可能性も排除できません。

TypeScript では、以下のように関数のパラメータに型注釈を付けて型を明確にすることができます。パラメータに型を指定するには、これまでと同じようにパラメータ名に続けて":型名"を記述します。

▶ **3-44　関数のパラメータの型注釈**

```
function addNumbers(a: number, b: number) {
  return a + b;
}
```

上の例では、関数 addNumbers のパラメータ a と b に number 型が指定されています。これにより、関数が受け取る引数が数値であることが保証されます。さらに、TypeScript は return 文の式 a + b を分析して、戻り値も number 型であると正しく推論します。これにより、この関数が数値の引数を取る必要があることが誰にでも明らかになります。

戻り値にも、パラメータと同様に型注釈を用いて型を明示的に指定することができます。戻り値の型を指定するには、関数の定義でパラメータリストの閉じ括弧「)」の後にコロン「:」と型名を記述します。

▶ **3-45　関数の戻り値の型注釈**

```
function addNumbers(a: number, b: number): number {
  return a + b;
}
```

この例では、戻り値の型が型推論によって正確に推論されているため、型注釈を明示的に記述する必要は実際にはありません。TypeScript には強力な型推論能力が備わっており、多くの場合、関数の戻り値に対する型注釈は省略可能です。これにより、関数の戻り値の型を毎回明示的に記述する手間を省くことができます。

しかし、戻り値の型を明示的に指定することが有用な場面も存在します。1 つの理由として、コードのドキュメントとしての役割が挙げられます。型注釈は、他の開発者が関数の振る舞いを迅速に理解するのに役立ちます。これは特に、複数の人が関わる大きなプロジェクトにおいて重要です。
また、関数が一貫した型の戻り値を返すことを保証するためにも有効です。関数のロジックが複雑で、意図しない型の値を返してしまう可能性がある場合に、型注釈は期待される戻り値の型を保証するための安全策となります。

以下はごく簡単な例ですが、number 型の戻り値を期待している場合に、もし関数内で誤って異なる型の値が返されそうになったとき、TypeScript は型の不一致をエラーとして検出してくれます。型注釈はコードの安全性を向上させるためのツールとして有効に機能します。

▶ 3-46　関数の戻り値の型エラー

```
function addNumbers(a: number, b: number): number {
  return a.toString() + b.toString();
}
// >> Type 'string' is not assignable to type 'number'.
//   (型 'string' を型 'number' に割り当てることはできません。)
```

JavaScript では関数の引数は省略可能で、関数を呼び出すときに任意の数の引数を渡すことができます。しかし、TypeScript では関数を定義する際に宣言されたパラメータの数と一致する引数を関数呼び出し時に提供する必要があります。この厳格なパラメータの取り扱いにより、TypeScript は関数が呼び出される際の引数の不足や型の不一致などのエラーをコンパイル時に検出できます。

引数を省略可能にするためには、次に学ぶオプショナルパラメータや、デフォルト値を持つパラメータとして明示的にマークする必要があります。

3-11- 2 オプショナルパラメータ

TypeScript では、オブジェクトのオプショナルプロパティと同様に、関数パラメータにオプショナルな性質を持たせることができます。オプショナルパラメータとは、関数を呼び出す際に必ずしも提供する必要がない、つまり省略可能なパラメータのことです。TypeScript でオプショナルパラメータを宣言するには、対象のパラメータ名の後に「?」を付けます。

オプショナルパラメータを含む関数は、引数の一部を省略しても呼び出すことが可能です。これにより、さまざまなシナリオにおいて関数の柔軟性が向上します。以下にその使用例を示します。

▶ 3-47　関数のオプショナルパラメータ

```
function printMessage(message?: string) {
  if (message) {
    console.log(message);
  } else {
    console.log("No message provided.");
  }
}

printMessage("Hello, world!"); // Hello, world!
printMessage(); // No message provided.
```

上の例の、オプショナルパラメータは、string 型と undefined 型のユニオン型となります。オプショナルパラメータは省略された場合、その値が undefined になるため、この例では if 文によって型を string 型に絞り込んでいます[※9]。

また、関数のパラメータに必須パラメータが含まれている場合、オプショナルパラメータはそれらの後に配置する必要があります。オプショナルパラメータは複数存在することも可能です。このようにオプショナルパラメータを活用することで、関数呼び出し時の引数の柔軟性を高め、状況に応じていくつかの引数を省略することができます。

※9　if文の条件式の真偽の評価について詳しくは、巻末P.283のAppendix 12を参照してください。

3-11-3 関数型

JavaScript では、関数を変数に代入したり、コールバック関数として別の関数の引数に渡すことがよく行われます。この柔軟な特徴は TypeScript でも同じです。しかし、関数を安全に使うためには、関数の構造を型として明示的に表現することが重要になります。TypeScript では、関数のシグネチャ、つまり入力パラメータと戻り値の型を定義することで、関数型を指定できます。これにより、変数やコールバック関数に具体的な型要件を設定することで、関数の使用時に型チェックを行うことが可能になります。

関数型は、関数の入力パラメータと戻り値を定義することで、その関数の構造を型として表現します。以下に関数型の構文の例を示します。関数型を定義するための基本的な構文は、関数の引数の型リストを括弧で囲み、その後にアロー(=>) を用いて戻り値の型を指定します。

▶ 3-48 関数型の構文

```
let myFunction: (arg1: number, arg2: string) => boolean;
```

上記の例では、変数 myFunction に関数型を指定しています。myFunction は 、number 型の arg1 と string 型の arg2 の 2 つの引数を受け取り、boolean 型の値を返す関数型となります。このように関数型を使用することで、関数の期待される振る舞いを型レベルで保証することができます。

関数式を用いて関数を定義する例を以下に示します。

▶ 3-49 関数式と関数型

```
const addNumbers: (a: number, b: number) => number = (a, b) => a + b;
```

この例は、変数の型として関数型を指定し、その変数にアロー関数※10を代入しています。この場合、関数型でパラメータの型は宣言済みですので、アロー関数のパラメータに再度型注釈を加えるは必要ありません。ただし、関数型の宣言とアロー関数の実体を一緒に記述すると、コードの可読性が低下する可能性があります。このような場合は、型エイリアスを用いて関数型を別名で定義し、コードのクリアさを保つことが推奨されます。

▶ 3-50 関数型と型エイリアス

```
type AddFunction = (a: number, b: number) => number;

const addNumbers: AddFunction = (a, b) => a + b;
```

関数型の適用によって、関数の引数と戻り値に明確な型定義が与えられます。これにより、意図しない型シグニチャを持つ関数が変数に代入されたり、コールバック関数※11として使用されたりするリスクを排除できます。関数型は、関数の使用法をより安全かつ確実にします。

※10 アロー関数と関数式について詳しくは、巻末P.284のAppendix 13を参照してください。
※11 コールバック関数について詳しくは、巻末P.285のAppendix 14を参照してください。

3-11-4 void 型

関数には特定の処理だけを行い、呼び出し元に戻り値を返さないものがあります。TypeScript では、このような関数の戻り値の型を void で表現します。

void 型は、関数の戻り値が存在しないことを示すために使用される型です。関数が何も返さないことを明示的に示したい場合に void 型を使用することができます。

以下は、void 型を使用した関数の宣言の例です。

▶ 3-51 void 型の指定

```
function greet(): void {
  console.log("Hello!");
}
```

上記の例での greet 関数は、「Hello!」とコンソールに出力する単純な操作を行い、戻り値はありません。このような場合、戻り値がないことを示すために void 型を戻り値の型として指定します。この場合、仮に何かしらの値を return した場合はエラーとなります。
TypeScript では、関数内で return 文を省略した場合、JavaScript と同じく、戻り値として undefined が返されますが、その場合でも戻り値の型は void 型と型推論されます。

関数定義の際に、void 型を使用することにより、その関数がどのように使用されるべきかについて他の開発者に迅速な理解を提供し、コードの可読性を向上させる効果があります。また、戻り値がないため、関数の結果を誤って使用することを防ぐことができます。void 型の適切な利用は、関数の意図と使用法を明確にし、コードベース全体の堅牢性を高めるのに寄与します。

TypeScript では、戻り値として void 型が指定された関数型の変数に、実際には値を返す関数を代入することが可能です。その場合、戻り値の型情報は無視されます。どういうことかコードで確認してみましょう。

▶ 3-52　関数型の戻り値の型が void 型の場合

```
// 戻り値の型が void の関数型
type ReturnVoid = () => void;

// OK. 実際には string 型の値を返す関数の代入
const greetWorld: ReturnVoid = () => {
  return "Hello, World!";
};

// result の型は void として扱われ、関数の戻り値の型情報は無視される
const result = greetWorld(); // void 型

// NG. TypeScript は、result の型を void と見なしているため、string 型のメソッドは使えない
console.log(result.toUpperCase());
// >> Property 'toUpperCase' does not exist on type 'void'.
//    (プロパティ 'toUpperCase' は型 'void' に存在しません。)
```

この例では、戻り値の型が void である関数型を変数 greetWorld に指定しています。その後、greetWorld には戻り値として string 型の値を返す関数が代入されています。この場合、TypeScript はエラーを表示しません。つまり、greetWorld に代入された関数が内部で何らかの値を返しても、その戻り値は無視され、greetWorld 自体の型は void として扱われます。これにより、後続のコードで greetWorld の戻り値を string 型のように扱おうとすると、型不一致のエラーが発生します。

void 型の変数に値を割り当てることはできませんが、void を返すべき関数型の変数に実際に値を返す関数を代入しても構わないというのが TypeScript の設計です。これは JavaScript の動作と一致しており、TypeScript はこの特徴によって、JavaScript の柔軟さを維持しながら型安全性を提供しています。例えば、forEach メソッドなどの組み込み関数は void 型の関数を引数に取りますが、渡されたコールバック関数が何らかの値を返してもエラーにはなりません。

これは型の互換性に関係する複雑な内容ですので、理解が難しい場合は、Chapter 5の「複雑な型と互換性」を読んだ後、理解を深めてから再度こちらの節を読み直してみることをお勧めします。

関数の定義において、戻り値を型注釈で void 型に指定するか、あるいは TypeScript の型推論に任せるかの基準は、主にプロジェクトのスタイルガイドと個人の好みに依存します。一般的には、関数が値を返さないことが明確な場合、void 型注釈を付けることが推奨されます。しかし、非常に短い関数や、戻り値が明らかに不要なコールバック関数の場合には、型推論に任せることも多いです。プロジェクトのコーディング規約やチームの合意にしたがって、一貫性のあるアプローチを選択することが重要です。

3-11-5 never 型

never 型は、関数が戻り値を返さず、かつ呼び出し元に制御を戻すことが決してない状況を表すための特殊な型です。これは、関数が例外を投げるか、終了しない無限ループに入る場合など、正常に終了しないことを示すときに使用されます。void 型が関数が何も返さないことを示すのに対し、never 型は関数が正常に戻る「終了点」を持たないことを意味します。

never 型は、次のようなシナリオで利用されます

- 無限ループや再帰的な関数のように、終了しない関数
- 例外をスローしてプログラムを異常終了させる関数
- 到達不可能なコードのパスを示す場合

以下に never 型の使用例を示します。

▶ **3-53　関数の戻り値に対する never 型の指定**

```
function throwError(message: string): never {
  throw new Error(message);
}

function infiniteLoop(): never {
  while (true) {
    console.log("Infinite loop!");
  }
}
```

上記の throwError 関数は、指定されたメッセージを用いてエラーをスローし、その結果プログラムは異常終了します。このような関数は戻り値を持たず、また処理の流れを呼び出し元に返すこともありません。したがって、この関数の戻り値の型は never となります。

同様に、infiniteLoop 関数は無限ループに入り、終了することがないため、これも never 型の戻り値を持つ関数です。この関数を呼び出した後のコードは決して実行されないため、never 型が最も適切な型指定となります。

never 型を使用して到達不可能なコードのパスを示すコードは以下のようなシナリオが考えられます。

▶ **3-54　網羅性チェックと never 型**

```
type Shape = "circle" | "square" | "triangle";

// すべてのケースを処理するための関数
function handleShapes(shape: Shape) {
  switch (shape) {
    case "circle":
      // 円を処理する
      break;
    case "square":
      // 正方形を処理する
      break;
    case "triangle":
      // 三角形を処理する
      break;
    default:
      // shapeが網羅的にチェックされたていれば、default ケースには決して到達しない
      const exhaustiveCheck: never = shape;
      throw new Error(`未処理の形状: ${exhaustiveCheck}`);
  }
}

// 関数の使用例
handleShapes("circle"); // OK
handleShapes("hexagon"); // NG
// >> Argument of type '"hexagon"' is not assignable to parameter of type 'Shape'.
//   (型 '"hexagon"' の引数を型 'Shape' のパラメーターに割り当てることはできません。)
```

上の例の、handleShapes 関数は 'circle' | 'square' | 'triangle' のいずれかの型を持つパラメータ shape を受け取ります。switch ステートメントはすべての可能なケースをカバーしています。もしコードに誤りがあって default ケースに到

達してしまった場合（正しくすべてのケースが処理されていれば決して起こらない）、TypeScript はエラーを発生させます。なぜなら shape は指定されたケース以外になることはありえず、そのため変数 exhaustiveCheck には値が入るべきではないからです。この例では、'hexagon' のように、ユニオン型に含まれていない形状を処理しようとするとエラーになります。

never 型は TypeScript コードで戻り値を返さない関数を明示し、型安全性を向上させ、コードの保守性を高めるのに役立ちます。

3-11- 6 関数オーバーロード

この節の始めに、2 つのパラメータを持ち、それらを加算して返すだけの単純な関数を記述しました。以下の関数です。

▶ 3-55　2 つの引数を加算して返すだけの関数

```
function addNumbers(a, b) {
  return a + b;
}
```

この関数に対して TypeScript はエラーを表示するのでした。なぜなら、関数のパラメータが型注釈なしで宣言されており、結果として暗黙的に any 型と推論され、型安全性が失われるからです。
TypeScript のデフォルトの動作では、コード内に型エラーが存在しても、そのコードは JavaScript ファイルにコンパイルされます。ここでは、いったんこのエラーのことは置いておいて、JavaScript にコンパイルして、この関数がどのように動作するかを見てみましょう。

▶ 3-56　addNumbers 関数の挙動

```
// 引数として number 型の値を受け取った場合
let result = addNumbers(1, 2); // 3

// 引数として string 型の値を受け取った場合
result = addNumbers("1", "2"); // "12"

// 引数として number 型と string 型を受け取った場合
result = addNumbers(2, "4"); // "24"
```

この関数に数値を引数として渡すと、加算を行い結果を返します。文字列を引数として渡すと、渡された文字列を単に連結します。数値と文字列の両方を引数として渡すと、JavaScript の暗黙の型変換により数値が文字列に変換され、結果として文字列の連結が行われます。

実用的ではありませんが、この関数を TypeScript で型安全に定義する場合を考えてみましょう。処理の内容は同じのまま、異なる型のデータを受け取ることができる関数です。ただし、単純化のために受け取れる値の型は number 型と string 型に限定します。

そのためには、number 型と string 型のユニオン型を、それぞれのパラメータの型に指定すれば良さそうです。

▶ 3-57 addNumbers 関数の実装

```
function addNumbers(a: number | string, b: number | string) {
  if (typeof a === "number" && typeof b === "number") {
    return a + b;
  } else {
    return a.toString() + b.toString();
  }
}

let result = addNumbers("1", "2"); // "xy"

// NG. string 型のメソッドを呼び出そうとするとエラー
result.includes("1");
// >> Property 'includes' does not exist on type 'string | number'.
//   (プロパティ 'includes' は型 'string | number' に存在しません。)
//   >> Property 'includes' does not exist on type 'number'.
//     (プロパティ 'includes' は型 'number' に存在しません。)
```

上の例の、addNumbers 関数では、パラメータ a と b の型、そして戻り値の型はすべて number | string というユニオン型です。関数内では、typeof 演算子を用いた if 文で引数の型をチェックし、両引数が数値の場合には加算を行い、それ以外の場合には文字列として結合する処理をしています。

しかし、このアプローチには問題があります。関数に文字列を渡したときに戻り値に対して string 型のメソッドを使用しようとすると、TypeScript はエラーを発生させます。その理由は、TypeScript が addNumbers 関数の戻り値を number | string 型と推論しており、戻り値が number 型の可能性もあるため、string 型専用のメソッドを安全に呼び出すことができないと判断するからです。

この問題を解決するために、TypeScript では**関数オーバーロード**を使用できます。関数オーバーロードを用いると、同じ名前の関数に対して複数の呼び出しシグネチャを定義できます。これにより、関数の呼び出し方法に応じて、TypeScript コンパイラによる型推論をより正確に行わせることができます。以下にその例を示します。

▶ 3-58 関数オーバーロード

```
// オーバーロードのシグネチャ
function addNumbers(a: number, b: number): number;
function addNumbers(a: string, b: string): string;
function addNumbers(a: number, b: string): string;
function addNumbers(a: string, b: number): string;

// 関数本体
function addNumbers(a: number | string, b: number | string): number | string {
  if (typeof a === "number" && typeof b === "number") {
    return a + b;
  } else {
    return a.toString() + b.toString();
  }
}

let result = addNumbers("1", "2"); // result は string 型として推論される
// string 型と推論されているためエラーにならない
result.includes("1"); // true
```

上記の例で、関数本体の実装とは独立に、異なるパラメータと戻り値の型を持つ関数オーバーロードシグニチャを複数宣言しています。この方法により、TypeScript は関数 addNumbers の呼び出し方が複数あることを理解し、使用される引数の型に基づいて、戻り値の型を適切に推論できます。結果として、変数 result の型も正確に推論され、includes メソッドを呼び出してもエラーは発生しません。

関数オーバーロードを用いると、パラメータの型のバリエーションだけではなく、パラメータの数そのものを変更することも可能です。ただし、パラメータの数が異なるオーバーロードを宣言する場合は、関数本体もそれに応じて適切に処理を実装する必要があります。これにより、関数の利用方法に応じて柔軟な型の処理を提供できるようになりますが、実装の複雑性が増すため、慎重に検討する必要があります。

Chapter 4

クラスとインターフェイス

この章では、TypeScript でオブジェクトの構造を定義するためのインターフェイスと、クラスの構文およびそれに伴う特性に焦点を当てています。インターフェイスはオブジェクトの形状を定義するための強力なツールであり、クラスはオブジェクト指向プログラミングの中核的な要素です。これらは抽象的で理解が難しいかもしれませんが、オブジェクトを扱う上で非常に重要な概念であるため、しっかりと理解を深めていきましょう。

Chapter 4-1

インターフェイス

この節では、オブジェクトの構造を明確に定義し、型安全性を強化するTypeScriptのインターフェイスについて学びましょう。

前章ではオブジェクトの構造を定義する方法として、オブジェクト型を型エイリアスで宣言する方法を学びました。TypeScript にはオブジェクトの構造を定義するのに特化したインターフェイスという機能があります。インターフェイスはオブジェクト型エイリアスにはない特徴をいくつか備えています。

インターフェイスを使用すると、オブジェクトの形状を明確に定義し、その形状に合致するオブジェクトのみを扱うことを強制できます。これにより、より安全で予測可能なコードを書くことが可能になります。本節では、インターフェイスの基本的な定義の仕方と、それを使用する主な利点について掘り下げていきます。

4-1-1 インターフェイスの宣言

インターフェイスを使用してオブジェクトの構造を定義する方法に進む前に、まずは型エイリアスを用いた定義方法を振り返りましょう。

▶ 4-1　型エイリアスによるオブジェクト型の宣言

```
type Person = {
  name: string;
  age: number;
};
```

型エイリアスによる定義では、type キーワードを使って新しい型名を設定し、それに具体的なオブジェクトの型を代入する形で宣言します。同じ構造をインターフェイスを使って定義する方法を見ていきましょう。

▶ 4-2　インターフェイスの宣言

```
interface Person {
  name: string;
  age: number;
}
```

インターフェイスを宣言する際は、**interface** キーワードを使用し、その後にインターフェイスの名前を記述します。型エイリアスで使用した等号 (=) は必要ありません。インターフェイス名の後には、直接オブジェクトの構造を波括弧 ({}) で囲んで記述します。その他の構文は型エイリアスとほぼ同じです。

次に、実際にこのインターフェイスをどのように使用するかについて見ていきましょう。

▶ 4-3　インターフェイスを用いた型指定と型エラー

```
// 変数 john に Person インターフェイスを指定
let john: Person = {
  name: "John",
  age: 30,
};

// NG
john = "John";
// >> Type 'string' is not assignable to type 'Person'.
//   (型 'string' を型 'Person' に割り当てることはできません。)

// NG
john = {
  name: "John",
  age: "30",
  // >> Type 'string' is not assignable to type 'number'.
};
```

インターフェイスを用いた型指定は、型エイリアスを使用する場合と同様の方法で行います。インターフェイスと型エイリアスは機能が非常に似通っており、多くのケースで互換的に使用することが可能です。ただし、両者の間にはいくつかの違いが存在します。インターフェイスの基礎を理解した後に、これらの違いについて詳しく説明します。

4-1- 2 インターフェイスとメソッド

インターフェイスを使用すると、オブジェクトが実装すべきメソッドも定義できます。メソッドをインターフェイスに記述する際は、JavaScript でのメソッドの簡略記法に類似した構文を用います。

具体的には、メソッド名の後に引数リストを括弧で囲み、その後にコロン (:) と戻り値の型を指定します。これにより、インターフェイスを実装するオブジェクトは、定義されたシグネチャに従ったメソッドを持つことが要求されます。

▶ 4-4　インターフェイスとメソッドの定義

```
interface Person {
  name: string;
  age: number;
  speak(word: string): void;
}

const alice: Person = {
  name: "Alice",
  age: 25,
  speak(word) {
    console.log(word);
  },
};

alice.speak("Wonderful!!");
```

上記の例では、先ほどのPersonインターフェイスにspeakメソッドを追加しました。このメソッドはstring型の引数を取り、戻り値としては何も返さない(void型)と定義されています。インターフェイスにメソッドを追加することで、そのインターフェイスを満たすオブジェクトは、指定された構造を持つメソッドを持つことが必要になります。これにより、オブジェクトの構造だけでなく、振る舞いも型レベルで規定することが可能になります。

4-1-3 オプショナルプロパティ

インターフェイスで定義されたプロパティは、必要に応じてオプショナル、つまり省略可能に設定できます。オプショナルプロパティを定義するためには、プロパティ名の末尾に「?」記号を加えます。これにより、そのプロパティはインターフェイスを実装するオブジェクトにおいて必須ではなくなり、存在しなくても型の条件を満たすことができます。

▶ 4-5　インターフェイスとオプショナルプロパティ

```
interface Person {
  name: string;
  age?: number;
}

// ageプロパティを省略できる
const bob: Person = {
  name: "Bob",
};
```

この例では、ageプロパティをオプショナルに指定しています。オプショナルプロパティの型は、そのプロパティが存在する場合の型とundefinedのユニオン型、つまり上記の例では、number | undefinedとして扱われます。

4-1-4 読み取り専用プロパティ

インターフェイスのプロパティは、必要に応じて読み取り専用にすることができます。読み取り専用プロパティは一度設定されると値の変更が不可能になります。そうするには、オブジェクト型のときと同様に**readonly**キーワードを使用して定義します。

▶ 4-6　インターフェイスと読み取り専用プロパティ

```
interface Point {
  readonly x: number;
  readonly y: number;
}

const point: Point = { x: 10, y: 20 };

// NG.
point.x = 30;
// >> Cannot assign to 'x' because it is a read-only property.
//    (読み取り専用プロパティであるため、'x' に代入することはできません。)
```

4-1- 5 インデックスシグニチャ

JavaScript でオブジェクトはデータを格納するコンテナとして頻繁に利用され、関連するデータをまとめるために使用されます。一般的な使い方の 1 つとして、オブジェクトを初期にコンテナとして設定し、その後で動的にプロパティを追加していく方法があります。これは、プロパティの名前はあらかじめ定義されていないが、その値の型は既知の場合に特に有用です。

TypeScript は、このような柔軟なオブジェクトの型を定義するために、**インデックスシグニチャ**という機能を提供しています。インデックスシグニチャを使うと、任意の名前を持つプロパティが特定の型の値を有するオブジェクトの形状を表現できます。動的なプロパティ名を持つオブジェクトを定義する場合に特に便利です。

インデックスシグニチャの基本的な構文は次のようになります。

▶ インデックスシグニチャの構文

```
[キーの名前（任意）: キーの型]: 値の型;
```

インデックスシグニチャを宣言する際には、プロパティのキー名を角括弧（[]）で囲み、その中にキーの型を指定します。キー名自体は任意の名前を使用でき、通常はキーの役割を説明する名称を使います。キーの型は、string 型、number 型、symbol 型、テンプレート文字列パターン、およびこれらのみで構成されるユニオン型です。

以下に、string 型のキーを用いたインデックスシグニチャの例を示します。

▶ 4-7　string 型のキーのインデックスシグニチャ

```
interface FruitStock {
  [i: string]: number;
}
```

上記のインターフェイスによって、オブジェクトが持つプロパティの名前やその総数は特定できませんが、アクセスされるキーが string 型であるとき、常に number 型の値を返すという構造を表現できます。

次に、このインターフェイスを具体的な変数の型注釈としてどのように使用するか見てみましょう。

▶ 4-8　string インデックスシグニチャを持つ型の使用例

```
const fruit: FruitStock = {};
fruit.apple = 3;
fruit.orange = 5;

fruit.banana = "many"; // Error
// >> Type 'string' is not assignable to type 'number'.
```

上の例では、fruit オブジェクトには任意の名前のプロパティを追加でき、それらのプロパティの値は number 型である必要があります。そのため、fruit オブジェクトに"many"という文字列型の値を持つ banana プロパティを追加することはできません。
このように、インデックスシグニチャを用いると、JavaScript でよく見られるようなオブジェクトの柔軟な使用法を、TypeScript でも型の安全性を維持しながら実現できます。

さらに、インデックスシグニチャは、他のプロパティと組み合わせて使用することも可能です。この場合、インデックスシグニチャで指定されたキーの型と値の型は、他のプロパティの型と一致している必要があります。異なる型の値を持つプロパティを同一のオブジェクトに混在させることはできないため、型の整合性を保つ必要があります。

▶ **4-9　インデックスシグニチャと明示的なプロパティの混在**

```
interface FruitStock {
  peach: number; // 明示的なプロパティ
  [i: string]: number;
}

const fruit: FruitStock = { peach: 1 }; // 明示的なプロパティは必須
fruit.apple = 3;
fruit.orange = 5;
```

この例で紹介された FruitStock インターフェイスは、先に述べたインデックスシグニチャに加えて、peach というプロパティを具体的に追加しています。この変更により、FruitStock 型を持つオブジェクトは peach プロパティを含む必要があり、その型は number でなければなりません。

続いて、インデックスシグニチャのキー名が、テンプレート文字列パターンの場合を確認してみましょう。

▶ **4-10　キー名がテンプレート文字列パターンのインデックスシグニチャ**

```
interface Product {
  [key: `product_${number}`]: string;
}
```

上の例では、インデックスシグニチャのキーとしてテンプレートリテラル型を使用して、特定のパターンに合致するプロパティ名を指定しています。ここでのパターンは product_ に続く数字（例えば、product_1, product_2 など）であり、これらのキーに対して string 型の値が必要です。

このインターフェイスを使用することで、特定の命名規則に従ったプロパティの存在を保証しつつ、それらのプロパティが特定の型の値を持つことを型システムによって保証することができます。

次に、この Product インターフェイスを変数の型に指定してみましょう。

▶ 4-11　パターンがマッチしないことによるエラー

```
// OK
const productA: Product = {
  product_1: "foo",
  product_2: "bar",
  product_10: "baz",
};

// NG
const productB: Product = {
  product_1: "foo",
  product_2: "bar",
  product_dx: "baz", // Error
};

// >> Object literal may only specify known properties, and 'product_dx' does not exist in type 'Product'.
//   (オブジェクト リテラルは既知のプロパティのみ指定できます。'product_dx' は型 'Product' に存在しません。)
```

上記の例では、productB の product_dx というキーは Product インターフェイスのインデックスシグニチャのパターンに合致していないため、TypeScript はエラーを報告します。

TypeScript において、インデックスシグニチャで型定義されたオブジェクトにおいては、定義されていないプロパティへのアクセスがコンパイル時にエラーとならず、実行時にはその値は undefined となります。これはインデックスシグニチャがオブジェクトが任意のプロパティ名を持つ可能性があると宣言しているためです。

インデックスシグニチャは便利な機能ですが、オブジェクトのプロパティがあらかじめ明確に定義できる場合は、より具体的なプロパティの型定義を使用した方が適切です。インデックスシグニチャは、動的にプロパティ名が変わる可能性がある場合や、外部のデータソース（API の応答など）を扱う際に、プロパティ名が事前には定義されていないオブジェクトを型付けするのに最も適しています。

4-1- 6 インターフェイスと呼び出しシグニチャ

JavaScript では、関数は実行可能（callable）という追加機能を備えた特殊なオブジェクトとみなされ、プロパティを持つことができます。このようなプロパティを持つ関数を型で表現するにはどうすればよいでしょうか？前の章で学んだ関数型「例：(x:number) => number」を使っても表現することはできません。

TypeScript では、プロパティを持つ関数の型の表現に、**呼び出しシグニチャ**（call signature）という構文を使用することができます。呼び出しシグニチャは、関数がどのように呼び出されるかを定義するもので、インターフェイスやオブジェクト型に含めることができます。実はすでに、インターフェイスにメソッドを定義したときに、呼び出しシグニチャを使用していました。ここでは改めて関数型と比較することでそれらの違いを確認しましょう。

ここでは、これまでに見てきた関数型を、呼び出しシグニチャを用いたインターフェイスに書き換えてみましょう。

▶ 4-12　インターフェイスと呼び出しシグニチャ

```
// 関数型による定義
type CalcFunction = (n1: number, n2: number) => number;

// インターフェイスによる定義
interface CalcInterface {
  (n1: number, n2: number): number; // 呼び出しシグニチャ
}

const add: CalcFunction = (n1, n2) => n1 + n2;
const subtract: CalcInterface = (n1, n2) => n1 - n2;
```

インターフェイスにおける呼び出しシグニチャの宣言は、関数型の宣言と似ていますが、パラメータリストの後に "=>" の代わりに ":" を使用して、戻り値の型を記述します。
上の例の、CalcInterface は、(n1: number, n2: number): number という形の呼び出しシグニチャを持つため、このインターフェイスを型として持つ変数は、2 つの number 型の引数を取り、number 型の値を返す関数として動作することになります。そして、CalcInterface はプロパティを追加することができるため、プロパティを持つ関数型を表現することも可能です。

通常、関数の型は関数型で定義されることが一般的ですが、インターフェイスを使用して関数の型を定義することもできるという点は覚えておくとよいでしょう。これにより、関数に追加のプロパティが必要な場合や、特定のシグニチャを複数持つ関数を表現する場合に柔軟に対応することができます

4-1-7 インターフェイスの拡張

インターフェイスの拡張機能を使用すると、既存のインターフェイスを基に新しいインターフェイスを派生させることができます。これにより、すでに定義されたインターフェイスに新たなプロパティやメソッドを追加して、再利用可能で拡張性のある型定義を構築することが可能になります。共通の特徴を持つ類似の型群に対して、この継承のメカニズムを適用することで、コードの重複を避け、メンテナンス性を向上させることができます。

新しいインターフェイスを定義する際に、既存のインターフェイスを拡張するには、**extends** キーワードを使用します。

▶ **4-13　インターフェイスの拡張**

```
// 拡張元となるインターフェイス
interface Vehicle {
  speed: number;
}

// Car は Vehicle を拡張したインターフェイス
interface Car extends Vehicle {
  engineType: string;
  volume: number;
}

// OK
const superCar: Car = {
  speed: 240,
  engineType: "V8",
  volume: 4000,
};

// NG. 拡張元の Vehicle に存在するspeedプロパティが欠けているためエラー
const sportsCar: Car = {
  engineType: "V4",
  volume: 3000,
};
// >> Property 'speed' is missing in type '{ engineType: string; volume: number; }' but required in
type 'Car'.
//   (プロパティ 'speed' は型 '{ engineType: string; volume: number; }' にありませんが、型 'Car' では必
須です。)
```

この例では、Vehicle インターフェイスがベースインターフェイスとして機能し、Car インターフェイスは Vehicle の全プロパティに加えて、新たなプロパティを持つことができるようになっています。Car インターフェイスには Vehicle から継承したプロパティが含まれるため、Car インターフェイスを満たすオブジェクトを定義する際には、これらのプロパティをすべて含める必要があります。
変数 sportsCar に代入しようとしているオブジェクトは speed プロパティを持たないため、TypeScript コンパイラはエラーを報告します。

次に、インターフェイスの拡張の重要な特徴の 1 つである**オーバーライド**について説明します。

拡張によって新たに定義する派生インターフェイスは、元のベースインターフェイスに存在するプロパティを上書き（オーバーライド）することができます。オーバーライドする例をコードで確認しましょう。

▶ **4-14　プロパティのオーバーライド**

```
interface Vehicle {
  speed: number;
  model: string | null;
}

interface Car extends Vehicle {
  engineType: string;
  model: string; // model プロパティをオーバーライド
}
```

上の例では、派生インターフェイスで model プロパティの型を、string | null から string 型にオーバーライドしています。ただし、インターフェイスのプロパティをオーバーライドする際には、派生インターフェイスのプロパティ型がベースインターフェイスのプロパティ型と互換性を有する必要があります。

「型の互換性」については、Chapter 5で詳しく解説しますので、この段階では、派生プロパティの型をベースプロパティの型の代わりとして利用できなければならない、と考えてください。この例では、string 型の値は、string | null として利用可能なのは、直感的にご理解できます。仮に、派生の model プロパティを number 型でオーバーライドしようとした場合は、互換性がないためエラーとなります。

この章で、これ以降に「型の互換性」という用語を使用する際も、上記の説明に準じています。「互換性」の意味を厳密に知りたい方は、ここで、先にChapter 5の該当箇所を読んでから、戻ってきてこの章を読んでいただくことも可能です。

4-1- 8 複数のインターフェイスの拡張

インターフェイスの拡張は複数のインターフェイスを元にして行うことができます。

▶ 4-15 複数のインターフェイスの拡張

```
interface Born {
  birthYear: number;
  place: string;
}

interface Hobby {
  hobbies: string[];
}

// 複数のインターフェイスを拡張
interface Person extends Born, Hobby {
  name: string;
}

const mike: Person = {
  name: "Mike",
  birthYear: 1995,
  place: "New York",
  hobbies: ["tennis", "cooking", "chess"],
};
```

この機能を利用することで、すでに定義されている型を組み合わせて、より複雑な型を構築することが可能となります。これによりコードの再利用性も向上します。

4-1- 9 インターフェイスのマージ

インターフェイスは、**宣言のマージ**(declaration merging)と呼ばれるユニークな機能を持っています。これは、同一の名前を持つ複数のインターフェイス定義がある場合、TypeScript がそれらを自動的に 1 つのインターフェイス定義としてマージするという振る舞いを指します。

インターフェイスがマージされる例を見てみましょう。

▶ 4-16 インターフェイスのマージ

```
interface Car {
  engineType: string;
  volume: number;
}

// 2箇所で宣言したCarインターフェイスは自動的にマージされる
interface Car {
  color: string;
}

// OK. 過剰プロパティチェックが働くがエラーにはならない。Carインターフェイスがマージされていることがわかる
const myCar: Car = {
  engineType: "V6",
  volume: 3000,
  color: "red",
};

// NG. colorプロパティが欠けているためエラーになる。Carインターフェイスがマージされていることがわかる
const herCar: Car = {
  engineType: "V8",
  volume: 4000,
};
// >> Property 'color' is missing in type '{ engineType: string; volume: number; }' but required in type 'Car'.
//   (プロパティ 'color' は型 '{ engineType: string; volume: number; }' にありませんが、型 'Car' では必須です。)
```

この例では、Car インターフェイスが複数回宣言されており、TypeScript はこれらを自動的に統合しています。結果として、変数 myCar に適用される Car インターフェイスはこれらの宣言がマージされたものになります。

ただし、この機能の利用には注意が必要です。インターフェイスの定義がプログラム全体に散らばってしまうと、個々の定義がどのように統合されて全体となるのかを理解するのが難しくなります。さらに、意図せずにインターフェイスがマージされてしまい、予期せぬ振る舞いやバグの原因となることもあり得ます。

インターフェイスのマージは使用する機会が限られる機能に思われますが、外部ライブラリを拡張する際には有用です。ライブラリが提供する基本インターフェイスに、独自の新しいプロパティやメソッドを追加したい場合に、この機能を利用すると簡単に対応できます。

総じて、インターフェイスのマージは必要な場合に限定して慎重に使用し、代替策がないかを常に検討すべきです。必要性が明確でない限り、他の方法を優先して使用することが望ましいでしょう。

4-1- 10 インターフェイスと型エイリアスの違い

ここまで、インターフェイスの基本的な使い方と特徴について学びましたので、ここで改めてオブジェクト型の型エイリアスとの違いを整理しておきましょう。

インターフェイスはオブジェクトの構造を定義するのに特化した機能です。一方、型エイリアスは任意の型に別名を付けているだけなので、ユニオン型やインターセクション型として定義し、任意の型を組み合わせることで、より複雑な型を表現できます。この点において、型エイリアスはインターフェイスより汎用的です。

もう 1 つの違いとしては、すでに学習したマージ機能があります。型エイリアスにはこのような機能はなく、同名の型エイリアスを複数回宣言するとエラーが発生します。

最後の違いとして、インターフェイスはクラスと連携して使用することで、クラスが特定の構造を持つことを保証するために使用できます。この重要な機能については、次の節でクラスについて学ぶ過程で具体的に見ていきます。

これらの特性により、オブジェクトの構造を定義する際には通常インターフェイスが、複雑な型やユニオン型、インターセクション型などを扱う際には型エイリアスが使われることが一般的です。ただし、どちらを使用するかは、プロジェクトやチームの方針により異なります。

Chapter 4-2

クラス

この節では、TypeScript特有のクラスに関する機能を学びましょう。また、クラスとインターフェイスを組み合わせる方法についても解説します。

クラスはオブジェクト指向プログラミングの基本的な概念の 1 つであり、TypeScript においても重要な役割を果たします。クラスはデータとそのデータに関連する機能を 2 つのまとまりとして定義し、オブジェクトを生成するための設計図として機能します。本節では、TypeScript のクラスに関するさまざまな要素について詳しく解説します。

4-2-1 クラスの基本

これまでの学習では、オブジェクトを直接的にオブジェクトリテラルで記述して生成していました。ここからは、TypeScript でのクラスを用いたオブジェクト生成について学んでいきます。クラスを使うことで、再利用可能なオブジェクトのテンプレートを作成し、一貫性のあるオブジェクト構造を容易に実現できるようになります。

4-2-1-1 クラスのプロパティとメソッド

TypeScript でのクラス※1 の定義は、JavaScript のクラスの構文に型注釈を加えることで実現されます。プロパティやコンストラクタのパラメータに型を指定することで、インスタンス化されるオブジェクトの構造と振る舞いが明確になります。以下に、Person というクラスを定義する例を示します。

▶ 4-17 クラスの宣言

```
class Person {
  name: string;
  age: number;

  constructor(name: string, age: number) {
    this.name = name;
    this.age = age;
  }
}
```

上の例の Person クラスでは、name と age というプロパティをクラスのトップレベルで宣言し、コンストラクタを通じてインスタンス化する際にこれらを初期化しています。コンストラクタのパラメータには型注釈が必要です。なお、コンストラクタの戻り値の型は指定しません。コンストラクタはクラスのインスタンスを生成するために使われ、そのインスタンスは常にコンストラクタが属するクラスの型になります。したがって、コンストラクタの型注釈は不要であり、指定することもできません。

※1 クラスと thisについて詳しくは、巻末P.286のAppendix 15を参照してください。

TypeScript では、クラスのメンバーはトップレベルで明示的に宣言する必要があります。コンストラクタ内だけで直接プロパティを初期化しようとした場合、TypeScript は該当するプロパティが宣言されていないと判断し、エラーを報告します。この点は JavaScript のクラスの挙動と異なるため、TypeScript を使用する際には注意が必要です。

以下は、トップレベルでプロパティを宣言せずに、コンストラクタ内でプロパティを初期化しようとしてエラーになる例です。

▶ **4-18 プロパティの宣言の省略によるエラー**

```
class Person {
  constructor(name: string, age: number) {
    this.name = name;
    this.age = age;
    // >> Property 'name' does not exist on type 'Person'.
    //   (プロパティ 'name' は型 'Person' に存在しません。)
    // >> Property 'age' does not exist on type 'Person'.
  }
}
```

また、明示的に宣言したプロパティに対して、コンストラクタ内で初期値が提供されていない場合、コンパイラがエラーを通知します。

▶ **4-19 プロパティの初期化チェック**

```
class Person {
  name: string;
  age: number;
  // >> Property 'age' has no initializer and is not definitely assigned in the constructor.
  //   (プロパティ 'age' に初期化子がなく、コンストラクターで明確に割り当てられていません。)

  constructor(name: string, age: number) {
    this.name = name;
  }
}
```

上の例では、age プロパティが宣言されているにもかかわらず、コンストラクタ内で初期化されていないためにエラーとなります。ただし、age プロパティが undefined を含む型として宣言されている場合、初期化が省略されてもエラーは発生しません。

では、この Person クラスから新しいオブジェクトを生成してみましょう。

▶ **4-20 クラスによるオブジェクトの生成(インスタンス化)**

```
const john = new Person("John Doe", 25);

// NG. パラメータ age は number 型である必要があるためエラー
const jane = new Person("Jane Smith", "30");
// >> Argument of type 'string' is not assignable to parameter of type 'number'.
//   (型 'string' の引数を型 'number' のパラメーターに割り当てることはできません。)
```

上記の例から、クラスのコンストラクタに渡される引数の型が TypeScript によって厳格にチェックされていることがわかります。変数 jane に代入しようとしているオブジェクトは、コンストラクタの期待する型と一致しないためエラーが発生し、インスタンス化に失敗します。

次に、この Person クラスにメソッドを追加してみましょう。

▶ 4-21　クラスへのメソッドの追加

```
class Person {
  name: string;
  age: number;

  constructor(name: string, age: number) {
    this.name = name;
    this.age = age;
  }

  greet(greeting: string): void {
    console.log(
      `${greeting}, my name is ${this.name} and I'm ${this.age} years old.`
    );
  }
}
```

上の例では、Person クラスに greet メソッドを追加しました。このメソッドは string 型のパラメータを持ち、戻り値を持たず、文字列を出力するだけのメソッドです。このメソッドを呼び出してみましょう。

▶ 4-22　メソッドの呼び出し

```
const john = new Person("John Doe", 25);
// OK
john.greet("Hello");
// ログ出力：Hello, my name is John Doe and I'm 25 years old.

// NG. 必要な引数を渡していないためエラー
john.greet();
// >> Expected 1 arguments, but got 0.（1 個の引数が必要ですが、0 個指定されました。）
//  >> An argument for 'greeting' was not provided.（'greeting' の引数が指定されていません。）

// NG. 引数の型が異なるためエラー
john.greet(["Hello"]);
// >> Argument of type 'string[]' is not assignable to parameter of type 'string'.
//   （型 'string[]' の引数を型 'string' のパラメーターに割り当てることはできません。）
```

上の例において、greet メソッドを引数なしで呼び出したり、適切でない型の値を引数に渡したりすると、エラーが発生します。このように、TypeScript はクラスのメソッドにおけるパラメータの型についても、学んできた関数のパラメータと同様に型チェックを実施します。

この特性により、TypeScript のクラスに型情報を加えることで、クラス設計とオブジェクト生成をより安全に行うことが可能になります。

4-2- 1-2 オプショナルプロパティと読み取り専用プロパティ

クラスのプロパティはインターフェイスと同様に、オプショナルプロパティや読み取り専用プロパティとして定義することが可能です。使用する構文もインターフェイスでの定義と同様です。具体的な例を以下に示します。

▶ 4-23 オプショナルプロパティと読み取り専用プロパティの宣言

```
class Person {
  readonly name: string; // 読み取り専用
  age: number;
  hobbies?: string[]; // オプショナル

  constructor(name: string, age: number) {
    this.name = name;
    this.age = age;
  }

  greet(greeting: string) {
    console.log(
      `${greeting}, my name is ${this.name} and I'm ${this.age} years old.`
    );
  }
}
```

上の例では、name プロパティを読み取り専用に指定して、hobbies プロパティをオプショナルに指定しています。

4-2- 1-3 型としてのクラス

クラスは、オブジェクトのインスタンスを生成するためのテンプレートとして機能するだけでなく、型としても使用することができます。どういうことか具体的なコードを見て確認しましょう。

▶ 4-24 型としてのクラス

```
class Person {
  name: string;
  age: number;

  constructor(name: string, age: number) {
    this.name = name;
    this.age = age;
  }
}

// 型としてクラスを使用
let john: Person;
john = new Person("John Doe", 25);

// NG
john = "John Doe";
// >> Type 'string' is not assignable to type 'Person'.
```

上の例では、Person クラスが定義された後、変数 john の型注釈として Person が使用されています。当然、Person

クラスのインスタンスを john に代入することは問題ありませんが、john に string 型の値を代入しようとすると型エラーになります。このことからクラスは型名としても機能していることがわかります。TypeScript コード内に存在する型情報はコンパイル時にすべて削除されて JavaScript コードには残りませんが、クラスはランタイム上でも実行されるデータとして残ります。

続いて、Person 型の変数 john にオブジェクトリテラルで生成したオブジェクトを代入してみましょう。

▶ 4-25　オブジェクトの構造的型付け

```
// Personクラスを指定
let john: Person;

// 型チェックOK
john = {
  name: "John Doe",
  age: 25,
};
```

上の例では、変数 john は Person クラスが型として指定されています。その後、オブジェクトリテラルを使用して生成したオブジェクトを john に代入していますが、エラーにはなりません。一見すると、変数 john は Person クラスを型として指定されているので、Person のインスタンスしか代入することができないように思えます。しかし、TypeScript では、オブジェクトがクラスに定義されているすべてのプロパティを持っている限り、そのオブジェクトをクラス型の変数に代入することが許可されます。前の章で少し触れましたが、この挙動は、TypeScript が採用している構造的型付けに基づいています。

これまでの説明では、クラスを型注釈に使って変数の型を指定しましたが、クラスから生成したオブジェクトを変数に代入した場合、その変数の型はそのクラスの型になります。

▶ 4-26　インスタンスを代入したときの変数の型

```
// 変数 john の型は Person
const john = new Person("John Doe", 25);

// NG
john.gender = "male"; // Personクラスに存在しないプロパティにアクセスするとエラー
// >> Property 'gender' does not exist on type 'Person'.
//   (プロパティ 'gender' は型 'Person' に存在しません。)
```

上記のように、変数 john が Person クラスのインスタンスを受け取ると、john の型は Person と認識されます。このように、クラスのインスタンスが代入された変数の型は、オブジェクト型ではなく、具体的なクラス名となります。TypeScript はクラスの構造を認識しているので、Person クラスに定義されていないプロパティへのアクセスを試みると、TypeScript は型エラーを出力します。

4-2- 2 クラスの継承

クラスの継承は、既存のクラス（スーパークラスまたは親クラス）を元にして新しいクラス（サブクラスまたは子クラス）を作成する機能です。
継承はオブジェクト指向プログラミングの基本概念の 1 つで、クラス間でコードを再利用するための強力なメカニズムです。このメカニズムによって、スーパークラスのすべてのプロパティとメソッドがサブクラスに自動的に引き継がれます。サブクラスはこれらをそのまま使用するか、必要に応じて特定の機能をカスタマイズすることができます。これにより、既存のコードをより効率的に活用しながら、新しいクラスを構築し、プログラムの構造をより柔軟かつ管理しやすいものにすることが可能です。

4-2- 2-1 継承の基本

クラスの継承は、インターフェイスの拡張と同じで **extends** キーワードを使用して行います。

▶ 4-27　クラスの継承

```
class Parent {
  parentMethod() {
    // スーパークラスのメソッド
  }
}

// Parentクラスを継承
class Child extends Parent {
  childMethod() {
    // サブクラスのメソッド
  }
}

const childObj = new Child();
childObj.parentMethod(); // 継承したスーパークラスのメソッドを呼び出せる
childObj.childMethod();
```

上記の例は、Parent というクラスを定義し、Child クラスが extends キーワードを用いて Parent クラスから派生していることを示しています。この継承により、Child クラスは Parent クラスのすべてのプロパティとメソッドを受け継いでおり、それに追加して新たなプロパティやメソッドを定義することが可能です。なお、クラスの継承はインターフェイスと異なり、複数のスーパークラスを指定することはできません。

サブクラスには、スーパークラスのすべてのプロパティとメソッドが必ず含まれますので、スーパークラスの型が要求される文脈で、サブクラスのインスタンスを代わりに使用することができます。

▶ 4-28　クラスの継承と型の互換性

```
// スーパークラスの型が要求されているが、サブクラスのインスタンスを代入可能
const objA: Parent = new Child();

// NG
const objB: Child = new Parent();
// >> Property 'childMethod' is missing in type 'Parent' but required in type 'Child'.
//   (プロパティ 'childMethod' は型 'Parent' にありませんが、型 'Child' では必須です。)
```

上の例では、スーパークラスである Parent の型を持つ変数 objA に、サブクラスである Child のインスタンスを代入しています。逆に Child 型の変数に Parent のインスタンスを代入しようとすると、型エラーが起きます。というのも、Parent のインスタンスは Child で追加されたメソッドやプロパティを持っていない可能性があるからです。

繰り返しになりますが、型の互換性については、次のChapter 5で詳しく解説しますので、ここではこのような関係を頭の片隅に置いておいて、後で読み返していただいても大丈夫です。

4-2

4-2- 2-2 プロパティとメソッドのオーバーライド

サブクラスでは、スーパークラスのプロパティやメソッドをオーバーライドして、独自のデータや振る舞いを定義することが可能です。オーバーライドは、サブクラスでスーパークラスと同名のプロパティやメソッドを再宣言することで実現されます。オーバーライドされたプロパティの動作を具体的なコードを通じて見てみましょう。

▶ 4-29　クラスのプロパティのオーバーライド

```
class SuperClass {
  prop: number = 10;
}

class SubClass extends SuperClass {
  prop: number = 20; // SuperClassのプロパティをオーバーライド.
}
```

上の例では、SuperClass のプロパティが SubClass によってオーバーライドされています。ここでの重要な点は、サブクラスでオーバーライドするプロパティはスーパークラスのプロパティと型が互換性を持つ必要があるということです。次の例のように、型が互換性のないオーバーライドを試みた場合、TypeScript はエラーを報告します。

▶ **4-30　型に互換性がないプロパティのオーバーライド**

```
class SuperClass {
  prop: number = 10;
}

class SubClass extends SuperClass {
  prop: string = "20"; // SuperClassのプロパティをオーバーライド.
}
// >> Property 'prop' in type 'SubClass' is not assignable to the same property in base type 'SuperClass'.
//   (型 'SubClass' のプロパティ 'prop' を基本データ型 'SuperClass' の同じプロパティに割り当てることはできません。)
//  >> Type 'string' is not assignable to type 'number'.
```

上の例では、string 型と number 型が互換性を持たないため、型エラーが発生しています。メソッドのオーバーライドにおいても同様のルールが適用されます。つまり、サブクラスでオーバーライドされるメソッドは、スーパークラスの同名メソッドの型と互換性が必要です。

▶ **4-31　型に互換性がないメソッドのオーバーライド**

```
class SuperClass {
  method(value: number): string {
    return `SuperClass method: ${value}`;
  }
}

class SubClass extends SuperClass {
  method(value: string): string {
    return `SuperClass method: ${value}`;
  }
}
// >> Property 'method' in type 'SubClass' is not assignable to the same property in base type 'SuperClass'.
//  >> Type '(value: string) => string' is not assignable to type '(value: number) => string'.
//   >> Types of parameters 'value' and 'value' are incompatible.
//    >> Type 'number' is not assignable to type 'string'.

// >> 型 'SubClass' のプロパティ 'method' を基本データ型 'SuperClass' の同じプロパティに割り当てることはできません。
//  >> 型 '(value: string) => string' を型 '(value: number) => string' に割り当てることはできません。
//   >> パラメーター 'value' および 'value' は型に互換性がありません。
//    >> 型 'number' を型 'string' に割り当てることはできません。
```

この例は、method の型に互換性がないためエラーになっています。とても長いメッセージですが TypeScript の型エラーメッセージは階層的に構成されているため、最上部から順に文を追っていくことで、エラーの原因を段階的に理解することが可能です。具体的には、上から順に文を読んでいき、それぞれの文を「なぜなら」で繋いで読んでください。

オーバーライドを行う際は型の互換性に注意が必要ですが、適切に使用することでコードの再利用性を高め、ポリモーフィズムを効果的に活用することができます。

4-2-2-3 constructor のオーバーライド

クラス継承では、サブクラスがスーパークラスのコンストラクタを自動的に引き継ぐため、サブクラスではコンストラクタを定義する必要はありませんが、サブクラスに独自の初期化処理を加えたい場合にはコンストラクタをオーバーライドすることが可能です。

コンストラクタをオーバーライドする場合、**super** キーワードを用いてスーパークラスのコンストラクタを明示的に呼び出す必要があります。これにより、スーパークラスの初期化処理をサブクラスのコンストラクタ内で実行することが可能です。

▶ 4-32　constructor のオーバーライド

```
class Parent {
  constructor(name: string) {
    console.log(`Parent: ${name}`);
  }
}

class Child extends Parent {
  constructor(name: string, age: number) {
    super(name);
    console.log(`Child: name => ${name}, age => ${age}`);
  }
}

const child = new Child("Child", 10);
// ログ出力
// Parent: Child
// Child: name => Child, age => 10
```

この例で、Child クラスは Parent スーパークラスのコンストラクタをオーバーライドし、新たな引数を導入しています。Child のコンストラクタ内では、最初に super(name) を呼び出し、これによりスーパークラスの初期化処理を実行後、追加の引数を用いて独自の処理を加えています。このプロセス中、TypeScript の型チェッカーは Child クラスのコンストラクタが Parent のコンストラクタを適切な引数で呼び出しているかを検証します。

4-2-3 アクセス修飾子

クラス内のメンバー（プロパティやメソッド）には、アクセス修飾子を指定することができます。アクセス修飾子は、そのメンバーがどの範囲からアクセス可能か（可視性）を制御する役割を持ちます。

4-2-3-1 public

public 修飾子を持つメンバーは、クラスの内外を問わずアクセス可能です。アクセス修飾子が指定されていない場合、メンバーはデフォルトで public として扱われます。

▶ 4-33 public

```
class Person {
  public name: string; // 明示的にpublicと指定
  age: number; // デフォルトでpublic

  constructor(name: string, age: number) {
    this.name = name;
    this.age = age;
  }

  public greet() {
    console.log(
      // 内部でnameとageにアクセス
      `Hello, my name is ${this.name} and I'm ${this.age} years old.`
    );
  }
}

const john = new Person("John", 25);

// クラスの外部からアクセス
console.log(john.name); // John
console.log(john.age); // 25
john.greet(); // Hello, my name is John and I'm 25 years old.
```

上の例では、name プロパティと greet メソッドに public 修飾子が指定されています。また、age プロパティは修飾子がないためデフォルトで public になります。したがって、これらのメンバーは、インスタンスを生成した後に john.name、john.age や john.greet()という形で外部からアクセスすることができます。また、greet メソッドは、クラスの内部で name と age プロパティにアクセスしています。このように、public 修飾子が指定されたメンバーは、クラスの内外どちらからもアクセスが許可されています。

4-2-3-2 private

private 修飾子を持つメンバーは、クラスの内部でのみアクセス可能であることを明示します。これにより、private が指定されたフィールドやメソッドは、そのクラスの外側からの直接的なアクセスが禁止されます。

▶ 4-34 private

```
class Person {
  name: string;
  private password: string;

  constructor(name: string, password: string) {
    this.name = name;
    this.password = password;
  }

  public revealPassword() {
    // OK. クラスの内部からはアクセス可能
    console.log(`${this.name}'s password is: ${this.password}`);
  }
}

const jane = new Person("Jane", "12345");

// NG. クラスの外部からはアクセスできない
console.log(jane.password);
// >> Property 'password' is private and only accessible within class 'Person'.
//   (プロパティ 'password' はプライベートで、クラス 'Person' 内でのみアクセスできます。)

jane.revealPassword(); // Jane's password is: 12345
```

上の例では、password というプロパティに private 修飾子※2が指定されています。これにより、password プロパティへの直接アクセスはクラスの内部からのみ可能となり、外部から jane.password としてアクセスしようとするとエラーが生じます。

一方で、revealPassword というメソッドは public として定義されており、外部からのアクセスが許可されています。そのため、外部からでもこのメソッドを通じて private な password プロパティへ間接的にアクセスすることが可能です。private 修飾子を利用することで、クラスの詳細を隠蔽し、データをカプセル化することが可能になります。

4-2-3-3 protected

protected 修飾子を持つメンバーは、クラス内および、サブクラス内からアクセス可能であることを示します。これにより、protected で指定されたメンバーはクラスの外部からはアクセスできないものの、サブクラスのメソッド内からは利用することが可能となります。

※2 JavaScript のプライベートクラスメンバーについて詳しくは、巻末P.288のAppendix 16を参照してください。

▶ 4-35　protected

```
class Person {
  name: string;
  protected saving: number;

  constructor(name: string, saving: number) {
    this.name = name;
    this.saving = saving;
  }
}

class Employee extends Person {
  private salary: number;

  constructor(name: string, saving: number, salary: number) {
    super(name, saving);
    this.salary = salary;
  }

  public introduce() {
    console.log(
      // サブクラスの内部ではsavingにアクセス可能
      `I'm ${this.name}. My salary is ${this.salary} and my saving is ${this.saving}`
    );
  }
}

const john = new Employee("John", 1000, 30);

john.introduce();
// I'm John. My salary is 30 and my saving is 1000.

// NG. savingはprotectedなのでクラスの外部からは直接アクセスできない
console.log(john.saving);
// >> Property 'saving' is protected and only accessible within class 'Person' and its subclasses.
//   (プロパティ 'saving' は保護されているため、クラス 'Person' とそのサブクラス内でのみアクセスできます。)
```

上の例で、saving プロパティは protected 修飾子を使用して宣言されています。これにより、saving は Person クラス自体と、そのサブクラスである Employee クラス内からのみアクセス可能です。

Employee は Person のサブクラスなので、その introduce メソッドでは public に設定された saving プロパティへのアクセスが許可されます。しかし、john.saving として saving プロパティに直接アクセスしようとした場合、protected 修飾子のため外部からはアクセスできないというエラーが生じます。

このように protected 修飾子を使用することで、カプセル化を強化し、クラスの内部実装を隠蔽するのに役立ちます。

4-2-3-4 アクセス修飾子と省略記法

TypeScript では、クラスのメンバー宣言時にアクセス修飾子を指定すると、省略記法を使用することができます。この記法を使うと、クラスのコードをより簡潔にし、可読性を高めることが可能です。通常のメンバー宣言方法と省略記法を用いた方法を比較してみましょう。

▶ 4-36　アクセス修飾子と省略記法

```
// ①これまでの書き方
class Person {
  name: string;
  protected age: number;
  private address: string;

  constructor(name: string, age: number, address: string) {
    this.name = name;
    this.age = age;
    this.address = address;
  }

  introduce() {
    console.log(
      `I'm ${this.name} and ${this.age} years old. I live at ${this.address}`
    );
  }
}

// ②省略記法
class Person {
  constructor(
    // コンストラクタのパラメータにアクセス修飾子をつけることで、自動的にメンバー変数が宣言される
    public name: string,
    protected age: number,
    private address: string
  ) {}

  introduce() {
    console.log(
      `I'm ${this.name} and ${this.age} years old. I live at ${this.address}`
    );
  }
}
```

上の例の、Person クラスでは、コンストラクタのパラメータにアクセス修飾子 (private、protected、public) が直接付与されています。この手法を用いると、コンストラクタの引数と同名のプロパティがクラス内部に自動的に生成されるため、手動でのメンバー変数の宣言が不要になります。

この省略記法を採用することで、クラスの宣言がぐっと簡潔になり、アクセス修飾子の指定とメンバー変数の初期化が 1 箇所で行えるため、コードの冗長性を減らし、全体の可読性を高める効果が期待できます。

4-2- 4 アクセサ (ゲッター と セッター)

クラスには、アクセサという特別なメソッドが存在し、これはプロパティの読み取りや変更をカプセル化して管理する機能を提供します。アクセサを使うことで、プロパティへの直接的なアクセスを制限したり、値を取得・変更するときに特定の処理を追加で行うことが可能になります。

アクセサの利用には、get や set というキーワードを使ってメソッドを定義します。get キーワードで定義されたメソッドは**ゲッター**、set キーワードで定義されたメソッドは**セッター**と呼ばれます。アクセサを含むクラスの例を通して、その定義方法について見ていきましょう。

▶ **4-37　ゲッターとセッター**

```
class Circle {
  private _radius: number;

  constructor(radius: number) {
    this._radius = radius;
  }

  // ゲッターの定義
  get radius(): number {
    console.log("半径を取得");
    return this._radius;
  }

  // セッターの定義
  set radius(value: number) {
    if (value <= 0) {
      throw new Error("不正な値です。0より大きい値を入力してください。");
    }
    console.log("半径を設定");
    this._radius = value;
  }
}

const circle = new Circle(3);

// ゲッターの実行
console.log(circle.radius);
// ログ出力：
// 半径を取得
// 3

// セッターの実行
circle.radius = 5;
// 半径を設定

// NG. 負の値をセットしようとするとエラーが発生
circle.radius = -1;
// >> Error: 不正な値です。0より大きい値を入力してください。
```

上の例の Circle クラスは、円の半径の情報のみを持つシンプルなクラスです。プライベートプロパティである _radius はクラスの外部からの直接アクセスが制限されていますが、外部コードがこのプロパティにアクセスするためのゲッターとセッターが提供されています。

ゲッターは、get キーワードをメソッド名の前に置くことで宣言されます。ゲッターは circle.radius のようにプロパティへのアクセスの形で実行されます。ゲッターが実行されると、ログを出力した後、_radius の値が返却されます。このように、単に値にアクセスするだけではなく、ゲッター内で特定の処理を行うことができます。

セッターは set キーワードを用いて宣言され、プロパティへの値の代入時に実行されます。セッターは引数を取り、この引数には型が指定されていなければゲッターの戻り値の型から推論されます。上の例では、セッターは渡された値が負でないことを検証し、問題がなければ _radius にその値を設定します。セッターを使用すると、プロパティに設定される値に対する検証や加工などの処理を挿入することが可能です。

このように、ゲッターやセッターを使用すると、プロパティへの直接のアクセスを制限したり、プロパティのアクセス時に特定の処理を行うことができるようになります。

4-2-5 static プロパティとメソッド

クラスには、インスタンス化されたオブジェクトではなくクラス自体に関連付けられたプロパティやメソッドを定義することができます。これらのプロパティやメソッドは、static キーワードを使用して宣言され、static メンバーと呼ばれます。

static プロパティは、クラス自体に関連付けられた値を保持するために使用されます。static プロパティは、インスタンス化されたオブジェクトごとに異なる値ではなく、クラスレベルで共有されるため、すべてのインスタンスに対して一貫性のあるデータを提供します。その定義方法について見ていきましょう。

▶ 4-38 static プロパティ

```
class Circle {
  static PI: number = 3.14;
  radius: number;

  constructor(radius: number) {
    this.radius = radius;
  }

  getArea(): number {
    // メソッドからstaticプロパティのアクセスは可能
    return Circle.PI * this.radius * this.radius;
  }
}

console.log(Circle.PI); // 3.14

const circleA = new Circle(5);
console.log(circleA.getArea()); // 78.5

const circleB = new Circle(10);
console.log(circleB.getArea()); // 314
```

上記の例では、Circle クラスには static プロパティ PI が定義されており、この PI プロパティは、すべての Circle インスタンス間で共有される値を持ちます。static プロパティは、「クラス名.プロパティ名」の形式でアクセスできます。Circle クラスは、円の面積を計算する getArea メソッドを持ち、このメソッド内で static プロパティにアクセスしています。上の例では定義していませんが、メソッドも同様に static をつけることで static メソッドとして定義できます。

ただし、static プロパティと static メソッドは、インスタンスからはアクセスできない点に注意が必要です（例：circleA.PI はエラー）。また、static プロパティは具体的なインスタンスには紐付かず、クラスレベルでのみ存在するため、インスタンスを指す this キーワードではアクセスできません（例：this.PI はエラー）。また、static プロパティの場合、コンストラクタでは初期化できません。static プロパティはクラス自体に属しており、インスタンスごとに異なる値を持つことはできません。

最後に、static 修飾子は public、private、protected といったアクセス修飾子や readonly と組み合わせて使用することが可能です。これらのキーワードは、アクセス修飾子、static、readonly の順序で記述します。省略記法を用いる場合も、この順番は同じです。

▶ 4-39　修飾子の組み合わせ

```
class Combination {
  protected static readonly prop: string = "初期値";

  // 以下省略
}
```

static プロパティは、インスタンス化することなくプロパティにアクセスできるため、メモリの使用効率も良くなります。また、static プロパティはクラスのインスタンス間で状態を共有する際にも役立ちますが、すべてのインスタンスに影響を与える可能性があるため、使用する際には慎重に設計する必要があります。

4-2-6 抽象クラスと抽象メソッド

抽象クラスは、直接インスタンス化できないクラスであり、継承して利用されることが前提のクラスです。抽象クラス内では、具体的な実装を伴わない**抽象メソッド**を含めることができます。抽象メソッドの具体的な実装は、抽象クラスを継承したサブクラスに委ねられることになります。その結果、抽象クラスを継承するすべてのサブクラスは、抽象メソッドを実装することが義務付けられます。

これによって、すべてのサブクラスが一貫したインターフェイスと基本的な機能を持つように設計することができます。このアプローチは、さまざまなサブクラスが共通のメソッドシグネチャを共有しながら、異なる実装を持つことを保証します。そのため、抽象クラスは多様なコンポーネントやサブシステムが互換性を保ちつつ、それぞれの詳細な振る舞いを持てるような設計パターンにおいて非常に有用です。

抽象クラスを定義するには、**abstract** キーワードを使用してクラスを宣言します。また、その抽象クラス内で実装を持たないメソッドを宣言する際にも、abstract キーワードをメソッド宣言の前に配置します。これらの抽象メソッドは、具体的なコードを含まず、実装の詳細は抽象クラスを継承するサブクラスが提供する必要があります。

ここでは、抽象クラスと抽象メソッドを使うための構文について簡単に説明します。これらを実際にどのように活用するかについては、Chapter 10で作成する2つ目のアプリで解説します。

▶ 4-40　抽象クラスと抽象メソッド

```
abstract class Animal {
  // 抽象メソッドは、具体的な実装を持たせてはいけない
  abstract makeSound(): void;

  move(): void {
    console.log("The animal is moving.");
  }
}
```

上の例では、Animal という抽象クラスが定義されています。Animal クラスには、抽象メソッドである makeSound と、具体的な実装を含む move メソッドが含まれています。makeSound メソッドは抽象メソッドなので、具体的な実装を含めることはできません。

次に抽象クラスを継承するサブクラスの例を見てみましょう。

▶ 4-41　サブクラスでの抽象メソッドの実装

```
class Dog extends Animal {
  makeSound(): void {
    console.log("Woof woof!");
  }
}
```

この例では、Dog クラスは Animal クラスを継承しており、makeSound という抽象メソッドを具体的に実装しています。抽象クラスから継承したサブクラスは、抽象メソッドの実装を必ず行う必要があります。このように抽象クラスを継承することで、サブクラスは抽象メソッドの実装を強制され、そのメソッドを持つことが確実になります。

4-2-7 クラスとインターフェイスの実装

前の節でインターフェイスと型エイリアスとの違いとして、インターフェイスはクラスと連携して使用できることに触れました。ここでは、クラスとインターフェイスの関連性や、インターフェイスの実装について詳しく見ていきます。

クラスを定義する際に、特定のインターフェイスの構造に合致するように制約を設けることが可能です。クラスがこのようにインターフェイスの規約に沿うよう設計されることを、クラスがインターフェイスを**実装**（implement）すると表現します。

クラスがインターフェイスの要件を満たすことを宣言するには、**implements** キーワードを用います。

▶ インターフェイスの実装の構文

```
class クラス名 implements インターフェイス名 {
  // 実装内容
}
```

これによって、そのクラスが特定のインターフェイスとの契約を果たすことが宣言されます。

ここから、具体的なコードを通じて確認しましょう。

▶ **4-42　インターフェイスの実装**

```
interface Shape {
  getArea(): number;
}

// CircleクラスはShapeインターフェイスを実装する
class Circle implements Shape {
  radius: number;

  constructor(radius: number) {
    this.radius = radius;
  }

  getArea(): number {
    return Math.PI * this.radius * this.radius;
  }
}

const circle = new Circle(5);
console.log(circle.getArea()); // 78.54
```

上の例では、まず Shape インターフェイスを定義しています。このインターフェイスは、戻り値が number 型である getArea メソッドを持ちます。このインターフェイスを実装するクラスは、戻り値が number 型の getArea メソッドを持つことが義務付けられます。

次に、Circle クラスを宣言するときに、implements キーワードに続けてインターフェイス名を指定しています。この記述により、Circle クラスは Shape インターフェイスを正しく実装することが義務付けられます。つまり、getArea メソッドを定義する必要が生じます。

次に、インターフェイスを正しく実装していない例を見てみましょう。

▶ 4-43　インターフェイスを正しく実装していない例

```
interface Shape {
  getArea(): number;
}

class Circle implements Shape {
  radius: number;

  constructor(radius: number) {
    this.radius = radius;
  }
}
// >> Class 'Circle' incorrectly implements interface 'Shape'.
//   (クラス 'Circle' はインターフェイス 'Shape' を正しく実装していません。)
//  >> Property 'getArea' is missing in type 'Circle' but required in type 'Shape'.
//   (プロパティ 'getArea' は型 'Circle' にありませんが、型 'Shape' では必須です。)
```

上の例の、Circle クラスは Shape インターフェイスの getArea メソッドを含んでいないため、インターフェイスの要件を満たしていないというエラーメッセージが表示されています。なお、TypeScript ではインターフェイスの型情報を元にクラスのメンバーの型を自動的に推論することはないため、クラスの定義時にはこれまで通り型注釈が必要です。

クラスは、複数のインターフェイスを実装することが可能で、その場合にはインターフェイス名をカンマで区切って列挙します。

この方法により、クラスが特定のインターフェイスの構造に従っていることを保証することができます。その結果、クラス自体の設計が堅牢になり、それに基づいて生成されるインスタンスも型安全性を保証されます。

Chapter 5

型の高度な概念

これまでに、TypeScript のさまざまな型とその使用方法について学んできました。型についての理解が深まった今、より高い視点から型システム全体を俯瞰し、その特徴を再確認してみましょう。

Chapter 5-1

型同士の関係

この節では、型同士の関係性をより深く掘り下げて学びます。まず型を集合として捉え直し、その上で各型の包含関係を学びます。型同士の関係を理解することで、型エラーを未然に防いだり、エラー発生時の迅速な原因究明と解決の助けになります。

5-1- 1 型と集合

Chapter 2では、型とはデータを分類したときの種類のことだと説明しました。データを分類するという行為は、すべてのデータの集まりの間に線を引いて、一部のまとまりを、共通の特徴を持つ「型」として区別していく作業とも言えます。型の場合は、分類の対象がデータの集まりでしたが、一般的に「もの」の集まりは**集合**という概念で定義することができ、集合を構成する個々のものは**要素**と呼ばれます。この集合という考え方を使って、型を見つめ直してみましょう。

まずは基本的なプリミティブ型を考えてみましょう。number 型は、使用可能なすべての数値を含む集合であり、string 型はすべての文字列が含まれる集合と言えます。boolean 型は、true と false のみを要素とする非常にシンプルな集合です。

これらのプリミティブ型には、値をさらに具体的に限定したリテラル型が存在します。number 型と数値リテラル型との関係を見てみましょう。

▶ 5-1　数値リテラル型のユニオン型

```
// 特定の数値のみをメンバーにもつユニオン型を定義
type JpnCoin = 1 | 5 | 10 | 50 | 100 | 500;
type UsCoin = 1 | 5 | 10 | 25;
```

上の例では、特定の数値リテラル型をメンバーに持つユニオン型を2つ定義しています。それぞれのユニオン型は、限定された数値だけを要素とする集合と見なせます。例えば JpnCoin 型は、1、5、10、50、100、500 という特定の数値リテラル型を要素として持ち、これらは当然ですが JpnCoin 型に属すると同時に、より広い範囲の number 型にも属するという性質を持っています。

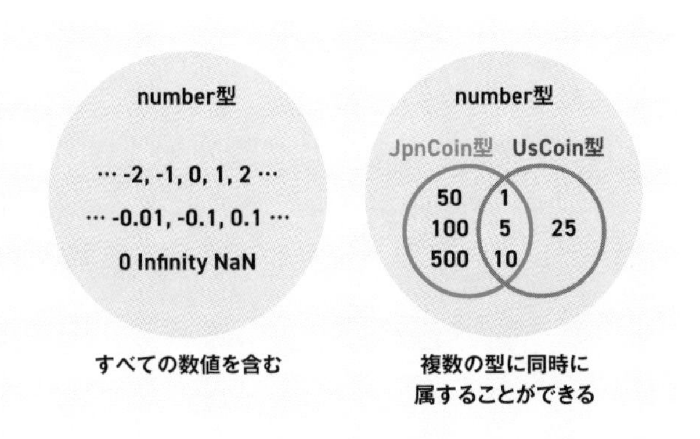

図5-1　number 型と JpnCoin、USCoin 型の関係

以上のことから、特定の数値リテラルのみを含むユニオン型は、number 型の集合内に、別の小さな集合を形成していると言えます。このように、ある集合 A の中に、特定の要素だけを持つ小さな集合 B が存在するとき、その集合 B を集合 A の**部分集合**（subset）と呼びます。一方、このときの集合 A は集合 B の**上位集合**（superset）と言います。上のコードの例でいうと、JpnCoin 型と UsCoin 型は、どちらも number 型の部分集合に該当します。すでに学んだユニオン型とインターセクション型は、2 つ以上の型を合成して新たな型を形成する操作であり、これは集合の演算と対応しています。

▶ 5-2　型（集合）同士の演算

```
// 集合同士の演算
// ユニオン型
type UnionCoin = JpnCoin | UsCoin;
// 1 | 5 | 10 | 50 | 100 | 500 | 25

// インターセクション型
type IntersctionCoin = JpnCoin & UsCoin;
// 1 | 5 | 10
```

上の例で、UnionCoin 型は JpnCoin と UsCoin を包含するより大きな集合となり、IntersctionCoin 型は JpnCoin と UsCoin の共通部分を表す部分集合として現れます。

この観点から型を集合として見直すと、number 型はすべての数値リテラル型を含む集合として理解できます。この論理は string 型や boolean 型にも当てはまります。string 型はすべての文字列リテラル型を包含する集合であり、boolean 型は true と false という 2 つの要素のみを持つ集合として捉えられます。

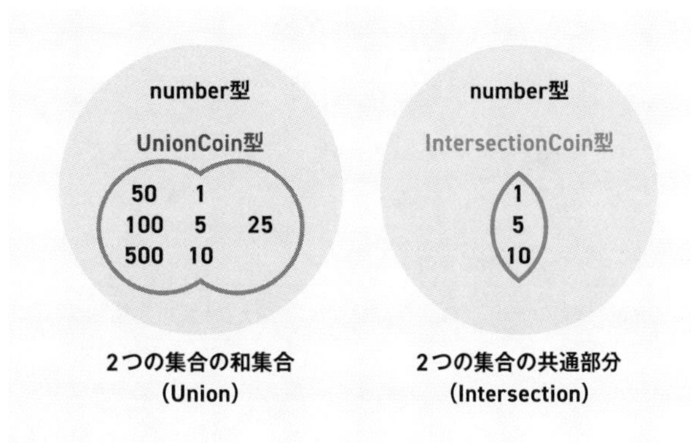

図5-2　UnionCoin 型と Intersection 型

▶ 5-3　number 型と数値リテラル型の関係

```
// number型のnum1にはあらゆる数値が代入可能
let num1: number;

// 仮に、すべての数値を含むユニオン型を定義するとnum2にもあらゆる値が代入可能
let num2: 1 | 2 | 3 | 4 | 5 | ... ;
```

上の例では、number 型と、すべての数値リテラル型を含むユニオン型は実質的に等しいことを示しています。理論上、すべての数値リテラルを含むユニオン型を定義すれば、その型を持つ変数 num2 にも任意の数値を代入することが可能だからです。

次に、異なるプリミティブ型同士の関係を見てみましょう。例えば number 型と string 型です。

▶ 5-4　異なるプリミティブ型同士の演算

```
// ユニオン型
type NumberOrString = number | string;

// インターセクション型
type NumberAndString = number & string; // never 型
```

上の例では、NumberOrString 型は、number 型の集合と string 型の集合を合体させた集合であり、これによって数値と文字列の両方を要素として含む集合が形成されます。対照的に、NumberAndString 型は number 型と string 型の両方の属性を同時に持つ要素の集合を示しますが、そのような要素は実際には存在しないため、この型は空の集合を表します。空の集合は**空集合**と呼ばれ、TypeScript では、空集合は never 型として扱われます。空集合は定義上、すべての集合の部分集合となります。

これまで、プリミティブ型を集合として考察してきましたが、次は他の型を含む複雑な型情報に焦点を当てます。オブジェクト型は、プロパティごとに異なる型を持つような複雑さを有しています。それを集合として見ると、どのように捉えられるでしょうか？まずは、復習を兼ねてオブジェクト型を定義してみましょう。

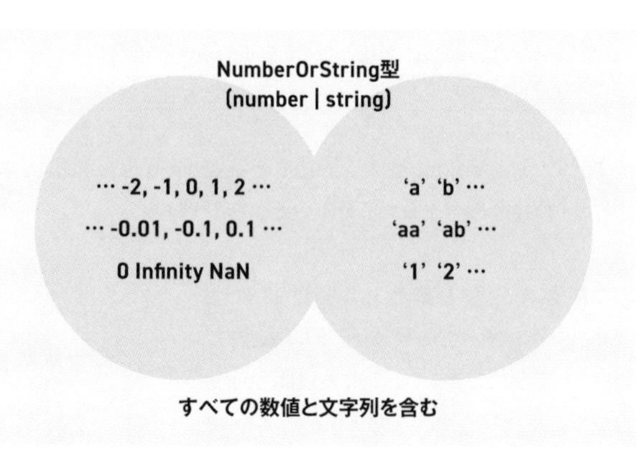

図5-3　NumberOrString 型の要素

▶ 5-5　オブジェクト型の定義

```
// string型のnameプロパティを持つオブジェクト型を定義
type Name = {
  name: string;
};
```

上の例の Name 型は、string 型の name プロパティを持つだけの単純な構造をしています。集合の観点からこの型を見た場合、「キー名が name で、値が string 型のプロパティを保持する」という**条件を満たすすべてのオブジェクトの集合**となります。この定義によれば、name プロパティを持つ限り、オブジェクトが他のプロパティを持っていても Name 型の集合の要素になり得ます。それを確かめるために、Name 型の変数にさまざまなオブジェクトを代入してみましょう。

▶ 5-6　オブジェクト型と集合

```
// 変数johnにName型を指定
let john: Name;

// ケース1
const objA = { name: "John" };
john = objA; // OK. nameプロパティが存在するため

// ケース2
const objB = {
  name: "John",
  gender: "male", // name以外のプロパティ
};

john = objB; // OK. name以外のプロパティが含まれていても代入可能。つまり、objBはName型の要素。

// ケース3
const objC = {
  // nameプロパティが含まれない
  fullName: "John Doe",
  age: 25,
};

john = objC; // NG.
// >> Property 'name' is missing in type '{ fullName: string; age: number; }' but required in type 'Name'.
//   (プロパティ 'name' は型 '{ fullName: string; age: number; }' にありませんが、型 'Name' では必須です。)
```

上の例では、3 種類のオブジェクトを定義してそれぞれを Name 型の変数 john に代入しています。

1つ目の objA は string 型の name プロパティのみを持つオブジェクトです。これは当然 Name 型の要素なので代入可能です。

2つ目の objB は name 以外のプロパティを持ちますが、条件を満たすのでこのオブジェクトも代入可能です。objB は name プロパティに加えて追加のプロパティを持っていますが、Name 型の要件を満たしているため代入は許されます。ただし、すでに学んだ過剰プロパティチェックにより、オブジェクトリテラルを直接変数に代入するとエラーが発生するので注意してください。

最後に、3つ目の objC は必要な name プロパティを持っていないため、代入は型エラーになります。

これらの例を通じて、オブジェクト型は、「特定のプロパティを持つ、という条件を満たす、すべてのオブジェクトの集合」ということがわかります。

次に、オブジェクト型同士の演算について見てみましょう。新たにオブジェクト型を定義して、先ほどの Name 型と組み合わせてみます。

▶ 5-7　オブジェクト型同士のユニオン型の変数とオブジェクトの代入

```
type Age = {
  age: number;
};

// ユニオン型を定義
type NameOrAge = Name | Age;
// { name: string} | { age: number }

let john: NameOrAge;
john = { name: "John" }; // OK
john = { age: 25 }; // OK
```

上の例では、number 型の age プロパティを持つ Age 型を定義しています。次に、NameOrAge 型として、Age 型とName 型のユニオン型を定義して、その型を変数 john に指定します。
john は、string 型の name プロパティを持つオブジェクト、あるいは number 型の age プロパティを持つオブジェクトのいずれかを受け入れることができます。もちろん両方のプロパティを持つオブジェクトや、追加のプロパティを含むオブジェクトも代入可能です。

次に、オブジェクト型同士のインターセクション型を見てみましょう。

▶ 5-8　オブジェクト型同士のインターセクション型の変数とオブジェクトの代入

```
// インターセクション型
type NameAndAge = Name & Age;
// { name: sting; age: number }

let alice: NameAndAge;
alice = { name: "Alice", age: 30 }; // OK
alice = { name: "Alice" }; // NG
// >> Type '{ name: string; }' is not assignable to type 'NameAndAge'.
//   (型 '{ name: string; }' を型 'NameAndAge' に割り当てることはできません。)
//   >> Property 'age' is missing in type '{ name: string; }' but required in type 'Age'.
//   (プロパティ 'age' は型 '{ name: string; }' にありませんが、型 'Age' では必須です。)
```

上の例では、Name 型と Age 型の属性を組み合わせたインターセクション型 NameAndAge 型を定義しました。この型の変数 alice には、string 型の name プロパティと number 型の age プロパティの両方を含むオブジェクトのみが代入可能です。name プロパティのみを含むオブジェクトは、age プロパティが欠けているため代入できません。

オブジェクト型間のこのような関係は複雑に思えるかもしれませんが、図式化することでより直感的に理解することが可能です。上の例のオブジェクト型同士の演算を図で表現してみましょう。

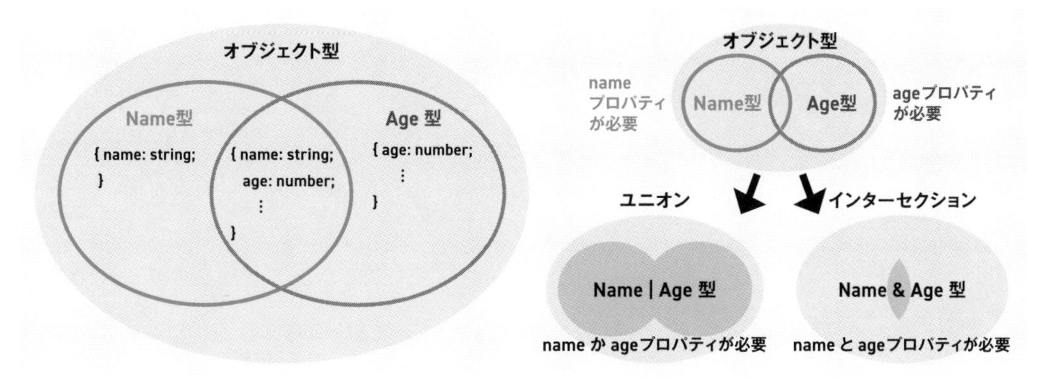

図5-4　object 型同士の関係と演算

上の図から、NameAndAge 型は、Name 型、Age 型、NameOrAge それぞれの部分集合であることがわかります。

この節では、型を値の集合として捉えなおしました。型は値の集合であり、この集合はより大きな集合の一部であったり、より小さな集合を内包することがあるという性質について学びました。また、1 つの値は複数の集合（型）に同時に属することができるということも学びました。

5-1-2 サブタイプとスーパータイプ

TypeScript の型同士の関係には、**サブタイプ**（subtype）と**スーパータイプ**（supertype）という概念があります。
型 A と型 B が存在し、型 A の代わりに型 B を使用することができるとき（型 A が求められる文脈で型 B が使用できるとき）、型 B をサブタイプ、型 A をスーパータイプと呼びます。一般的に、サブタイプとスーパータイプの関係は記号 <: を用いて、「サブタイプ <: スーパータイプ」と表記されます。この表記法に従えば、型 B と型 A の関係は B <: A と記されます。

次は、この関係を具体的な例を通して見てみましょう。

▶ 5-9　サブタイプとスーパータイプの具体例 1

```
// 変数valは型推論によりstring型になる
let val = "10";

// number|string 型が求められる変数にstring型の変数を代入
const age: number | string = val; // OK
```

上の例では、変数 age は number|string 型が指定されていますが、代わりに string 型の変数を代入しています。この操作は許可されます。この場合、string 型は number | string 型のサブタイプで、逆に number | string 型は string 型のスーパータイプです。

次は、もう少し複雑な例を見てみましょう。以下の例では、すでに登場した、Name 型と NameAndAge 型をもう一度利用します。結論から言うと、NameAndAge 型は、Name 型のサブタイプという関係になっています。

▶ 5-10　サブタイプとスーパータイプの具体例 2

```
type Name = {
  name: string;
};

// Name型のサブタイプ
type NameAndAge = {
  name: string;
  age: number;
};

// nameだけを出力する関数
function logName(person: Name) {
  console.log(person.name);
}

// nameとageを出力する関数
function logNameAndAge(person: NameAndAge) {
  console.log(person.name, person.age);
}

const personOnlyName: Name = { name: "John" };
const personNameAndAge: NameAndAge = { name: "John", age: 20 };

// OK
logName(personNameAndAge); // Name型を要求する関数に、NameAndAge型を渡す

// NG
logNameAndAge(personOnlyName); // NameAndAge型を要求する関数に、Name型を渡す
// >> Argument of type 'Name' is not assignable to parameter of type 'NameAndAge'.
//   (型 'Name' の引数を型 'NameAndAge' のパラメーターに割り当てることはできません。)
//  >> Property 'age' is missing in type 'Name' but required in type 'NameAndAge'.
//    (プロパティ 'age' は型 'Name' にありませんが、型 'NameAndAge' では必須です。)
```

上の例では、関数 logName は Name 型のオブジェクトを引数に取り、上の例では、関数 logNameAndAge は NameAndAge 型のオブジェクトを引数に取ります。

logName 関数に NameAndAge 型のオブジェクトを渡すことができるのは、NameAndAge 型が Name 型のサブタイプだからです (NameAndAge <: Name の関係)。この場合、logName 関数は name プロパティのみを使用しているため、追加の age プロパティがあっても問題ありません。

一方で、logNameAndAge 関数に Name 型のオブジェクトを渡すことはできません。これは Name 型が age プロパティを持たないため、NameAndAge 型のスーパータイプとは見なされず、必要なプロパティが不足しているためです。この例では、logNameAndAge 関数が NameAndAge 型のすべてのプロパティ (name と age) を必要とするため、Name 型のオブジェクトを渡すと型の不一致によりエラーが発生します。

もうお気づきかと思いますが、サブタイプとスーパータイプの関係は、前の節で学んだ部分集合と上位集合の関係に対応します。部分集合に属するすべての要素は、その上位集合にも属します。すなわち、サブタイプに含まれるすべての値はスーパータイプの値として代わりに使用できるということが理解できます。

このようにして、TypeScript における型はサブタイプとスーパータイプという関係性を有しています。

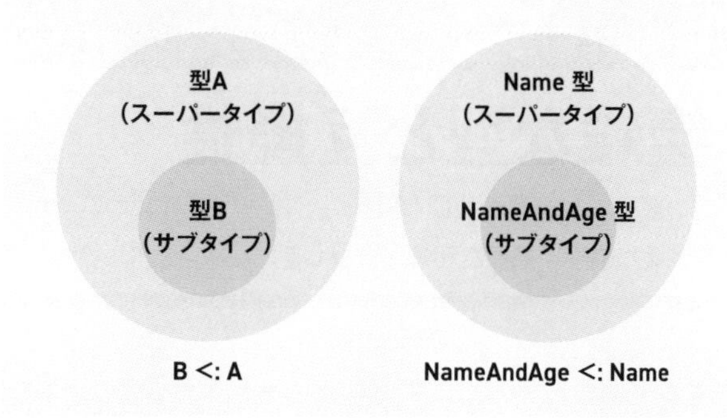

図5-5　サブタイプとスーパータイプ

5-1- 3 トップ型とボトム型

これまで見てきた通り、型にはサブタイプとスーパータイプという包含関係が存在します。それでは、TypeScript の型システムにおいて、すべての型を包含する最も抽象的な型は何でしょうか？ それは、unknown 型です。Chapter 3で説明したように、unknown 型の変数にはどんな型の値でも代入可能です。unknown 型をすべての型のスーパータイプとして見ることで、その振る舞いを直感的に理解できます。

逆に、すべての型のサブタイプとなるのは never 型です。先に、空集合はすべての集合の部分集合であり、never 型はこの空集合に相当すると述べました。つまり、never 型には実際には値が存在せず、どんな値もこの型の変数に代入することはできません。前の章で学んだように、number 型と string 型のインターセクション型が never 型になるのも、number 型でありながら string 型でもある要素が存在しないためです。

このように、型システムでは、すべての型を包含する unknown 型を**トップ型**と呼び、すべての型に含まれる never 型を**ボトム型**と呼びます。

5-1- 4 型の互換性と代入可能性

これまでの章では、型エラーについて話す際に「型に互換性がない」と表現し、**互換性**(compatibility)という言葉を厳密に定義することなく使用してきました。これまで学んだ型の関係性を踏まえて、互換性をより厳密に定義しましょう。

互換性にはまず、サブタイプとスーパータイプに関するものがあります。すなわち、スーパータイプが求められる部分に、代わりにサブタイプの値を代入できるという意味の互換性です。もう 1 つの互換性は、単に代入が可能かどうかを意味する**代入可能性**(assignability)です。これら 2 つの互換性に違いがあるのは、any 型の存在に起因します。any 型は型同士の関係にかかわらず、型チェックを回避し、他の型の変数に代入することが可能です(ただし、それでも never 型には代入できません)。通常、代入の可否はサブタイプとスーパータイプの関係によって決まりますが、any 型による代入の特例を加えたものが代入可能性です。本書では以降、代入可能性という意味で互換性という言葉を使います。

Chapter 5-2

複雑な型と互換性

この節では、複雑な型間の互換性と代入可能性について学び、型エラーを効果的にトラブルシューティングするための実践的な知識を習得しましょう。

複雑な型とは、一見しただけでは、それが代入先の型のサブタイプかどうかの判断がつかない型です。例えば、number 型や string 型などのプリミティブ型であれば、それらが、あるユニオン型のサブタイプかどうかはユニオン型のメンバーを見るだけでわかります。しかし、複数のプロパティを持つオブジェクト型や、異なる型のパラメータと戻り値を持つ関数型などは、サブタイプかどうかの判定が容易ではありません。この節では、オブジェクト型や関数型の互換性の条件について掘り下げていきましょう。

5-2- 1 オブジェクト型

5-2

これまでの章では、オブジェクト型とクラスの説明において、TypeScript の型システムはオブジェクトの「構造」によって型の判定を行うと説明しました。そのような手法は構造的型付けと呼ぶのでした。このアプローチは、オブジェクトのサブタイプとスーパータイプの関係の判定にも適用され、それを**構造的部分型付け**（structural subtyping）と呼びます。すでに、オブジェクト型の互換性について簡単に触れていますが、この節では、オブジェクトがどのような条件で別のオブジェクトのサブタイプになるか詳しく学びましょう。

まず、TypeScript の構造的型付けについて簡単に復習しましょう。

▶ 5-11 構造的型付け

```
interface Person {
  name: string;
}

class Student {
  name: string;
  constructor(name: string) {
    this.name = name;
  }
}

let person: Person;
person = new Student("Jane");
```

上の例では、Person インターフェイスと Student クラスは異なる型名を持っていますが、構造が同じであるため、Person 型の変数 person に Student のインスタンスを代入することが可能です。この挙動は、TypeScript の型システムが型の名前ではなく、その構造（オブジェクトのメンバーの有無と型）に基づいて互換性を判断するためです。

この構造的型付けの原則は、型がサブタイプであるかどうかを判断する際にも適用されます。

オブジェクト型の、型 A と型 B が存在するとき、型 B が型 A のサブタイプと見なされるのは、次の両方の条件が満たされる場合です。

- 型 A に存在するすべてのプロパティが型 B にも存在する
- 型 B の各プロパティの型が、対応する型 A のプロパティの型のサブタイプである

これを型の関係の記号で表現すると、「B の各プロパティの型 <: A の各プロパティの型」となります。この型の比較は再帰的に実行され、プロパティがさらにオブジェクト型を持つ場合、そのオブジェクト型に対しても同じサブタイプの比較が適用されます。

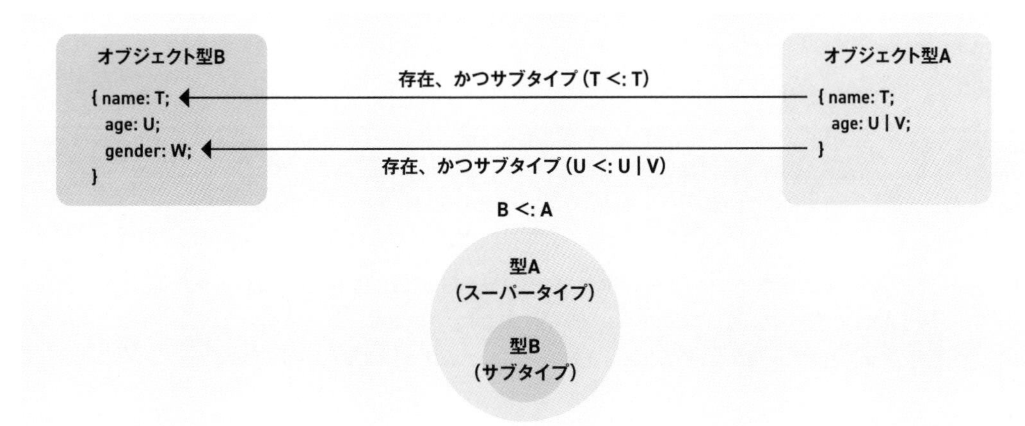

図5-6　オブジェクト型同士の互換性

具体的なコードで、オブジェクト型同士の比較を確認してみましょう。

▶ 5-12 オブジェクト型の構造的部分型付け

```
interface Person {
  name: string;
  age: number;
}
let person: Person;

// ケース1
let john = {
  name: "John",
  age: 30,
  gender: "male", // Personにはないプロパティが存在する
};

// OK. 変数johnの各プロパティの型 <: Personの各プロパティ
person = john;

// ケース2
let jane = {
  name: "Jane",
  age: "25", // string型はPersonのageの型のサブタイプではない
};
```

```
// NG
person = jane;
// >> Type '{ name: string; age: string; }' is not assignable to type 'Person'.
//   >> Types of property 'age' are incompatible.
//     >> Type 'string' is not assignable to type 'number'.

// >> 型 '{ name: string; age: string; }' を型 'Person' に割り当てることはできません。
//   >> プロパティ 'age' の型に互換性がありません。
//     >> 型 'string' を型 'number' に割り当てることはできません。

// ケース3
let alice = {
  name: "Alice",
  // Personに存在するプロパティ ageが欠如している
};

// NG
person = alice;
// >> Property 'age' is missing in type '{ name: string; }' but required in type 'Person'.
//    (プロパティ 'age' は型 '{ name: string; }' にありませんが、型 'Person' では必須です。)
```

上の例の、ケース 1 では、変数 john には Person インターフェイスに定義されているプロパティがすべて含まれており、加えて Person には定義されていない追加のプロパティがあります。この場合、「john の各プロパティの型 <: Person の各プロパティの型」の条件を満たしているため、変数 person に john を代入することが可能です。

ケース 2 では、変数 jane は Person が持つプロパティをすべて保持していますが、age プロパティの型(string 型)は Person の age の型(number 型)のサブタイプではないので代入できません。

ケース 3 では、変数 alice は Person の必須プロパティ age を持っていないため、やはり person に alice を代入することはできません。

この構造的部分型付けは、関数の引数としてオブジェクト型の値を渡す際にも同じように適用されます。

▶ 5-13 関数のパラメータがオブジェクト型の場合の構造的部分型付け

```
interface Person {
  name: string;
  age: number;
}

let john = { name: "John", age: 30, gender: "male" };

function introduce(person: Person) {
  console.log(`Hello, I'm ${person.name}`);
}

introduce(john); // OK
```

上の例では、Person 型のパラメータを持つ関数 introduce に、変数 john を渡して実行しています。この場合も「john の各プロパティ <: Person 型の各プロパティ」の関係を満たすので問題なく実行できます。

構造的型付けとは対照的に、型の互換性を型に付与された"名前"に基づいて判断する**名前的型付け**（nominal typing）というシステムも存在します。この型システムは C++や Java などの言語で見られ、2 つの型が同じ構造を持っていても、名前が異なる場合には異なる型として扱われます。
JavaScript では無名の関数式やオブジェクトリテラルが広く使われているため、名前的型付けよりも構造的型付けによる型の互換性の判断がより適していると言えます。

5-2- 2 関数型

関数型にはパラメータの型と戻り値の型が含まれます。ここでは、2 つの関数型を比較したとき、それぞれのパラメータの型と戻り値の型がどのような関係にあれば互換性があることになるのかを学びましょう。
ただし、関数型の互換性は、その条件が複雑で理解が難しいので、ここですべてを理解してマスターする必要はありません。関数の互換性に関するエラーに遭遇して原因が特定できないときに読んでいただいても問題ありません。

5-2- 2-1 戻り値の型

まずは、戻り値の型の関係から見てみましょう。ここでは簡単にするために、比較される関数型のパラメータの型が互換性を持つと仮定します。この条件のもとでは、パラメータの型が互換性を有する 2 つの関数 A と B において、もし「B の戻り値の型 <: A の戻り値の型」の関係が成り立つならば、関数 B は関数 A のサブタイプと見なされます。コードで確認してみましょう。

▶ 5-14 戻り値の型と関数型の互換性

```
let fn1 = () => ({ name: "John" });
// 関数型：() => { name: string; }

let fn2 = () => ({ name: "John", age: 30 });
// 関数型：() => { name: string; age: number; }

// OK
fn1 = fn2;
// fn2の戻り値の型 <: fn1の戻り値の型 であるため、fn1にfn2が代入可能。

// NG
fn2 = fn1;
// >> Type '() => { name: string; }' is not assignable to type '() => { name: string; age: number; }'.
//   >> Property 'age' is missing in type '{ name: string; }' but required in type '{ name: string; age: number; }'.

// >> 型 '() => { name: string; }' を型 '() => { name: string; age: number; }' に割り当てることはできません。
//   >> プロパティ 'age' は型 '{ name: string; }' にありませんが、型 '{ name: string; age: number; }' では必須です。
```

上の例の、変数 fn1 と fn2 には、それぞれ異なるオブジェクトを戻り値とする関数が代入されています。この戻り値に基づいて、TypeScript はそれぞれの変数に型を推論します。変数 fn1 に fn2 を代入して、そしてその逆も試してみることで、これらの関数型が互換性を持つかどうかを検証してみましょう。

fn1 は戻り値として name プロパティのみを持つオブジェクトを返し、fn2 は name と age プロパティを持つオブジェクトを返します。2 つの戻り値のオブジェクト型は、「fn2 の戻り値の型 <: fn1 の戻り値の型」となりますので、互換性の条件を満たし、fn2 は fn1 に代入可能となります。当然ですがその逆はエラーとなります。

この例から、fn2 の戻り値のオブジェクトのメンバーとして、型に互換性がある name プロパティが存在してることが保証されていれば、fn2 は関数全体として fn1 と互換性があると判断されるということがわかります。関数が、余分なプロパティを持つオブジェクトを返したとしても、それを受け取るほうで余分なプロパティを無視すれば問題ありません。しかし、必要なプロパティが欠如している場合は安全に置き換えることができないのは明らかなので、互換性がないと見なされるわけです。

ここでは、2 つの関数のパラメータの型を同じにして、戻り値の型だけを比較しました。次に、異なるパラメータの型を持つ関数型の互換性について検討してみましょう。

5-2- 2-2 パラメータの型

関数のパラメータに関する型の互換性は、戻り値の型の互換性より複雑です。話を単純にするために、今度は戻り値の型に互換性があると仮定します。この前提の下で、戻り値の型が互換性を持つ 2 つの関数 A と B を考えた場合、以下の条件を満たすときに、関数 B は関数 A のサブタイプになります。

5-2

- 対応する各パラメータにおいて、「A のパラメータの型 <: B のパラメータの型」である
- B のパラメータの数 <= A のパラメータの数

特に1つ目の条件には注意が必要です。なぜなら、オブジェクト型の互換性で見た関係とは逆だからです。オブジェクトの場合は、オブジェクトの「各プロパティの型がサブタイプ」であれば、そのオブジェクト自体もサブタイプになるのでした。
一方、関数型の場合は、関数 B のパラメータの型が、関数 A のパラメータの型のスーパータイプであれば、関数 B は関数 A のサブタイプとなります。文章だけでは理解しづらいので具体的なコードで確認してみましょう。

まず、1つ目の条件を確かめる準備として、サブタイプとスーパータイプの関係にある 2 つのオブジェクトの構造を、インターフェイスで定義します。

▶ 5-15　サブタイプとスーパータイプの関係にあるインターフェイス

```
interface Person {
  name: string;
  age: number;
}

// インターフェイスの拡張によって、自動的にStudentはPersonのサブタイプになる
interface Student extends Person {
  club: string;
}
// Studentインターフェイスの構造
// {
//   name: string;
//   age: number;
//   club: string;
// }
```

上の例では、Person インターフェイスを拡張して Student インターフェイスを定義しています。この拡張によって、Student インターフェイスは、Person インターフェイスが持つすべてのプロパティの他に、追加で club プロパティを持つことになり、「Student <: Person」というサブタイプ関係が自然に成立します。互換性を確認する 2 つの関数のパラメータの型として、この 2 つのインターフェイスを利用します。

続いて、互換性を確認するための関数を 2 つ定義しましょう。まずは、パラメータの数は同じで、型が異なる関数を考えます。この場合、パラメータの数と戻り値の型が同じなので、互換性判断のためには、第 1 の条件（パラメータの型の関係）だけを確認すればよいことになります。

▶ 5-16　パラメータの型と関数型の互換性

```
let fn3 = (person: Person) => {
  console.log(`That person's name is ${person.name} (${person.age}).`);
};
// fn3 は関数型：(person: Person) => void

let fn4 = (student: Student) => {
  console.log(
    `That student's name is ${student.name} (${student.age}) and enjoys ${student.club}`
  );
};
// fn4 は関数型：(student: Student) => void

// NG. パラメータの型に注目すると、Student型 <: Person型　なので条件を満たさない。
fn3 = fn4;

// OK.
fn4 = fn3;

// fn4のパラメータの型はStudent型のため、Student型のオブジェクトを渡す必要がある。
fn4({ name: "John", age: 30, club: "tennis" });
// ログ出力：That person's name is John (30).
```

上の例の fn3 と fn4 は、どちらも同じ数のパラメータを持ち、戻り値は void 型です。異なるのはパラメータの型だけで、fn3 のパラメータは Person 型であり、fn4 のパラメータは Student 型です。パラメータの互換性を確認すると、「fn4

のパラメータの型（Student）<: fn3 のパラメータの型（Person）」という関係にあるため、fn4 を fn3 に代入することはできません。しかし、その逆は互換性の条件を満たすので代入可能です。なお、パラメータ名は同じである必要はありません。

fn4 = fn3 の代入後、fn4 を呼び出す際には Student 型のオブジェクトを引数として渡す必要があります。このとき、fn4 には fn3 が代入されているため、fn3 に引数が渡され実行されます。fn3 に渡される引数には Person 型にはない club プロパティが含まれていますが、関数の内部で使用していないので無視しても問題ありません。

しかし、仮に、互換性を判定する条件としてのパラメータの型関係が逆になっていたとすれば、期待されるプロパティを持つオブジェクトが渡されることが保証されなくなり、安全でなくなることがわかります。例えば、fn3 = fn4 が許されれば、fn3 を呼び出すと、fn3 に代入されている fn4 に、Person 型の引数が渡ることになります。しかし、fn4 は内部で Person 型には存在しない club プロパティにアクセスしようとするため、エラーになります。

次に、パラメータの数が異なる場合の互換性を見てみるために、新たな関数 fn5 を定義しましょう。

▶ **5-17　パラメータの数と関数型の互換性**

```
let fn3 = (person: Person) => {
  console.log(`That person's name is ${person.name} (${person.age}).`);
};

// 新たに定義
let fn5 = (person: Person, gender: string) => {
  console.log(
    `That person's name is ${person.name}(${person.age}, ${gender}).`
  );
};
// fn5 は関数型：(person: Person, gender: string) => void

// NG. fn3のパラメータの数 < fn5のパラメータの数　なので条件を満たさない。
fn3 = fn5;

// OK
fn5 = fn3;

//  fn5は関数型としてパラメータを2つ持つため、引数を2つ渡す必要がある。
fn5({ name: "Jane", age: 25 }, "female");
// ログ出力：That person's name is Jane (25).
```

上の例の fn5 は、fn3 と同じ Person 型のパラメータに加えて、string 型のパラメータを持ちます。どちらの関数も戻り値は void 型で、異なるのはパラメータの数だけです。互換性を確認すると、fn5 のパラメータ数が fn3 より多いため、fn5 を fn3 に代入することはできません。その逆は互換性の条件を満たすので代入可能です。

fn5 = fn3 として、fn5 を実行する際は、Person 型の引数に加えて、string 型の引数も渡す必要があります。それらの引数は、fn5 に代入されている fn3 に渡り実行されます。fn3 のパラメータにはない string 型の引数が渡ってきますが、この引数は無視されます。この引数は関数の内部で使用していないので無視しても問題ありません。
前の例と同様に、仮に互換性に関するパラメータの数の関係が逆になっていたら、必要な引数が渡って来ることが保証されなくなり安全でなくなることがわかります。

最後に、これまで確認した2つのケース -「パラメータの型」と「パラメータの数」が異なるケース - を合わせて互換性を確認しましょう。新たに1つ fn6 を定義します。

▶ **5-18 関数型の互換性**

```
let fn3 = (person: Person) => {
  console.log(`That person's name is ${person.name} (${person.age}).`);
};

// 新たに定義
let fn6 = (student: Student, gender: string) => {
  console.log(
    `That student's name is ${student.name}(${student.age},${gender}) and enjoys ${student.club}`
  );
};
// fn6 は関数型: (student: Student, gender: string) => void

// OK
fn6 = fn3;
// 互換性の条件1:fn6のパラメータの型 <: fn3のパラメータの型
// 互換性の条件2:fn3のパラメータの数 < fn6のパラメータの数

fn6({ name: "Alice", age: 18, club: "chess" }, "female");
// ログ出力:That person's name is Alice (18).
```

上の例の fn6 は、fn3 と異なる型のパラメータを持ち、さらにパラメータの数も異なりますが、fn3 を fn6 に代入することは可能です。これは、fn3 のパラメータの型が fn6 のそれに対するスーパータイプであり、fn3 のパラメータの数が fn6 のそれより少ないため、互換性の条件1と2を満たしているからです。

これで、関数型のパラメータにおける互換性の関係を確認できました。今回は、戻り値の型を void 型にそろえて、パラメータの違いのみに焦点を当てて互換性を検証しました。これに、戻り値の型の互換性も含めると、関数型の最終的な互換性の条件は以下のようにまとめられます。

関数 A と関数 B において、次の条件がすべて満たされる場合、関数 B は関数 A のサブタイプとなります。

- 各パラメータにおいて、「A のパラメータの型 <: B のパラメータの型」
- B のパラメータの数 <= A のパラメータの数
- B の戻り値の型 <: A の戻り値の型

この節では、複雑な型の互換性の関係を確認しましたが、すべての詳細を覚える必要はありません。型エラーに直面した際に、ここで学んだことを問題解決の手がかりとしてください。

Chapter 5-3

型の拡大

この節では、TypeScriptの型推論を深掘りすることで型の拡大の特性を学び、抽象的な型への拡大がコードの柔軟性と安全性にどのように影響するかを学びましょう。

TypeScript では、型注釈が省略された場合、型推論によって変数や関数の戻り値の型が決定されることを学びました。TypeScript では、特定の状況下で変数の型が自動的に拡大されることがあります。型の拡大とは、より具体的な型からより抽象的な型へと型推論が広がる現象を指します。この節では TypeScript の型推論の特徴について深掘りしてみましょう。

型が拡大されるとはどういうことでしょうか？　まず、型推論によって拡大される例を実際に見てみましょう。

▶ 5-19　型の拡大

```
let num = 5; // number型

let greet = "Hello"; // string型
```

上の例では、変数 num 数値 5 で初期化されています。この 5 は特定の数値なので、変数 num の型はリテラル型(5)と推論されても良さそうですが、そうはなりません。TypeScript は、let で宣言された num には、後続の処理で別の数値が再代入される可能性があることを想定し、num の型をより汎用的な number 型に拡大して推論します。同じ理由で、リテラル "Hello!" を持つ greet も、その型がリテラル型("Hello!")ではなく、より一般的な string 型として推論されます。この型の拡大は変数の初期化だけでなく、オブジェクトのプロパティ、関数のパラメータ、戻り値など、幅広い文脈で適用されます。

一方で、すでに学んだように、変数を const で宣言すると、変数の型はリテラル型になるのでした。

▶ 5-20　const での変数宣言と型推論

```
const PI = 3.14; // リテラル型 (3.14)
```

上の例のように、const で宣言された PI は具体的なリテラル 3.14 として型付けされ、その型は number 型に拡大されません。

しかし、以下のように、この変数 PI を let で宣言された変数 num に代入したとしても、型が拡大されるので注意してください。

▶ 5-21　let で宣言された変数にリテラル型の変数を代入

```
const PI = 3.14; // constで宣言されているのでnumber型に拡大されない

let num = PI; // number型に拡大
```

上の例では、変数 num に 3.14 型の PI を代入していますが、この PI を let で宣言された num に代入すると、num は number 型に拡大されたと推論されます。この拡大は、型注釈を使って明確な型を指定することで防ぐことができます。

▶ 5-22　型注釈による型の拡大の防止

```
// 型注釈で型を指定
const PI: 3.14 = 3.14; // リテラル型 (3.14)

let num = PI; // リテラル型 (3.14)。型が拡大されない。
```

次に、複数の型から構成される型についても見てみましょう。

▶ 5-23　配列の型の拡大

```
const fruits = ["apple", "grape", "peach"]; // string[]

const primitives = [1, "hello", true]; // (string | number | boolean)[]
```

上の例では、変数 frutis には文字列の配列が割り当てられていますが、TypeScript はこれを具体的なリテラル型の Tuple 型ではなく、一般的な string 型の配列として型を拡大して推論します。一方で、変数 primitives のように配列の要素に複数の異なる型が混在する場合は、TypeScript はすべての型と互換性のある型を推論します。この場合は、すべての型をメンバーに持つユニオン型となります。

最後に、変数が null、undefined、または空の配列で初期化されたケースについて見ていきましょう。

▶ 5-24　any 型への拡大

```
let x = null; // any型
x = 123;
x = "abc";

// 暗黙的にundefinedで初期化
let y; // any型
y = 456;
y = "xyz";

// 空の配列で初期化
let list = []; // any[]型
list.push(1);
list.push("Jane");
```

上の例では、null で初期化された変数 x と、値の指定なしに宣言（暗黙的に undefined で初期化）された変数 y は、TypeScript によって any 型と推論されます。これにより、これらの変数にはどんな型の値も代入できるようになります。同様に、空の配列で初期化された list も any[] 型となり、数値や文字列を含む任意の型の要素を配列に追加することが可能です。TypeScript はこれらの変数を極めて柔軟に扱うことを許容しているため、これらの変数に対しては型安全性が失われます。

しかし、これらの変数が、変数が宣言されたスコープから出ると型推論によって型が決まります。

▶ 5-25　any 型と変数のスコープ

```
function fn1() {
  let x; // any型
  x = 123;
  x = "abc";
  return x;
}

let x = fn1(); // string型
x = 1; // NG
// Type 'number' is not assignable to type 'string'.

function fn2() {
  let list = []; // any[]型
  list.push(1);
  list.push("Jane");
  return list;
}

const list = fn2(); // (string | number)[]
list.push(true); // NG
// >> Argument of type 'boolean' is not assignable to parameter of type 'string | number'.
//   (型 'boolean' の引数を型 'string | number' のパラメーターに割り当てることはできません。)
```

5-3

上の例では、関数 fn1 内で初期化されずに宣言された変数 x は any 型に拡大されますが、関数の戻り値として関数スコープを離れると string 型になります。これは、TypeScript によって関数 fn1 の戻り値の型が string 型と型推論された結果です。この推論は、関数 fn1 が最終的に文字列を返していることに基づいています。

同様に、関数 fn2 では空の配列 list に any[] 型が推論されますが、関数の外でこの配列を受け取ると、(string | number)[] 型として扱われ、string 型か number 型の値のみを配列に追加できるようになります。これにより、真偽値を追加しようとすると、型システムによってエラーが出されます。

このように、変数や関数の戻り値がそのスコープを離れるときに型が再評価され、より厳密な型推論が適用されることがあります。

Chapter 5-4

型の絞り込み

この節では、型ガードや条件式を用いて変数の型を具体的に絞り込む方法を学びます。これにより、柔軟性を損なうことなく、変数をより限定された型として扱う方法を習得しましょう。

前の節では型の拡大について学びましたが、TypeScript では逆のプロセスも存在します。特定の条件のもとで、変数の型をより具体的なものへと絞り込むことが可能です。この操作を通じて、型チェッカーに変数の型がもともと指定された型や推論された型よりも狭い範囲にあることを伝えることができます。これは型の絞り込み (type narrowing) と呼ばれるプロセスです。この説では型を絞り込むための具体的な方法について学びましょう。

5-4- 1 代入による型の絞り込み

変数に新たな値が代入される際、TypeScript は代入される値の型に基づいて変数の型を絞り込むことができます。コードで確認してみましょう。

▶ 5-26 代入による絞り込み

```
let x = Math.random() > 0.5 ? 1 : "Hello, TypeScript";
// string | number 型

// NG。xの型がnumber型の可能性があるため
x.toUpperCase();
// >> Property 'toUpperCase' does not exist on type 'string | number'.
//   (プロパティ 'toUpperCase' は型 'string | number' に存在しません。)
//  >> Property 'toUpperCase' does not exist on type 'number'.

// 代入する値の型からxの型を絞り込む
x = "narrowing"; // string 型

// OK. string型に絞り込まれているため
x.toUpperCase();

// 代入する値の型からxの型を絞り込む
x = 123;

// OK. number型に絞り込まれているため
x.toFixed();
```

上の例では、まず変数 x は Math.random() によって生成される 0 以上 1 未満の乱数が 0.5 未満かどうかに基づき、number 型か string 型の値をランダムに取得します[※1]。この結果、x の型は string | number と推論されます。次の行で、変数 x の toUpperCase メソッドを呼び出していますが、TypeScript は変数 x は number 型の可能性があることを理解しているので、この操作は許可されません。

※1 三項演算子について詳しくは、巻末P.288のAppendix 17を参照してください。

しかし、string 型の 'narrowing' を x に代入すると、x の型は string 型に絞り込まれ、toUpperCase() メソッドを安全に呼び出すことができます。同様に、x に number 型の 123 を代入すると、x の型は number に絞り込まれ、toFixed() メソッドの呼び出しも可能となります。

これらは、これまでに何度も行ってきた操作ですが、TypeScript が代入によって型を絞り込む例の 1 つです。

5-4-2 型ガード

TypeScript は、開発者がコードを読むときと同じように、制御フロー文や演算子を理解して型を絞り込むことができます。プログラムの実行経路をたどり、特定のフロー(ブロック)内での変数の型をより狭い範囲に限定することが可能です。このプロセスは、制御構文を使用して型の安全を保証する**型ガード**(Type guard)と呼ばれます。ここでは、型ガードを用いた型の絞り込み方法について詳しく見ていきます。

5-4-2-1 等価性による絞り込み

型を絞り込むために、===、!==、==、!==のような等価演算子利用することができます。この方法は、等価演算子を用いた条件式を伴う if 文や switch 文で以下のように行います。

▶ 5-27 等価演算子による絞り込み

```
// ケース1
let x = Math.random() > 0.5 ? 1 : "Hello";
// string | number 型

if (x === "Hello") {
  // OK. このブロック内では、xは"Hello"型として扱われる
  x.toUpperCase();
}

// NG
x.toUpperCase();

// ケース2
function fn(strOrNum: string | number, strOrBool: string | boolean) {
  // この条件が真になるのは、どちらもstring型の場合のみ
  if (strOrNum === strOrBool) {
    // このブロック内では、どちらの変数もstring型として扱われる
    strOrNum.toUpperCase();
    strOrBool.toUpperCase();
  } else {
    console.log(strOrNum); // string | number 型
    console.log(strOrBool); // string | boolean 型
  }
}
```

上の例のケース 1 では、TypeScript は、if 文の条件式が真になるためには、変数 x は "Hello"型の値でなければならないことを理解するため、toUpperCase メソッドの呼び出しは許可されます。しかし、この型の絞り込みは if 文のスコープに限定されているため、外では x は依然として string | number 型とみなされ、toUpperCase() の呼び出しはエラーを引き起こします。

ケース 2 では、関数 fn のパラメータの型はそれぞれ、string | number 型と string | boolean 型の値です。関数内のトップレベルで、渡ってきた引数に対して単に、toUpperCase メソッドを呼ぶとエラーになります。これは、引数が string 型でない可能性があるからです。一方、if 文の条件式で 2 つの引数の等価性を評価した場合、それが真になるにはどちらの引数の型も string 型の場合しかないと理解されます。その結果、条件が真の場合に限り、型が正確に絞り込まれ、安全に toUpperCase() を呼び出すことが可能となります。

5-4- 2-2 typeof 演算子による絞り込み

TypeScript では、JavaScript の typeof 演算子[※2]を利用して変数の型を絞り込むことができます。

▶ 5-28 typeof による絞り込み

```
function printValue(value: string | number) {
  if (typeof value === "string") {
    // valueはstring型として扱われる。
    console.log(value.toUpperCase());
  } else {
    // valueは必然的にnumber型として扱われる
    console.log(value.toFixed(2));
  }
}
```

上の例の、関数 printValue は、パラメータ value が string | number 型として定義されています。typeof 演算子を用いて value が string 型であるかをチェックすることで、条件分岐内では value の型が string であることが保証され、toUpperCase メソッドを呼び出すことができます。逆に、string 型でない場合には value は number 型と推論され、toFixed メソッドの呼び出しが可能になります。

このように typeof 演算子は、等価演算子と組み合わせて型ガードに利用することができます。

5-4- 2-3 in による絞り込み

in 演算子は、オブジェクトが特定のプロパティを持っているかどうかをチェックする JavaScript の演算子です。TypeScript では、in 演算子を使用して型ガードとして利用し、与えられた変数の型を絞り込むことができます。

※2 typeof、in、instanceof 演算子について詳しくは、巻末P.289のAppendix 18を参照してください。

▶ 5-29　in による絞り込み

```
interface Rectangle {
  width: number;
  height: number;
}

interface Circle {
  radius: number;
}

function printArea(shape: Rectangle | Circle) {
  if ("width" in shape) {
    // shapeはRectangle型として扱われる
    console.log(`Area: ${shape.width * shape.height}`);
  } else {
    // shapeはCircle型として扱われる
    console.log(`Radius: ${shape.radius ** 2 * 3.14}`);
  }
}
```

上の例の、関数 printArea は、パラメータ shape が Rectangle 型か Circle 型のユニオン型として定義されています。この場合、「"width" in shape」という式で shape が Rectangle 型のインスタンスかどうかをチェックできます。この条件が真であれば、shape の型は Rectangle に絞り込まれ、偽であれば shape は Circle 型に絞り込まれます。

この方法によって、オブジェクトの型を正確に絞り込むことが可能になります。

5-4-2-4 instanceof による絞り込み

instanceof 演算子は、対象のオブジェクトが特定のクラスのインスタンスであるかどうかを判定する JavaScript の演算子です。TypeScript では、instanceof を使用して変数の型を絞り込むことができます。

▶ 5-30　instanceof による絞り込み

```
class Fish {
  swim() {
    console.log("The fish is swimming.");
  }
}

class Bird {
  fly() {
    console.log("The bird is flying.");
  }
}

function move(animal: Fish | Bird) {
  if (animal instanceof Fish) {
    // animalはFish型として扱われる
    animal.swim();
  } else {
    // animalはBird型として扱われる
    animal.fly();
  }
}
```

関数 move は Fish または Bird のインスタンスが渡されることを想定しています。animal instanceof Fish を用いることで、animal が Fish のインスタンスであるかをチェックします。この条件が真であれば、TypeScript は animal の型を Fish に絞り込み、animal.swim() メソッドを安全に呼び出すことができます。条件が偽であれば、animal は Bird のインスタンスとして扱われ、animal.fly() メソッドが呼び出されます。

このように、instanceof 演算子はオブジェクトの型チェックと型の絞り込みに利用できます。

5-4-2-5 タグ付きユニオン型による絞り込み

TypeScript では、複数のオブジェクト型から構成されたつユニオン型があるとき、各メンバーのプロパティに共通のタグ（識別子）を持たせて、そのタグによってオブジェクト型を識別することができます。各メンバーが共通のタグを持つユニオン型は**タグ付きユニオン型**（discriminated unions）、あるいは、判別可能なユニオン型と呼びます。

例として、以前の in 演算子を用いた型の絞り込みのコードに、新たな型 Square を追加してみることを考えます。

▶ 5-31　in 演算子による絞り込みのエラー

```
interface Rectangle {
  width: number;
  height: number;
}

interface Circle {
  radius: number;
}

// 新たにSquare型を追加
interface Square {
  width: number; // 正方形を表すSquareは一辺の長さの情報だけでよい
}

// 型エイリアスでユニオン型を定義
type Shape = Rectangle | Square | Circle;

function printArea(shape: Shape) {
  if ("width" in shape) {
    // shapeは Rectangle | Square型として扱われる
    console.log(`Area: ${shape.width * shape.height}`);
    // NG
    // >> Property 'height' does not exist on type 'Rectangle | Square'.
    //    (プロパティ 'height' は型 'Rectangle | Square' に存在しません。)
    //   >> Property 'height' does not exist on type 'Square'.
  }
  // 以下、省略
}
```

上の例では、既存の Rectangle と Circle 型に加えて、新たな Square 型を定義しました。これらを、ユニオン型の Shape 型で定義し直し、printArea 関数のパラメータに指定します。

しかし、単にこのようにしただけでは、Rectangle と Square が共に width プロパティを持っているため、in 演算子を用いた型ガードではこれらの型を区別できず、型を絞り切ることができません。このため、shape.height へのアクセスは Square 型では意味をなさないためエラーとなります。

この問題を解決するためには、Square の width プロパティを別名に変更するなどの方法があります。しかしながら、これは Shape 型に新たな形状を追加するたびに重複を避けるためにプロパティ名を管理する必要があるという新たな課題を生み出します。また、このアプローチでは、条件式でプロパティ名を誤って記述するリスクも高まります。

このようなときに、タグ付きユニオン型が非常に効果的です。タグ付きユニオン型で書き換えてみましょう。それぞれの形状を表すインターフェイスには、type という共通のプロパティ(タグ)を導入します。このタグは、それぞれの型を一意に識別する文字列リテラル型です。

▶ 5-32 タグ付きユニオン型のタグによる絞り込み

```
interface Rectangle {
  type: "rectangle"; // タグ(識別子)
  width: number;
  height: number;
}

interface Circle {
  type: "circle"; // タグ
  radius: number;
}

interface Square {
  type: "square"; // タグ
  width: number;
}

// ユニオン型の定義
type Shape = Rectangle | Circle | Square;

function printArea(shape: Shape) {
  switch (shape.type) {
    case "rectangle":
      console.log(`Area: ${shape.width * shape.height}`);
      break;
    case "circle":
      console.log(`Area: ${shape.radius ** 2 * 3.14}`);
      break;
    case "square":
      console.log(`Area: ${shape.width ** 2}`);
      break;
  }
}
```

Rectangle、Circle、Square というインターフェイスに type プロパティを追加しました。このタグを使用することで、printArea 関数内の switch 文は、shape.type の値に基づいて型を正確に絞り込むことができます。各 case 節では、対応する形状の面積を計算しています。

このタグ付きユニオン型の導入により、TypeScript は switch 文の case 節でタグの型名を入力する際に自動補完を提供し、スペルミスを防ぐ手助けをしてくれます。

in 演算子がプロパティの「存在」に基づいて型を絞り込むのに対し、タグ付きユニオン型は特定のプロパティの「値」に基づいて型を絞り込むため、より直接的で明確な型の識別を実現します。

5-4- 3 satisfies

変数が特定の型の値だけを保持するという保証を提供したい場合、型注釈を用いて明示的に型を定義することが可能です。それは、TypeScript の型推論がより具体的な型を導き出す可能性があるにもかかわらず、開発者による注釈がその推論をより一般的な型で上書きしてしまうことです。

1 つ例を考えてみましょう。例えば、あなたは以下のような色情報を管理するオブジェクトを定義したとします。

▶ 5-33　color オブジェクトの宣言

```
const color = {
  red: [255, 0, 0],
  green: "#00ff00", // string型
  bleu: [0, 0, 255],
};

// 型推論の結果
// {
//   red: number[];
//   green: string;
//   bleu: number[];
// }

// OK
const greenNormalized = color.green.toUpperCase();
```

上の例の、変数 color のプロパティはそれぞれの三原色の強度を表し、その値は、[255, 0, 0]のような数値の配列か、"#00ff00"のような 16 進数のカラーコードとなります。このときの TypeScript の型推論の結果は上記のようになります。color.green は string 型なので、toUpperCase メソッドも使用できます。

しかし、"blue"をタイプミスして"bleu"と記述していることに気がついたあなたは、型の正確性を保証するために Color 型を宣言し、変数 color に「型注釈」することにします。

▶ **5-34 Color インターフェイスの宣言**

```
type RGB = [red: number, green: number, blue: number]; // ラベル付きTuple型

interface Color {
  red: RGB | string;
  green: RGB | string;
  blue: RGB | string;
}
```

Color インターフェイスのプロパティの型は、数値の配列としての色の強度を表す Tuple 型か、カラーコードを表す string 型のユニオン型です。

これで安心です！この型で変数 color に型注釈をすれば、color に代入される値は Color 型であることが保証され、タイプミスを型エラーによってキャッチできるようになります。

▶ **5-35 Color 型の指定**

```
// Colorで型注釈
const color: Color = {
  red: [255, 0, 0],
  green: "#00ff00", // string | RGB 型
  blue: [0, 0, 255],
};

// NG!
const greenNormalized = color.green.toUpperCase();
// >> Property 'toUpperCase' does not exist on type 'string | RGB'.
//   (プロパティ 'toUpperCase' は型 'string | RGB' に存在しません。)
//  >> Property 'toUpperCase' does not exist on type 'RGB'.
```

しかし、Color 型の注釈を追加した結果、color.green の toUpperCase メソッドを実行しようとした際にエラーが発生するようになりました。これは、元々 string 型として型推論されていた color.green が、型注釈によって string | RGB というユニオン型に上書きされたことが原因です。この上書きにより、RGB タプル型には定義されていない toUpperCase メソッドが、color.green で安全に呼び出せなくなってしまいました。

こんなときに役に立つのが、**satisfies** キーワードです。satisfies キーワードを使って型を指定すると、型推論の結果は維持したまま、その値や式が特定の型と一致するかどうかを確認することができます。satisfies は型安全を確保しつつ、型推論の柔軟性を損なわないためのソリューションとして機能します。

▶ **5-36 satisfies キーワード**

```
const color = {
  red: [255, 0, 0],
  green: "#00ff00",
  blue: [0, 0, 255],
} satisfies Color; // satisfiesキーワードによる型の指定

// 変数colorの型。型推論の結果を維持している
// {
//   red: [number, number, number];
//   green: string;
//   blue: [number, number, number];
// }

// OK
const greenNormalized = color.green.toUpperCase();

// NG
const typoColor = {
  red: [255, 0, 0],
  green: "#00ff00",
  bleu: [0, 0, 255], // Error
} satisfies Color;

// >> Object literal may only specify known properties, and 'bleu' does not exist in type 'Color'.
//   (オブジェクト リテラルは既知のプロパティのみ指定できます。'bleu' は型 'Color' に存在しません。)
```

satisfies キーワードを用いると、変数 color の型推論の結果を維持したまま、Color 型との一致を検証できます。

上記の例では、color.green は型推論によって string 型と認識されるため、toUpperCase メソッドを安全に使用することが可能です。一方で、プロパティ名に誤りがある場合や期待される型に適合しない値を持つオブジェクトに satisfies を使用すると、型の不一致が検出されエラーが発生します。

この方法により、TypeScript の型推論の能力を活かしつつ、型の安全性を確保することができます。TypeScript の強力な型推論を最大限活用するためにも、型注釈は必要最低限に留め、上記のようなケースでは satisfies キーワードを使用しましょう。

Chapter 5-5

ユーザー定義型ガード(型述語)

この節では、独自に定義した型チェックロジック(関数)によりコードの安全性を一層強化する方法を習得しましょう。

TypeScript では、開発者が独自に関数を定義して、渡された値が特定の型かどうかをチェックすることができます。このような関数はユーザー定義型ガードと呼ばれ、型述語(type predicate)と呼ばれる特殊な戻り値を持ちます。

ユーザー定義型ガードを定義する前に、これまでの学んだ内容だけを用いて、引数の型が string 型かどうかをチェックするための関数を定義してみましょう。

▶ 5-37 引数の型をチェックするための関数

```
// 引数がstring型ならtrueを返す関数
function isString(value: unknown): boolean {
  return typeof value === "string";
}

function printValue(inputVal: number | string) {
  if (isString(inputVal)) {
    // NG。inputValがstring型に絞り込めていない。
    console.log(inputVal.toUpperCase());
    // >> Property 'toUpperCase' does not exist on type 'string | number'.
    //   (プロパティ 'toUpperCase' は型 'string | number' に存在しません。)
  } else {
    // NG
    console.log(inputVal.toFixed(2));
    // >> Property 'toFixed' does not exist on type 'string | number'.
  }
}
```

上の例の、関数 isString 関数は、引数が string 型かどうかを判断する単純な関数です。typeof 演算子を用いて型チェックを行い、結果として真偽値を返します。

次に、関数 printValue は引数の型に応じて、異なるメソッドを呼び出して結果を出力する関数です。printValue 内の型ガードの条件式に、isString 関数の結果(戻り値)を用いれば、型が絞れそうですがうまくいきません。なぜなら、TypeScript が理解しているのは、isString の戻り値が boolean 型である、ということだけで、isString で絞り込まれた型情報はスコープの外に出ると失われてしまうからです。

このようなとき、ユーザー定義型ガードによって、関数 isString が型をチェックするための関数であることを TypeScript に伝えることができます。以下で例を見てみましょう。

▶ **5-38　ユーザー定義型ガード**

```
// 引数がstring型かをチェックするユーザー定義型ガード
function isString(value: unknown): value is string {
  return typeof value === "string";
}

function printValue(inputVal: number | string) {
  if (isString(inputVal)) {
    // ユーザー定義型ガードによって、inputValはこのブロック内ではstring型として扱われる。
    console.log(inputVal.toUpperCase());
  } else {
    console.log(inputVal.toFixed(2));
  }
}
```

上の例では、関数 isString の戻り値の型は、「value is string」という奇妙なものになっています。ユーザー定義型ガードは、関数の戻り値の型として「: パラメータ名 is 型名」という型述語を指定して定義します。この関数が真を返した場合に、そのパラメータが、型述語で指定した型であることを TypeScript の型チェッカーに伝えます。

この例では、printValue 関数内で isString(inputVal) が真と評価された場合、TypeScript は inputVal が string 型であると理解し、そのスコープ内で inputVal.toUpperCase() を安全に呼び出すことができます。もし isString が偽を返せば、inputVal は自動的に number 型として絞り込まれ、inputVal.toFixed(2) の呼び出しが可能となります。

この方法によって、開発者は独自のロジックで型ガードを定義し、型の絞り込みをより精密に制御できるようになります。

Chapter 5-6

型アサーション

この節では、型アサーションを使って開発者が把握している具体的な型情報を型チェッカーに提供する方法について学びましょう。

TypeScript では、開発者が特定の変数について、型チェッカーよりも詳細な型情報を持っている場合に、その知識をコード内で明示するメカニズムが存在します。この機能を型アサーション（Type assertion）と呼びます。

型アサーションは、型チェッカーの推論を上書きし、「私はこの変数が間違いなくこの型だと確信している」と開発者が宣言する際に用います。確かに TypeScript の型推論は強力ですが、場合によっては開発者が推論よりも具体的な型情報を知っていることがしばしばあります。

型アサーションは有用なツールですが、型チェッカーの推論結果を開発者自身が上書きするわけですから注意が必要です。濫用は危険を伴うため、使用は慎重に行うべきです。

5-6

5-6-1 型アサーションの構文

型アサーションを使用する際の構文は、「変数名 as 型名」という形式で記述します。ここで、変数名は型を上書きしたい変数を示し、型名はその変数に割り当てたい具体的な型を指します。この構文により、指定された変数に新しい型を明示的（強制的）に適用することができます。

▶ 5-39　型アサーションの構文

```
let input: unknown;

// 何らかの処理
// ...

// 変数inputの型をstring型にアサーション
let text: string;
text = input as string;
```

上の例では、unknown 型である変数 input に対して、開発者がある処理を施した後、開発者は input が string 型であることを確信しているが、TypeScript の型推論システムは、そのことを自動的には認識できない状況だとします。そのようなとき、型アサーション as string を使用することで、TypeScript に input を string 型として扱わせることができます。

型アサーションは、サブタイプとスーパータイプの関係にある型の間でしか使用できません。例えば、number 型を string 型に変更することはできません。

この例は、説明を単純化するために実用的ではない例を用いましたが、実際に型アサーションが不可欠となる状況の一例として、DOM API※3の操作が挙げられます。次にそのケースを具体的なコード例で見ていきましょう。

▶ 5-40　DOM 要素と型アサーション

```
// TypeScriptはDOM APIの種類から戻り値の型をある程度推論するが、具体的なHTML要素までは絞り込めない
const someElementA = document.querySelector(".someClass");
// Element | null 型

// 型アサーションによる型の変更。開発者が具体的なHTML要素を知っている場合
const someElementB = document.querySelector(".someClass") as HTMLInputElement;
// HTMLInputElement 型

console.log("someElementB:", someElementB.value);
```

上の例では、document.querySelector から返される要素の型が TypeScript によって Element | null として推論されています。これは、TypeScript は DOM API の種類から、戻り値の型をある程度推論できますが、具体的な HTML 要素までは絞り込めないためです。また、型チェッカーは、HTML ファイル内に、".someClass"か確実に存在するかどうかも判断できないため、null 型とのユニオン型として推論します。

その下の例では、document.querySelector(".someClass") の戻り値に対して as HTMLInputElement を用いることで、返される要素が HTMLInputElement であるという具体的な情報を TypeScript に伝えています。その結果、someElement.value というプロパティへのアクセスが可能になります。これは開発者のほうがより限定された型情報を知っているケースの 1 つです。

5-6-2 非 null アサーション

非 null アサーション（non-null assertion）は、開発者がコードの該当する部分で変数が決して null や undefined にならないと確信している場合に、その情報を TypeScript に伝えるための構文です。このアサーションは、対象の変数名の後に「!」を付けることにより適用されます。具体的な例でその動作を確認してみましょう。

▶ 5-41　非 null アサーションの構文

```
let data: string | null = fetchData();

// 非 null アサーションを使用して、dataがnullではないことを保証する
const processedData: string = data!;
```

fetchData 関数から返される data の型は string | null であり、変数が null を含む可能性があることを示しています。しかし、data! による非 null アサーションを用いることで、data 変数が null でないと断定しています。この表明により、processedData の型を string として扱えます。

※3　DOM とイベントリスナについて詳しくは、巻末P.292のAppendix 19を参照してください。

非 null アサーションは効果的なツールですが、その使用には注意が必要です。非 null アサーションを使うと、TypeScript の null および undefined に対する安全性チェックをスキップすることになり、もし実際に変数が null または undefined だった場合にはランタイムエラーが発生するリスクがあります。したがって、非 null アサーションは、変数が絶対に null または undefined でないという確信がある場合にのみ慎重に使用すべきです。

5-6-3 const アサーション

const アサーションは、変数が読み取り専用であり、値が不変であることを TypeScript に示すために使用されます。このアサーションは as const という構文で適用されます。これにより、変数の再代入や変更を禁止され、不変な値を持つことが保証されます。

▶ 5-42 const アサーションの構文

```
let obj = {
  x: 10,
  y: "hello",
} as const;

// const アサーションで変更後の型
// {
//   readonly x: 10;
//   readonly y: "hello";
// }
```

上の例では、オブジェクトリテラルで生成したオブジェクトに対して、const アサーションを行っています。これによって、obj 内の各プロパティは読み取り専用（readonly）となり、またプロパティの値はリテラル型として固定されます。

また、const アサーションは、配列に対しても適用することができます。

▶ 5-43 配列と const アサーション

```
let arr = [1, 2, 3] as const; // readonly [1,2,3] 型
```

const アサーションによって、上記の配列は読み取り専用のタプルとして型付けされます。具体的には、arr の型は readonly [1, 2, 3] と推論され、それぞれの要素が固定されたリテラル型となり、配列の変更も制限されます。

Chapter 5-7

型演算子

この節では、TypeScript における代表的な型演算子である keyof と typeof の特徴と具体的な使い方を解説します。型演算子によって、型の表現や操作が簡潔に記述できるようになります。

5-7- 1 keyof

keyof 演算子は、指定されたオブジェクト型からそのプロパティキーのリテラル型を抽出し、それらを結合したユニオン型を生成する際に使用されます。

▶ 5-44 keyof 演算子

```
interface Person {
  name: string;
  age: number;
  hobbies: string[];
}

type PersonKeys = keyof Person;
// "name" | "age" | "hobbies" 型
```

上の例では、Person インターフェイスに対して keyof 演算子を適用することで、Person 型のプロパティキーである "name"、"age"、"hobbies" をリテラル型のユニオンとして PersonKeys 型に抽出することができます。これにより、オブジェクトのプロパティ名を安全に参照するための型として活用することが可能です。

keyof 演算子の実用的な利用例の 1 つは、オブジェクトの特定のプロパティに動的にアクセスする際です。下記のコードでは、getProperty 関数が、Person オブジェクトの任意のプロパティを安全に取り出すために keyof Person を使用しています。

▶ 5-45 keyof 演算子の利用例

```
// パラメータkeyの型にkeyof演算子を使用
function getProperty(obj: Person, key: keyof Person) {
  return obj[key];
}

const person: Person = {
  name: "John",
  age: 30,
  hobbies: ["tennis", "cooking"],
};

console.log(getProperty(person, "name")); // "John"
```

上の例の関数 getProperty は、Person 型のオブジェクトと、そのオブジェクトのプロパティ名を引数に取り、対応するプロパティ値を返します。この関数の2つ目のパラメータ key に keyof Person 型を指定することで、Person 型に定義されているキーのみが有効であることを保証しています。もし key の型を単純に string としていた場合、存在しないプロパティ名を渡された時のエラーを捉えることができません。しかし、keyof Person を用いることで、関数に渡されるキーが Person 型で実際に存在するプロパティ名であることを強制し、型安全性を高めます。

keyof 演算子は型レベルでの操作に使用され、変数の「型」に対して適用されるため、直接的に変数に使用できないので注意してください。次に説明する typeof 演算子と keyof を組み合わせることで、変数からプロパティのキーを抽出できるようになります。

5-7- 2 typeof

TypeScript には、独自の typeof 演算子が存在します。JavaScript の typeof 演算子は対象の値のデータ型を「文字列」で返す演算子ですが、TypeScript の typeof 演算子は、対象の変数や式の「型情報」を返します。両者は紛らわしいので混同しないように注意してください。

TypeScript で typeof 演算子を使用することで、変数の型を抽出し、それを新しい変数の型注釈や関数のパラメータ型として再利用することができます。typeof 演算子による型情報の取得方法を確認しましょう。

▶ 5-46　typeof 演算子による型の取得

```
const person = {
  name: "John",
  age: 30,
  hobbies: ["tennis", "cooking"],
};

// 既存の変数から型を取得して、パラメータの型として指定
function greet(p: typeof person) {
  console.log(`My name is ${p.name}!`);
}

// パラメータ p の型
// {
//   name: string;
//   age: number;
//   hobbies: string[];
// }

// NG
greet({ name: "Alice", age: 22 });
// >> Argument of type '{ name: string; age: number; }' is not assignable to parameter of type '{
name: string; age: number; hobbies: string[]; }'.
//   >> Property 'hobbies' is missing in type '{ name: string; age: number; }' but required in type
'{ name: string; age: number; hobbies: string[]; }'.

// >> 型 '{ name: string; age: number; }' の引数を型 '{ name: string; age: number; hobbies: string[];
}' のパラメーターに割り当てることはできません。
//   >> プロパティ 'hobbies' は型 '{ name: string; age: number; }' にありませんが、型 '{ name: string;
age: number; hobbies: string[]; }' では必須です。
```

上記の例では、typeof 演算子を使用して person オブジェクトの型情報を取得し、それを greet 関数のパラメータ p の型として指定しています。この型指定により、greet 関数は person と同じ構造を持つオブジェクトを要求します。

このように typeof 演算子によって、変数から簡単に型情報を取得して利用することができます。

5-7- 3 keyof と typeof の組み合わせ

keyof と typeof を組み合わせることで、具体的な型注釈が与えられていないオブジェクトに対しても、そのオブジェクトのキーの型情報を直接抽出することが可能になります。

▶ 5-47　keyof と typeof 演算子の組み合わせ

```
const employee = {
  id: "e001",
  name: "Alice",
  department: "Engineering",
};

// keyof と typeof を組み合わせると、明示的な型情報がなくても変数から直接キー情報を抽出できる
function getEmployeeDetail(key: keyof typeof employee) {
  return employee[key];
}

// keyof typeof employee の型
// '"name" | "id" | "department"

console.log(getEmployeeDetail("name")); //"Alice"

// NG
console.log(getEmployeeDetail("age"));
// >> Argument of type '"age"' is not assignable to parameter of type '"id" | "name" | "department"'.
//   (型 '"age"' の引数を型 '"name" | "id" | "department"' のパラメーターに割り当てることはできません。)
```

上の例の、関数 getEmployeeDetail 関数は、引数 key に keyof typeof employee を型として使用しています。この記述により、employee オブジェクトに存在するキーのみが getEmployeeDetail 関数に渡されることが TypeScript によって保証されます。このため、employee オブジェクトに存在しないプロパティ名をこの関数に渡すとエラーが発生します。これにより、関数内で employee オブジェクトのプロパティに安全にアクセスできるようになります。

なお、keyof employee という直接的な表現は使うことができません。この理由は、keyof 演算子が型情報に対して適用されるためであり、employee は変数であって型ではないからです。

この方法は、オブジェクトリテラルに対して、型を一から定義することなく、既存のオブジェクトから動的に型情報を取得する際に特に有用です。それにより、オブジェクトの構造が変わった場合に型定義を手動で更新する手間を省くことができます。

Chapter 6
ジェネリクス

TypeScript のジェネリクスは、型の安全性を保ちながら、異なる型に対して再利用可能なコードを作成するための強力な機能です。ジェネリクスを活用することで、特定の型に縛られずに、幅広い型に適応する汎用的な関数やクラス、インターフェイスを作成できます。この章ではジェネリクスの概要と具体的な使い方を学びましょう。

Chapter 6-1

ジェネリクスの基本

この節では、まずジェネリクスとはどのような概念なのか、なぜそれが必要になるのかについて学びます。ジェネリクスを実現するためのジェネリック型の基本についても、これまで扱ってきた型と比較しながら学びます。

6-1- 1 ジェネリクスとは

ジェネリクス(generics)という言葉ですが、正直何を意味するのかいまいちわかりません。おそらくジェネリック医薬品の「ジェネリック(generic)」と同じ言葉なのだろうというくらいです。しかし、困ったことにジェネリック医薬品も何を意味するのかよくわかりません。そこで辞典で言葉の意味を調べてみると、generic は、「特定のものというよりも、似たようなもののグループ全体に共通する、総称※1の、汎用の」という意味の形容詞だとわかります。ジェネリック医薬品の場合は「特定の企業のブランド品ではなく、同じ効果を発揮する薬の総称(特許が切れているため他の企業も自由に作ることができる)」という意味だとわかります。

次に、プログラミングの型システムの文脈でジェネリックを考えると、「特定の型に制約されず、再利用可能なコードを作成するための仕組み」と捉えることができます。ここで言う「特定の型」とはなんでしょうか？前の章まででさまざまな型を扱ってきましたが、それらはすべて具体的な型でした。どういうことかと言うと、当たり前ですが型注釈として型名を記述したときに、それらは特定の 1 つの型に決まります。同様に関数のパラメータや戻り値の型も関数を定義した時点で型が固定されます。

ジェネリック型とはそのような具体的な型ではなく、型を抽象化して再利用可能にした型です。その型を利用するときに特定の型情報を渡すことで、初めて具体的な型に固定されます。言い換えれば、ジェネリック型とは、型を生成するための汎用的な型とみなすことができます。

ジェネリクス(Generics)は generic の名詞形なので、generic な仕組みを実現するもの、機能そのものと考えることができます。ジェネリクスによって、関数やクラス、インターフェイスを特定の型に限定することなく、多様な型に対応するよう抽象化し、再利用性の高いコードを実現することが可能になります。

次の節でもう少し具体的に、なぜジェネリクスが必要なのか、どのように役に立つのかについて学びましょう。

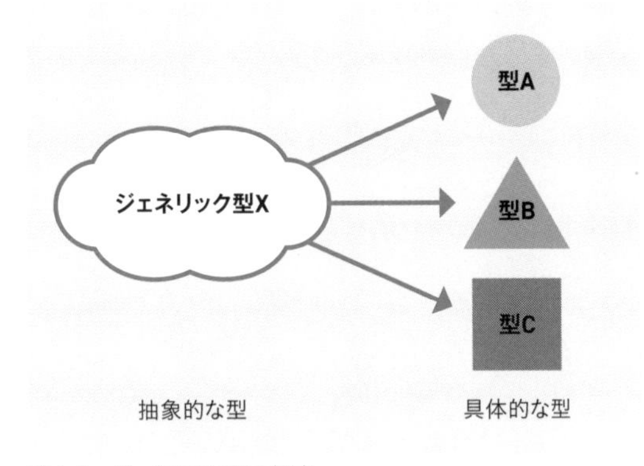

図6-1　ジェネリクス型の概念

※1　ある共通点を持つ個々のものを何種かまとめて、全体として1つの呼び名でいうこと。また、その名前。

6-1- 2 なぜジェネリクスが必要なのか

さまざまな異なる型の値に対して、同じような操作を実行する関数やクラスを作成したい場面がしばしばあります。たとえば、配列の最後の要素を返す関数 getLastItem を考えてみましょう。この関数が文字列の配列、数値の配列、オブジェクトの配列など、異なる型の配列で機能するようにしたい場合、どのような関数にすればよいでしょうか？

最も手っ取り早いのは、パラメータの型に any 型の配列を指定することです。

▶ 6-1 any 型による実装

```
// パラメータの型にany型の配列を指定
function getLastItem(array: any[]) {
  return array[array.length - 1];
}

const numbers = [1, 2, 3, 4, 5];
let lastNumber = getLastItem(numbers); // 5 だが、型はany型になる

const strings = ["a", "b", "c"];
let lastString = getLastItem(strings); // "c" だが、型はany型になる
```

上の例では、関数 getLastItem はパラメータに any[]型を指定しています。これは関数 getLastItem を任意の型の配列に適用可能にする一方で、型安全性を犠牲にしてしまいます。例として、数値の配列 numbers から最後の要素を取得した場合、戻り値の型は期待した number 型ではなく any 型になってしまいます。文字列の配列 strings の場合も同様です。

これは型の情報を失うことを意味し、TypeScript を使用する目的に反しています。パラメータの型を複数の型のユニオン型にする方法も考えられますが、これでは関数の戻り値もまたユニオン型になり、関数の使用する際に型を絞り込む追加の作業が必要になるため、適切な解決策とは言えません。

もう 1 つの方法は、Chapter 3で学んだ関数をオーバーロードする方法です。関数オーバーロードを利用することで、型ごとに異なるシグネチャを定義し、各配列型に応じた適切な戻り値の型を持つ関数を実装することができます。

それを使って関数を実装し直してみましょう。

▶ **6-2　関数オーバーロードによる実装**

```
// オーバーロードのシグネチャ
function getLastItem(array: number[]): number;
function getLastItem(array: string[]): string;
// 必要に応じて他の型のオーバーロードを追加する...

// 関数本体
function getLastItem(array: any[]): any {
  return array[array.length - 1];
}

const numbers = [1, 2, 3, 4, 5];
let lastNumber = getLastItem(numbers); // 5 number型

const strings = ["a", "b", "c"];
let lastString = getLastItem(strings); // "c" string型
```

上の例では、先ほどの関数 getLastItem に関数オーバーロードによって、対応したい型ごとにオーバーロードシグニチャを追加しています。これによって、さまざまな型に対応した関数を実装できます。しかし、その都度、対応したい型ごとにオーバーロードを追加で記述するようなことはしたくありません。

まさにこのような状況でジェネリクスを利用します！ジェネリクスを利用してこの関数を書き換えてみましょう。

▶ **6-3　ジェネリクスによる実装**

```
function getLastItem<T>(array: T[]): T {
  return array[array.length - 1];
}

const numbers = [1, 2, 3, 4, 5];
let lastNumber = getLastItem(numbers); // 5 number型
```

上の例では、関数 getLastItem に型パラメータ T を追加しています。奇妙な記述も追加されていますが、具体的な構文や意味については次の節で説明しますので、ここではジェネリクスを使うと、たったこれだけの記述で任意の型に対応した関数を実装できてしまうと言うことに注目してください。

以上のように、TypeScript のジェネリクスは、型の具体性を失わずにコードの汎用性を高めるための強力なメカニズムです。これによって、型安全性を保ちつつ、柔軟かつ再利用可能なコードを効率的に書くことが可能になります。

Chapter 6-2

ジェネリック関数

この節では、特定の型に依存せずに多様な型に対応するジェネリック関数の定義方法を学びます。型パラメータと型引数の概念を理解し、ジェネリクスが提供する強力な機能を見てみましょう。

6-2-1 型パラメータと型引数

まずは、前の節で紹介した、getLastItem 関数の定義を通じて、型パラメータと型引数という重要なジェネリクスの概念を理解しましょう。

▶ 6-4 型パラメータ T

```
// Tは型パラメータ
function getLastItem<T>(array: T[]): T {
  return array[array.length - 1];
}
```

ジェネリクスを利用するには、**型パラメータ**を使用します。上記の関数 getLastItem は型パラメータ T を 1 つだけ持つジェネリック関数です。型パラメータを追加するには、関数パラメータの丸括弧()の直前に、型パラメータ名を<T>のように"<>"で囲んで記述します。この定義により、T は関数全体で一貫して参照可能な汎用的な型として機能します。この段階では、T はまだ具体的な型に束縛されていないため、任意の型を受け入れることができる抽象的な型のプレースホルダーです。

型パラメータの名前は任意ですが、単一の大文字（T、U、V など）が一般的に使用されます。また、コードの意図を明確にするために、より具体的な名前を使用することもあり、その場合も Key と Value というように大文字から始まるパスカルケースが使用されます。

この型パラメータ T は、関数のパラメータの型や戻り値の型を定義する際、さらには関数内部で型として利用することができます。これにより、関数は特定の型に限定されることなく汎用性を持ちつつ、型の安全性を保持することが可能になります。

ジェネリック関数は、普通の関数と同じ方法で呼び出せます。

▶ 6-5 ジェネリック関数の呼び出し

```
const numbers = [1, 2, 3, 4, 5]; // number[] 型
// ジェネリック関数の呼び出し
let lastNumber = getLastItem(numbers);
```

6-2

ジェネリック関数を呼び出すとき、型パラメータに**型引数**(Type argument)として具体的な型が渡ってきます。上の例では、number[] 型の配列 numbers を getLastItem 関数に渡した場合、型パラメータ T は number 型として解釈され固定されます。このプロセスにより、同一の関数定義が異なる型引数に基づいて多様な型に対応し、広範な用途で利用可能になるのです。

ジェネリック関数では、複数の型パラメータを持つことができます。そのような関数を定義してみましょう。

▶ 6-6　2 つの型パラメータを持つジェネリック関数

```
function createPair<T, U>(first: T, second: U): [T, U] {
  return [first, second];
}

const numStringPair = createPair(123, "hello"); // [number, string]型
const numPair = createPair(123, 456); // [number, number]型
```

上の例の、createPair 関数は 2 つの型パラメータ T と U を受け取ります。これらのパラメータはカンマで区切って記述され、それぞれの型は独立しています。この関数は 2 つのパラメータを受け取り、それらの型に基づいたタプル[T, U]を生成して返します。このメカニズムにより、createPair は number と string のペア、あるいは number と number のペアなど、さまざまな型の組み合わせに対応することが可能です。

6-2- 2 型引数の型推論と明示的な型の指定

前の節で、ジェネリック関数である getLastItem を以下のように普通の関数のように呼び出しました。そのとき、getLastItem 関数に特定の型に関する情報を明示的に渡しませんでしたが、戻り値の型は正しく推論されました。つまり、関数を呼び出すときに型引数を明示的に指定せずとも、型チェッカーはそれを正しく推論しました。ここでも TypeScript の強力な型推論が機能しています。

▶ 6-7　型引数の型推論

```
function getLastItem<T>(array: T[]): T {
  return array[array.length - 1];
}

const numbers = [1, 2, 3, 4, 5]; // number[] 型

// ジェネリック関数を呼び出すとき、明示的には型に関する情報を指定していない。
let lastNumber = getLastItem(numbers); // 正しく number型と推論される。
```

しかし、明示的に型引数を指定していない状況で、もし TypeScript が正しく型推論を行うための情報が足りていないとき、型引数の型は unknown 型に指定されてしまいます。それを回避するため、これまで変数に型注釈を行って TypeScript に情報を伝えたように、ジェネリック関数の型引数に明示的に型を渡して呼び出すことができます。コードで確認してみましょう。

▶ 6-8　型引数の明示的な指定

```
// 型引数を明示的にnumber型に指定
let lastNumber = getLastItem<number>(numbers);

// NG.
let lastString = getLastItem<string>(numbers);
// >> Argument of type 'number[]' is not assignable to parameter of type 'string[]'.
//   (型 'number[]' の引数を型 'string[]' のパラメーターに割り当てることはできません。)
//   >> Type 'number' is not assignable to type 'string'.
```

上の例では、getLastItem に number 型の型引数を渡して呼び出しています。明示的に型を指定するには、関数の () の直前に、「<>」を記載し、その中に具体的な型名を記述します。これによって、getLastItem 関数は number[]型の配列を受け取ると解釈されます。

上の2つ目の例では、明示的に string 型を指定して呼び出しているので、getLastItem 関数のパラメータの型は、string[]型に決まります。それにもかかわらず、引数として number 型の配列を渡しているためエラーとなります。

型パラメータが複数ある場合も、明示的に指定することができますが、複数あるうちの一部だけを指定することはできないので注意してください。すべてを明示的に指定するか、すべてを推論に任せるかのどちらかです。

ここまで明示的に型引数を指定する方法を説明しましたが、型推論は非常に強力ですので、変数に対する型注釈と型推論の使い分けと同じように、基本的には TypeScript に型推論させましょう。

6-2- 3 型パラメータのデフォルト型

ジェネリック関数では、呼び出す際に渡される引数から得られる情報に基づいて、TypeScript が型引数の型推論を行います。一方、次の節以降で学ぶ、ジェネリックなインターフェイスや型エイリアスにおいては、それらを型注釈や実装に使用する場合は、基本的には、使用する際に明示的に型を指定して具体的な型にする必要があります。

そのようなとき、型パラメータにデフォルト型を設定できると非常に便利です。TypeScript では、ジェネリック型の定義においてデフォルト型を指定する機能を提供しています。

例として、ジェネリック関数にデフォルト型を設定する方法を見てみましょう。

▶ 6-9　型パラメータにデフォルト型を指定

```
// デフォルト型の設定
function createPair<T = number, U = string>(first: T, second: U): [T, U] {
  return [first, second];
}
```

上の例の、関数 createPair では、型パラメータ T と U にそれぞれ number と string というデフォルト型※2が設定され

※2　デフォルト引数について詳しくは、巻末P.293のAppendix 20を参照してください。

ています。デフォルト型の指定方法は関数のデフォルトパラメータと同様で、型パラメータ名の後に = を記述し、それに続けてデフォルト型を指定します。デフォルト型の指定は、必ず型パラメータリストの最後に記述する必要があります。

デフォルト型は、関数呼び出し時に型引数が明示的に提供されない場合に使用されます。型推論によって関数の引数から推論された型が、デフォルト型と異なる場合、TypeScript は推論された型を優先します。

この機能は、型情報が不明確な場合にフォールバックとして機能し、型引数が明示的に指定されている場合や、引数から十分な型情報を推論できる場合は、その型が使用されます。

Chapter 6-3 ジェネリックインターフェイス

この節では、ジェネリックインターフェイスの宣言方法と、その具体的な使用方法について解説します。

ジェネリックスの柔軟性はインターフェイスにも適用され、型パラメータを受け取り、それに基づいて異なるデータ構造を記述するジェネリックインターフェイスを作成することが可能になります。これにより、さまざまな型で再利用可能なインターフェイスを定義できます。

具体例で確認しましょう。

▶ 6-10 ジェネリックインターフェイスの宣言

```
interface Pair<T> {
  first: T;
  second: T;
}
```

上の例の Pair インターフェイスは、型パラメータ T を使用して定義されています。型パラメータ T は、インターフェイス内のプロパティの型として機能します。このインターフェイスを変数の型注釈に使用してみましょう。

▶ 6-11　ジェネリックインターフェイスの利用

```
// 型引数にstring型を指定
let stringPair: Pair<string> = {
  first: "Ryu",
  second: "Ken",
};

// 型引数にnumber型を指定
let numberPair: Pair<number> = {
  first: 1,
  second: 2,
};

// NG. 型引数を渡していないのでエラー
let dataPair: Pair;
// Generic type 'Pair<T>' requires 1 type argument(s).
```

このインターフェイスを変数の型注釈として使用する場合、具体的な型引数を指定する必要があります。1つ目と2つ目の例はそれぞれ、string 型と number 型を型引数に指定しています。その結果、型パラメータ T が決定されるので、それぞれのインターフェイスのプロパティはその具体的な型に決まります。

上の例の1つ目と2つ目のインターフェイスにはそれぞれ、string 型と number 型を型引数に指定しています。その結果、型パラメータ T が決定されるので、それぞれのインターフェイスのプロパティはその具体的な型に決まります。

一方で、dataPair のように型引数を指定せずにジェネリックインターフェイスを使用しようとすると、エラーが発生します。これはジェネリックインターフェイスにおいて型パラメータが必須であるためです。ただし、型パラメータにデフォルト型を設定することも可能です。

ジェネリックインターフェイスの実装については、次の節でジェネリッククラスを学んだ後に解説します。

Chapter 6-4

ジェネリッククラス

この節では、ジェネリッククラスの定義方法と使用方法について解説します。

ジェネリックを使用することでクラスを柔軟に作成できます。これにより、さまざまな型に対応しつつ型安全を維持した共通のコードを効率的に記述できるようになります。この節では、ジェネリッククラスの基本的な文法とその特性について詳しく解説していきます。

6-4-1 ジェネリッククラスの宣言

ジェネリッククラスの構文はこれまで学んだ、関数とインターフェイスと同様です。早速、ジェネリッククラスを定義してみましょう。

▶ 6-12 ジェネリッククラスの宣言

```
class DataStorage<T> {
  private items: T[] = [];

  add(item: T): void {
    this.items.push(item);
  }

  getItem(index: number): T {
    return this.items[index];
  }

  getAllItems(): T[] {
    return [...this.items];
  }
}
```

上の例の DataStorage クラスは、型パラメータ T を持っています。このクラスは、型パラメータ T を用いてどんな型のデータも格納できるようにしています。

このクラスでは、T 型の配列をプライベートメンバーとして持ち、add メソッドを通じて新しいアイテムを配列に追加したり、getItem で指定されたインデックスのアイテムを取得したりします。また、getAllItems メソッドでは配列内の全アイテムを取得することができます。それぞれのメソッドで、型パラメータ T を使用することで、異なる型に対して同じクラスの機能を再利用できる汎用性を持たせることができます。

このクラスの汎用性により、特定のデータ型に限定されずに再利用可能なデータストレージの実装が可能になります。例えば、数値や文字列、オブジェクトなど、さまざまな型のデータを保存する場合に、それぞれの型に対して異なるクラスを作成する必要がなく、1 つのジェネリッククラスで対応することができます。

6-4- 2 ジェネリッククラスのインスタンス化

次に、このジェネリッククラスをインスタンス化してみましょう。

▶ 6-13 ジェネリッククラスのインスタンス化

```
// 型引数にnumber型を指定してインスタンス化
let numberStorage = new DataStorage<number>();
numberStorage.add(10);
console.log(numberStorage.getItem(0)); // 10

// 型引数にstring型を指定してインスタンス化
let stringStorage = new DataStorage<string>();
stringStorage.add("Hello");
console.log(stringStorage.getItem(0)); // "Hello"
```

上の例では、まず、DataStorage クラスの型引数として number 型を指定してインスタンス化しています。DataStorage<number>としてインスタンスを作成することで、そのインスタンスは数値を扱うデータストレージとして機能し、DataStorage<string>の場合は文字列専用のストレージとなります。
これらの例では、明示的に型引数を指定する必要があります。そうしないと他に型引数を推論するヒントがありませんので T は unknown 型になってしまいます。

ジェネリッククラスの型引数にもジェネリック関数と同様に型推論が働きます。DataStorage クラスにコンストラクタを追加して、それを確認しましょう。

▶ 6-14 ジェネリッククラスの型推論

```
class DataStorage<T = number> {
  private items: T[] = [];

  // コンストラクタを追加
  constructor(initialItems?: T[]) {
    if (initialItems) {
      this.items.push(...initialItems);
    }
  }
  // 以下省略
}

// 初期値を渡してインスタンス化
let stringStorage = new DataStorage(["Ryu", "Ken"]);
```

上の例では、新たにコンストラクタを追加して、インスタンス生成時に初期値を提供できるように変更しています。コンストラクタに初期値を渡すことで、TypeScript はその初期値からインスタンスの型パラメータを推論でき、開発者が型引数を明示的に提供する手間を省けます。
また、初期値を渡さない場合のために型パラメータにデフォルト型を設定しています。ジェネリッククラスにもデフォルト型の設定が可能です。

この例では、初期値として["Ryu", "Ken"]を渡しているため、インスタンス化時に型引数の指定を省略しています。この初期値に基づき、型パラメータ T が string 型として自動的に推論されます。

6-4- 3 ジェネリッククラスの継承

ジェネリッククラスを継承したサブクラスを作成することができます。前の節で作成したジェネリッククラスの DataStorage を継承してみましょう。ここでは単純化のために、先ほど DataStorage クラスに追加したコンストラクタは削除します。

▶ 6-15 ジェネリッククラスの継承 1

```
class DataStorage<T> {
  private items: T[] = [];

  add(item: T): void {
    this.items.push(item);
  }

  getItem(index: number): T {
    return this.items[index];
  }

  getAllItems(): T[] {
    return [...this.items];
  }
}

// DataStorage<T>クラスを継承
class DataStorageLogger extends DataStorage<string> {
  printAllItems(): void {
    const allItems = this.getAllItems();
    console.log("Stored items:", allItems);
  }
}

let stringStorage = new DataStorageLogger();
stringStorage.add("Type");
stringStorage.add("Script");
stringStorage.printAllItems(); // ログ出力 : Stored items: [ 'Type', 'Script' ]
```

上記のコード例では、ジェネリッククラス DataStorage<T> を継承する DataStorageLogger クラスを定義し、新たに printAllItems メソッドを追加しています。このメソッドは、保存されているすべてのアイテムをコンソールに出力します。items フィールドはプライベートなので、getAllItems メソッドを通じてスーパークラスのデータに間接的にアクセスします。

ジェネリッククラスを継承する場合、具体的な型引数を提供する必要があります。この例では DataStorage<string> として、文字列型を型引数として指定しています。

ジェネリックなサブクラスは、その型引数をスーパークラスに渡すことができます。上の例の DataStorageLogger を以下のようにジェネリックに変更してみましょう。

▶ 6-16　ジェネリッククラスの継承 2

```
class DataStorageLogger<T> extends DataStorage<T> {
  printAllItems(): void {
    const allItems = this.getAllItems();
    console.log("Stored items:", allItems);
  }

  // 0番目に保存したデータを取得するメソッドを追加
  getFirstItem(): T {
    return this.getItem(0);
  }
}

// このnumber型がスーパークラスの型引数にも渡る
let numberStorage = new DataStorageLogger<number>();
numberStorage.add(85);
numberStorage.add(90);
console.log(numberStorage.getFirstItem()); // 85

// NG. スーパークラスのaddメソッドのパラメータの型が、number型になっているためエラー
numberStorage.add("12");
// >> Argument of type 'string' is not assignable to parameter of type 'number'.
//   (型 'string' の引数を型 'number' のパラメーターに割り当てることはできません。)
```

上の例では、DataStorageLogger クラスをジェネリックとして定義し、その型パラメータを、スーパークラスのDataStorage<T>と同じ T とします。また、ここでは、getFirstItem メソッドを新たに追加し、このメソッドの戻り値として T 型を指定しています。このメソッドは最初のアイテムを返します。

DataStorageLogger<number>としてインスタンス化すると、このクラスとスーパークラスの両方の T は number 型として扱われます。これにより、add メソッドや getFirstItem メソッドを使用する際には、それぞれ number 型の引数や戻り値が期待されることになります。

したがって、numberStorage.add("12")のように文字列を引数として add メソッドに渡すと、型の不一致によりコンパイルエラーが発生します。これは、DataStorageLogger クラスが number 型でインスタンス化されているため、add メソッドのパラメータは number 型のみを受け入れるためです。

6-4- 4 ジェネリックインターフェイスの拡張

この節の最後に、クラスによるジェネリックインターフェイスの実装について学びます。前の節で扱った DataStorage クラスの構造を抽象化してジェネリックなインターフェイスとして抜き出してみましょう。

▶ 6-17　ジェネリックインターフェイスの実装

```
interface IStorage<T> {
  add(item: T): void;
  getItem(index: number): T;
  getAllItems(): T[];
}

// NG. IStorage<T>を正しく実装できていない。
class DataStorage<T> implements IStorage<T> {
  private items: T[] = [];

  add(item: T): void {
    this.items.push(item);
  }

  getItem(index: number): T {
    return this.items[index];
  }

  // getAllItemsメソッドが欠如しているためエラー
}
// >> Class 'DataStorage<T>' incorrectly implements interface 'IStorage<T>'.
//   (クラス 'DataStorage<T>' はインターフェイス 'IStorage<T>' を正しく実装していません。)
//   >> Property 'getAllItems' is missing in type 'DataStorage<T>' but required in type 'IStorage<T>'.
//   (プロパティ 'getAllItems' は型 'DataStorage<T>' にありませんが、型 'IStorage<T>' では必須です。)
```

上の例では、DataStorage クラスはジェネリックインターフェイス IStorage を実装しています。これによって、IStorage インターフェイスを実装するクラスは、インターフェイスのメンバーを必ず保持しており、かつ、それらの型もインターフェイスに従っていることが義務付けられます。

DataStorage クラスが IStorage<T>インターフェイスを実装しようとしていますが、getAllItems メソッドの実装が欠けているためエラーが発生します。IStorage<T>インターフェイスには 3 つのメソッドが定義されており、これらすべてを実装する必要があります。getAllItems メソッドの実装は、繰り返しになりますのでここでは省略します。

このように、ジェネリックインターフェイスの実装を通じて、クラスは型の安全性を確保しつつ、コードの柔軟性と再利用性を向上させます。

Chapter 6-5

ジェネリック型エイリアス

ここではジェネリック型エイリアスの定義方法と使用方法について解説します。

型エイリアスもジェネリックにすることが可能です。基本的な利用方法は、ジェネリックインターフェイスと同じですので、ここではその構文と簡単な例だけを紹介します。

▶ 6-18　ジェネリック型エイリアス

```
type Pair<T, U> = {
  first: T;
  second: U;
};

// ジェネリック型エイリアスによる型注釈
const stringAndNumber: Pair<string, number> = {
  first: "hello",
  second: 123,
};
```

上記の例では、Pair というジェネリック型エイリアスを定義しています。これは 2 つの型パラメータ T と U を取り、それぞれの値を持つオブジェクトを表す型です。これにより、異なる型のペアを表すために再利用することができます。

Chapter 6-6

ジェネリック型の制約

この節では、型パラメータに具体的な条件を設定し、より安全にジェネリクス型を扱う方法を学びます。

ここまでで、さまざまなジェネリクスの使い方について学びました。T,U などの型パラメータを導入することで任意の型を受け入れる柔軟な関数やクラスの宣言が可能になりました。しかし、関数やクラスによっては内部で、任意の型ではなく、ある程度限定されたいくつかの型だけを対象にしたい場合があります。ジェネリクスには、型パラメータの恩恵を受けながら型を制約することができる便利な機能があります。この節ではジェネリック型に制約を加える方法を学びましょう。

6-6- 1 extends による型パラメータの制約

ジェネリック型への制約を加えるというのは、型パラメータが取り得る型を制限する行為です。これは **extends** キーワードを用いて実現されます。この制約を設けることで、ジェネリック型にとって期待される特定の型のみがパラメータとして受け入れられるようになります。さっそく具体例を見てみましょう。

例えば、前の節で扱った DataStorage クラスについて考えてみましょう。このクラスはジェネリックなので任意の型を受け入れることが可能ですが、ここでは、number 型と string 型だけに限定したいとしましょう。そうするには、extends キーワードを使って、型パラメータを以下のように変更します。

6-6

▶ 6-19　extends キーワードによる制約

```
class DataStorage<T extends number | string> {
  private items: T[] = [];

  // 以下省略
}
```

上の例では、DataStorage クラスの型パラメータ T に対して number 型または string 型のみを受け入れる制約を設けています。制約を加える際の構文は、「<型パラメータ名 extends 制約したい型>」となります。extends キーワードの後には、任意の型を設定することができ、それがインターフェイスであれクラスであれ問題ありません。

DataStorage クラスの型パラメータに、設定された制約に違反する型を渡してみましょう。

▶ 6-20　型パラメータの制約に反したことによるエラー

```
// NG. number型かstring型に制約されているためエラー
let stringStorage = new DataStorage<boolean>();
// >> Type 'boolean' does not satisfy the constraint 'string | number'.
//    (型 'boolean' は制約 'string | number' を満たしていません。)
```

上の例では、型引数として boolean 型を DataStorage に渡していますが、T は number または string 型に制限されているため、TypeScript コンパイラはエラーを発生させます。extends キーワードを使うことで、型パラメータが提供する柔軟性を保ちつつ、同時に特定の型への制約を実現することが可能です。

6-6- 2 keyof 演算子と extends の組み合わせによる制約

Chapter 5で学んだ keyof 演算子とジェネリック型の extends キーワードを組み合わせると、強力な型制約の組み合わせを作ることができます。keyof 演算子を使うとオブジェクト型からプロパティ名（キー）のユニオン型を取得できるのでした。復習を兼ねてもう一度確認しましょう。

▶ 6-21　keyof 演算子によるキーの抽出（復習）

```
interface Person {
  name: string;
  age: number;
  hobbies: string[];
}

const person: = {
  name: "John",
  age: 18,
  hobbies: ["cooking", "tennis"],
};

// keyof Person は、"name" | "age" | "hobbies" 型
function getProperty(obj: Person, key: keyof Person) {
  return obj[key];
}

// 戻り値は、string | number | string[]型
getProperty(person, "name"); // "John"
```

上の例は、Person インターフェイスを定義しています。getProperty 関数では、パラメータ key の型に keyof Person を使用することで、Person オブジェクトのプロパティに動的にアクセスすることができます。key の型を単に string とすると、プロパティ名が Person インターフェイスのキーではない可能性があるため、エラーが発生します。

この実装は一見何の問題もないように思えますが、実は 1 点改善点があります。この関数の戻り値の型は、string | number | string[]型と推論されてしまい、特定のキーに対して 1 つの型を返すような絞り込ができていない点です。

このような場合、extends キーワードと keyof 演算子を組み合わせることで問題を解決できます。この関数をそのように変更してみましょう。

▶ 6-22　extends と keyof 演算子の組み合わせ

```
function getSpecificProperty<T, K extends keyof T>(obj: T, key: K) {
  return obj[key];
}

// 戻り値は、string型
getSpecificProperty(person, "name"); // "John"
```

上の例では、まず、関数にTとKの2つの型パラメータを追加しています。注目していただきたいのは、2つ目の型パラメータKにextends keyof Tという制約がついている部分です。この制約により、KはTのキーのユニオン型のいずれかであるということになります。すなわち、keyof Personの時は "name" | "age" | "hobbies" を取るユニオン型が、パラメータkeyの型となっていたため、戻り値もユニオン型となりました。しかし、keyの型をK extends keyof Tとすることで、Kはkeyof Tで指定されるユニオン型のいずれかとなるため、戻り値の型もそれに合せて一意に特定されます。

このように、keyofとextendsを組み合わせることで、オブジェクトのキーを安全に扱うための型制約を設定することができます。

Chapter 6-7

ジェネリクスとユーティリティ型

この節では、ユーティリティ型を紹介し、それらがコードの可読性と再利用性をどのように向上させるかを解説します。

この章の序盤で触れたように、ジェネリック型は型を生成するための汎用的なテンプレートと考えることができます。TypeScriptには、型を変換したり新しい型を生成するために使用する、多種多様な組み込みジェネリック型があります。これらは**ユーティリティ型**（utility types）と称され、まるで便利な関数のように使えるため、特定のシナリオで非常に有用です。この節ではいくつかの代表的なユーティリティ型を紹介します。

6-7-1 Partial<T>型

まずは、Partial<T>型を取り上げます。このユーティリティ型は、指定された型の全プロパティをオプショナル（任意の）プロパティに変換した新しい型を生成します。実際のコードを見てみましょう。

▶ 6-23　Partial<T>型による型の生成

```
interface User {
  name: string;
  email: string;
  age?: number;
}

let user1: User = {
  name: "John",
  email: "abc@email.com",
  age: 18,
};

// 関数の2つ目パラメータに、Partial<User>を指定
function updateUser(user: User, fieldsToUpdate: Partial<User>) {
  return { ...user, ...fieldsToUpdate };
}
```

```
// emailのみを持つオブジェクトを渡すことが可能
user1 = updateUser(user1, {
  email: "xyz@email.com",
});

console.log(user1); // { name: 'John', email: 'xyz@email.com', age: 18 }
```

この例では、User インターフェイスを宣言してから、その型を変数 user1 に適用し初期化しています。その後、User 型と Partial<User> 型をパラメータとして取る updateUser 関数を定義しています。2つ目のパラメータの fieldsToUpdate の型を Partial<User> に設定することで、更新するプロパティだけを含むオブジェクトを渡すことが可能となります。これは、Partial<T> が全プロパティをオプショナルにするためです。

6-7- 2 Record<K, T> 型

Record<K, T> 型は、キーの型が K で、値の型が T であるオブジェクト型を構築するためのユーティリティ型です。この型を使うと、特定の型のキーとそれに対応する型の値を持つオブジェクトの型を簡単に作成できます。

具体例として、Chapter 5の satisfies キーワードの解説で用いた、Color インターフェイスを Record 型で書き換えてみましょう。

元の Color インターフェイスでは、red、green、blue の各プロパティが RGB 型のタプルまたは string 型を取ることができるように個別に定義されていました。このアプローチでは、各色に対する型の記述が冗長になってしまいます。

▶ 6-24 Color インターフェイスの再掲

```
type RGB = [red: number, green: number, blue: number];

interface Color {
  // 型の記述が冗長
  red: RGB | string;
  green: RGB | string;
  blue: RGB | string;
}

let color: Color;
```

上記の Color インターフェイスを、Record 型を用いて書き換えると以下のようになります。

▶ 6-25 Record<T, K> 型による型の生成

```
// 色名を抜き出して新たにユニオン型を定義
type primaryColors = "red" | "green" | "blue";
type RGB = [red: number, green: number, blue: number];

// Record 型による定義
let color: Record<primaryColors, RGB | string>;
```

この重複を解消するために、まず primaryColors という新たな型を red、green、blue のユニオンとして定義しました。次に、Record<primaryColors, RGB | string> という形で、それぞれの型を渡すことで、Colors に指定された各色をキーとし、それぞれのキーは RGB |string 型の値を持つオブジェクト型が生成できます。

このように Record 型を使うことで、複数のプロパティが同じ型のバリエーションを持つ場合に、その型定義を一箇所にまとめることができ、コードの重複を減らしつつ、保守性と読みやすさを向上させることができます。

6-7-3 Pick<T, K> 型

Pick<T, K> 型は、既存の型 T からいくつかのプロパティを選択して、新しい型を構成するために使用されます。これにより、大きな型から必要なプロパティだけを取り出して、より小さな型を作成できます。

▶ 6-26 Pick<T, K> 型による型の生成

```
interface User {
  id: number;
  name: string;
  email: string;
  age: number;
}

// User型から'id'と'name'のプロパティを持つ新しい型を作成
type UserPreview = Pick<User, "id" | "name">;
// {
//    id: number;
//    name: string
// }

// OK.
const userPreview: UserPreview = {
  id: 1,
  name: "Alice",
  // emailとageプロパティは含まれていない
};
```

上の例では、User インターフェイスから id と name という 2 つのプロパティを Pick で選択し、UserPreview という新しい型を作成しています。変数 userPreview は、UserPreview 型なので、id と name プロパティのみを持つオブジェクトを代入することができます。

このようにユーティリティ型を使うことで、コードを簡潔に保ったまま再利用性や柔軟性を高めることができます。

この他にも実にさまざまな便利なユーティリティ型が用意されていますので、TypeScript の公式ドキュメントで確認してみてください。

Chapter 7
デコレータ

この章では、TypeScript のデコレータという機能について学びます。デコレータは、クラスやそのメンバーの動作を変更したり、新しい機能を追加する際に役立ちます。コードの動作は変わっても、その外観はほとんど同じに保たれます。デコレータを使用することで、コードの可読性を損なうことなく、再利用可能な方法でさまざまな機能を組み込むことができます。

Chapter 7-1

デコレータを学ぶ前に

デコレータを学ぶ前に読んでおいて欲しい内容をこの節にまとめました。

まず、デコレータは便利な機能ではありますが、これまでの章で学んだ内容のような、TypeScript を使用する上で必ず身につけておきたい知識というわけではありません。その理由は、デコレータはメタプログラミングに役立つ機能であること、そして TypeScript には組み込みのデコレータがなく、自作するか、npm からインストールして利用する必要があるからです。多くの場合、デコレータはライブラリとして提供されており、その基本的な「使い方」を理解していれば十分です。

したがって、この章で紹介するすべてを一度に理解する必要はありません。内容が抽象的で高度なので、TypeScript に馴染んだ後に進めても問題ありません。まずデコレータの基本だけを理解し、その後の節では興味がある部分だけを選んで読むこともできます。Chapter 10のアプリケーションの作成では一部でデコレータを使用しますので、その時点で参照するのもよいでしょう。

また、とても重要なことですが、この章では TypeScript 5.0 から利用可能になったデコレータの仕様について説明します。

7-1-1 デコレータとメタプログラミング

デコレータとは**メタプログラミング**（metaprogramming）を可能にする機能だと説明しましたが、メタプログラミングとは何でしょうか。結論から先に言うと、メタプログラミングは「プログラミングのためのプログラミング」を意味します。

一般的な文脈で話される「プログラミング」は、アプリケーションのロジックや機能を実装することです。それには、画面に表示する UI の実装や、イベントのハンドリング、データを取得するロジックなどが含まれます。これらはアプリケーションの利用者に直接影響するので、アプリを作成する上で、なくてはならないものです。一方、メタプログラミングが扱う対象はプログラムの構造自体です。プログラム自体をデータのように扱い、元のプログラムの構造や振る舞いを動的に変更・制御します。メタプログラミングにはさまざまなメリットがありますが、それらのほとんどは開発を効率良く行うためのものです。

「メタ」という言葉には「超越した」や「自己言及的な」という意味があります。一段上から自分自身（プログラム）を俯瞰して扱うようなイメージから、「プログラミングのためのプログラミング」と言う意味が理解できます。

以上のようなメタプログラミングを、TypeScript で行うために利用できる機能がデコレータです。

7-1- 2 TypeScript のデコレータとは

TypeScript にはメタプログラミングを実現するためのデコレータ (decorators) という特別な構文があります。デコレータを使用すると、クラスやそのメンバーに関数を紐づけて実行することで、その挙動に変更を加えることが可能です。デコレータの使用イメージを以下に示します。

▶ デコレータを使用するための構文

```
// デコレータ (関数) の作成。パラメータ target は、デコレータを適用する対象に関する情報
function myDecorator(target) {
  // target に対する何らかの処理
}

// デコレータをPersonクラスに適用
// デコレータは、Personに関する情報を引数として受け取り、実行される
@myDecorator
class Person {
  //...
}
```

上の例は、関数 myDecorator をデコレータとして、Person クラスに適用する例です。

デコレータは「@式」という構文を持ち、デコレータを適用する対象の上部に記載します。「式」は関数として評価される必要があります。デコレータが適用された (上の例では Person) 宣言が行われると、宣言に関する情報を伴ってこの関数が呼び出されます。

デコレータは、クラスだけではなくクラス内のメンバーにも適用することができます。デコレータは関数ですので、その中で特定の処理を行うことによって、デコレートされた対象の振る舞いを変更することができますし、関数に戻り値がある場合は、その戻り値で、対象自体を置き換えることも可能です。

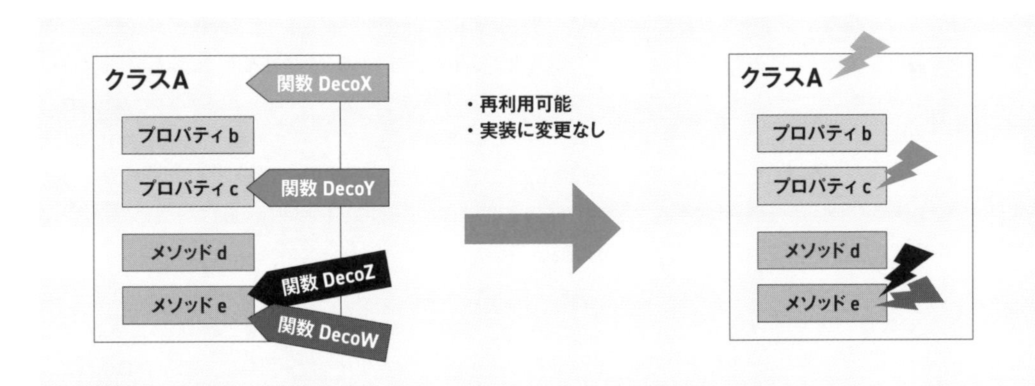

図 7-1 デコレータの概念

このように、デコレータを使うと、元の宣言のコード（見た目）を変更することなく、再利用可能な方法でその挙動を変更することができます。

デコレータについて具体的に学ぶ前に、TypeScript におけるデコレータの仕様の違いについて学びましょう。

7-1- 3 デコレータの仕様の違い

Chapter 2で TypeScript の役割として、「将来 JavaScript に導入されるであろう機能も利用可能にする」と説明しました。ただし、それら機能は将来的に変更される可能性があることを理解して使用する必要があるのでした。TypeScript のデコレータはまさにこのパターンに当てはまります。これまでデコレータは、JavaScript に先行して TypeScript で利用可能でしたが、その仕様が途中で大きく変わりました。

TypeScript 5.0 未満のバージョンでは、デコレータはデフォルトでは利用できない状態でした。利用するには、TypeScript のコンパイラオプションを設定する、tsconfig.json ファイル内の compilerOptions セクションで "experimentalDecorators": true と設定し、"target": "ES5" 以上を指定する必要がありました。

▶ 7-1　実験的デコレータを使用するためのコンパイルオプション設定

```
// tsconfig.json
{
  "compilerOptions": {
    "target": "ES5", // ES5以上を指定
    "experimentalDecorators": true // デフォルトはfalse
  }
}
```

コンパイラオプションに関する詳しい説明はChapter 9で行いますが、あくまでデコレータは実験的な機能として提供されており、利用するにはそれを理解した上で、オプションを明示的に有効にする必要がありました。

JavaScript の新しい機能として提案されたデコレータは、仕様に関して多くの議論があり、長い間仕様が定まらない不安定な期間が続いていました。このため、TypeScript では将来の変更が予想されるこの機能を実験的なものとして提供し続けてきたというわけです。そんな中、JavaScript のデコレータの仕様の提案が、Stage 3 と呼ばれるかなり確度が高い段階まで到達したので、TypeScript 5.0 ではデコレータが正式機能としてデフォルトでサポートされるようになりました。ただし、Stage 3 に到達した仕様は以前の実験的なものとは互換性がないため、TypeScript 5.0 以降のバージョンでは、新旧の仕様のどちらかを選択して使用する必要があります。なお、v5.0 以降でも旧仕様は完全には廃止されておらず、引き続きオプション設定で利用することができます。

v5.0 は 2023 年 3 月にリリースされたばかりですので、デコレータの機能はまだ過渡期にありますが、TypeScript で正式にサポートされたことと、デコレータ提案が Stage3 に進み、将来 JavaScript でも利用可能になることがほぼ確定したことを考慮して、本書では新しい仕様のデコレータについて解説します。

Chapter 7-2

初めてのデコレータ（メソッドデコレータ）

この節では、メソッドデコレータを実際に作成しながら、デコレータの基本を学びます。

7-2- 1 メソッドデコレータの作成

メソッドデコレータは、クラスのメソッドに適用され、メソッドの実行をさまざまな方法で拡張します。メソッドデコレータを用いると、例えば、メソッドの呼び出しや終了時にログを出力したり、実行前の条件チェック、メソッドに渡るデータの変換などが可能になります。これにより、メソッドの機能性を向上させることができます。早速、メソッドデコレータを作成してみましょう。

まずは、デコレータを適用するクラスメソッドを準備します。

▶ 7-2　Person クラスと greet メソッド

```
class Person {
  name: string;
  constructor(name: string) {
    this.name = name;
  }

  // このメソッドに機能を追加したい
  greet() {
    console.log(`Hello, my name is ${this.name}.`);
  }
}
```

上の例では、name プロパティと greet メソッドを持つ Person クラスを定義しています。これは説明のためのシンプルなクラスなので実用性はありませんが、greet メソッドの呼び出しを追跡したいと仮定しましょう。greet メソッドが呼ばれたときと、終了するときにログを出力するように機能を追加します。greet メソッド内の初めと終わりにログを出力する処理を追加すれば目的は達成ですが、今後メソッドの数が増えるたびに、ログ出力のためのコードをメソッド内に毎回直接記述することはしたくありません。したがって、拡張性を考慮してデコレータを利用します。これにより、将来的にメソッドが増えたとしても、デコレータを適用するだけで目的が達成できます。

具体的には、メソッドデコレータとして、以下の logged 関数を定義します。

▶ 7-3　ログ出力をするメソッドデコレータ

```
// メソッドデコレータを定義
function logged(originalMethod: any, context: any) {
  // 新たに関数を定義
  function loggedMethod(this: any, ...args: any[]) {
    console.log("メソッド呼び出し！");
    const result = originalMethod.call(this, ...args); // 元のメソッドの呼び出し
    console.log("メソッド終了!");
    return result; // 元のメソッドの結果を返却
  }

  return loggedMethod; // ログ出力の処理を追加した関数を返却。メソッドがこの関数に置き換わる
}
```

復習ですが、デコレータはただの関数ですので、logged は関数として定義します。この logged 関数は、内部で新しい loggedMethod 関数を定義して、それを戻り値として返しています。

logged には 2 つのパラメータがあります。それぞれの型には、さんざん使用してはいけないと注意した any 型が指定されていますが、ここでは説明を簡単にするために、一時的に any 型に指定していますので、いったんパラメータの型のことは忘れてください。それ以外の細かい部分も無視して、まずは logged 関数の重要なポイントを理解しましょう。

この関数は、1つ目のパラメータとして、デコレート対象のメソッド（greet メソッドに適用する場合は、greet メソッド）を受け取ります。戻り値は、新たに定義した loggedMethod 関数です。対象のメソッドは、この戻り値である loggedMethod 関数で置き換えられます。2つ目のパラメータ context は、ここでは使用しないので無視してください。

loggedMethod 関数は処理の初めと終わりにログを出力し、それらの間で、デコレータが引数として受け取った元のメソッド（originalMethod）を実行し、最後にその結果を戻り値として返しています。

戻り値の loggedMethod の1つ目のパラメータに見慣れない this があります。TypeScript では、関数やオブジェクトのメソッド内で this を使用する場合、その型はデフォルトで any 型となります。「暗黙的な any 型」はエラーになりますので、this の型を「明示的な any 型」に指定する必要があります。そうするためには、TypeScript では1つ目のパラメータに this を設定することで、明示的に型を指定することができます。他のパラメータがある場合は、this の後に記載します。この this はコンパイル後には削除されます。後ほど this の型を具体的に指定しますが、今は明示的に any 型に指定して一時的にエラーを避けます。

loggedMethod の2つ目のパラメータ...args は、可変長の引数を表し、任意の型と数の引数を受け取ることができます[※1]。この引数は、そのまま originalMethod の引数として渡されます。デコレータを適用するメソッドの引数の数と型は限定したくないので、ここでは可変長の引数を設定します。

このように定義されたデコレータ logged は、任意のメソッドに適用して、そのメソッドの呼び出しと終了時にログを出力する機能を提供します。次に、このデコレータを Person クラスの greet メソッドに適用し、動作を見てみましょう。

※1　残余引数について詳しくは、巻末P.294のAppendix 21を参照してください。

▶ **7-4 logged デコレータの適用**

```
class Person {
  name: string;

  constructor(name: string) {
    this.name = name;
  }

  @logged // メソッドデコレータを適用
  greet() {
    console.log(`Hello, my name is ${this.name}.`);
  }
}

const person = new Person("John");

// loggedでデコレートされたメソッドの呼び出し
person.greet();

// ログ出力：
// メソッド呼び出し！
// Hello, my name is John.
// メソッド終了！
```

上の例では、logged デコレータが Person クラスの greet メソッドに適用されています。適用するときに logged は実行されていないことに注目してください。デコレータを適用する時点では関数として実行してはいけません。Person クラスのインスタンスを作成し、greet メソッドを呼び出すと、logged デコレータによってメソッドの実行前後にログが出力されるようになります。

これで基本的な目的は達成されましたが、さらに便利にするために、実行中のメソッド名もログに出力する機能を追加しましょう。これを行うには、logged 関数の2つ目のパラメータである context オブジェクトを利用します。この context オブジェクトには、デコレータが適用された対象の情報が含まれています。これには、対象の名前や種類（メソッド、クラス等）、メンバーが静的かどうか、プライベートかどうかといった情報が含まれます。

ここでは、context オブジェクトから名前の情報を取り出して、それをログに表示するように logged を変更してみましょう。名前の情報は、context オブジェクトの name プロパティに保持されています。

▶ **7-5 context オブジェクトの利用**

```
function logged(originalMethod: any, context: any) {
  function loggedMethod(this: any, ...args: any[]) {
    // contextオブジェクトから対象のnameを取得して表示
    console.log(`${context.name}メソッド呼び出し！`);
    const result = originalMethod.call(this, ...args);
    console.log(`${context.name}メソッド終了！`);
    return result;
  }

  return loggedMethod;
}
```

上の例では、ログの出力にテンプレートリテラルを使用して、context オブジェクトの name プロパティの値を出力しています。これによって、デコレータを適用したメソッド名も出力できるようになりました。このように、context オブジェクトの情報を活用して、ログ出力をより詳細にすることができます。

メソッドデコレータに渡ってくる context オブジェクトには、とても便利な **addInitilizer** というプロパティが含まれています。addInitializer はメソッドであり、コールバック関数を引数に取ります。このコールバック関数は、クラスのコンストラクタの先頭に挿入されて処理されます。addInitializer を使用することで、クラスのインスタンス化時に独自の初期化ロジックを注入し、コンストラクタの動作をカスタマイズすることが可能になります。

次に、addInitializer を用いた初期化ロジックの注入の例について見ていきましょう。その例として、メソッド内の this を特定のインスタンスに束縛するケースを考えます。JavaScript では、コールバック関数としてメソッドを使用する場合、this の参照先が変わることがしばしば発生します。

例として、setTimeout を使用して greet メソッドをコールバック関数として実行する場面を挙げます。

▶ 7-6　メソッドの this の明示的な束縛が必要な例

```
const person = new Person("John");

// OK. オブジェクトのメソッドとして実行。thisはpersonオブジェクトに束縛される。
person.greet(); // Hello, my name is John.

// NG. コールバック関数として実行すると undefined
setTimeout(person.greet, 1000); // Hello, my name is undefined.
```

上の例では、setTimeout のコールバックとして greet メソッドを渡すと、this.name が undefined になる状況を示しています。これは、コールバックとして渡された greet メソッドが実行される際に、this が Person インスタンスから切り離されてしまうためです。JavaScript の関数内の this は、関数がどのように呼び出されるかによって、その参照先が変わります。

person オブジェクトのメソッドとして呼び出された場合、this は呼び出し元の person オブジェクトを参照します。しかし、コールバック関数として person.greet という形で渡される場合は、単に greet メソッドが参照している独立した関数として実行されるので、そのときの this は person オブジェクトを参照せず、this.name は undefined となります。

ここでは、単純化のために setTimeout を例に説明しましたが、実際によくあるケースとしては、HTML から取得したボタン要素などの DOM のイベントリスナに、コールバック関数を渡す場合があります。このときも this を明示的に特定のオブジェクトに束縛する必要があります。

addInitializer の利用ケースとしての前置きが長くなりましたが、Person クラスをインスタンス化するときに、メソッド内の this を自動で Person インスタンスに束縛してくれるメソッドデコレータを作成してみましょう。以下に bound 関数を定義します。

▶ 7-7　メソッドの this をインスタンスに束縛するメソッドデコレータ

```
function bound(_originalMethod: any, context: any) {
  // addInitializerにフックしたい関数を渡す。
  context.addInitializer(function (this: any) {
    // thisはインスタンスを参照する。context.nameは対象のメソッド名
    this[context.name] = this[context.name].bind(this); // メソッド内のthisをインスタンスに束縛
  });
}
```

この bound デコレータは、context オブジェクトの addInitializer メソッドを使用して、メソッド内の this をインスタンスに束縛するコールバック関数を登録します。addInitializer に渡されたコールバック関数は、クラスのコンストラクタ実行時に呼び出され、デコレートされたメソッド内の this を新しく作成されるインスタンスに明示的に束縛します※2。これにより、setTimeout のような非同期処理のコールバックであっても、this が期待するオブジェクトを指すようになります。

このデコレータを greet メソッドに適用して、this が正しく Person インスタンスに束縛されるか確認してみましょう。

▶ 7-8　bound デコレータの適用

```
class Person {
  // 省略

  @bound // boundデコレータの適用
  @logged
  greet() {
    console.log(`Hello, my name is ${this.name}.`);
  }
}

const person = new Person("John");
setTimeout(person.greet, 1000);

// ログ出力：
// greetメソッド呼び出し！
// Hello, my name is John.
// greetメソッド終了！
```

上の例では、greet メソッドに bound デコレータを適用しています。それにより、greet メソッド内の this がインスタンスに束縛されています。もし、デコレータを用いずに同じ結果を得るためには、各メソッドに this の束縛を行うコードを追加する必要がありますが、束縛したいメソッドが増えると、その都度記述を追加する必要があり保守性と可読性が低下します。

また、メソッドに複数のデコレータを適用する場合、それらをメソッド宣言の上に順番に並べて記述します。このようにデコレータを適用することで、元のメソッドのコードを変更せずに、再利用可能な形で複数の機能を追加することができます。

この節では、メソッドデコレータをクラスメソッドに適用することで、デコレータの基本を学びました。まだ細かな部分は説明できていませんが、デコレータの使い方やメリットを説明しました。

次は、デコレータ自体をカスタマイズする方法について学びましょう。

※2　bind、call、apply メソッドについては、巻末P.295のAppendix 22を参照してください。

7-2- 2 デコレータファクトリ

前の節で作成した logged デコレータを利用するときに、デコレータに引数を渡してその値を使用することができれば便利です。例えば、メソッド A に適用するときには、X を渡してそれをデコレータ内で使用する。メソッド B のときは Y というイメージです。

このようにデコレータをカスタマイズするためには、デコレータファクトリを作成します。デコレータファクトリは、関数の戻り値としてデコレータを返す関数です。デコレータファクトリを利用することで、デコレータの動作を呼び出し時に動的に定義することができます。

デコレータファクトリを使って logged デコレータをカスタマイズできるように変更してみましょう。具体的には、logged デコレータ自体は引数を取らない関数でしたが、これをデコレータファクトリ（関数）でラップすることで、外から引数を受け取り、それを元に、カスタマイズされたデコレータを生成して返すことができるようにします。これまでの logged デコレータの名前を、actualDecorator に変更して、それをラップするデコレータファクトリの名前を logged として定義します。

▶ 7-9　デコレータファクトリ

```
// デコレータファクトリの定義
function logged(headMessage = "[LOG]：") {
  // メソッドデコレータを定義して返却
  return function actualDecorator(originalMethod: any, context: any) {
    function loggedMethod(this: any, ...args: any[]) {
      // デコレータファクトリに渡した値をデコレータ内で使用する。
      console.log(`${headMessage} ${context.name}メソッド呼び出し！`);
      const result = originalMethod.call(this, ...args);
      console.log(`${headMessage} ${context.name}メソッド終了!`);
      return result;
    }

    return loggedMethod;
  };
}

class Person {
  // 省略

  // デコレータファクトリに引数を渡して実行
  @bound
  @logged("[INFO]:")
  greet() {
    // 省略
  }
}

const person = new Person("John");
person.greet();

// ログ出力：
// [INFO]: greetメソッド呼び出し！
// Hello, my name is John.
// [INFO]: greetメソッド終了！
```

上の例では、デコレータファクトリとして logged 関数を定義し、その戻り値として実際のデコレータである actualDecorator 関数を返しています。デコレータファクトリ logged は、パラメータ headMessage を取り、これを内部のデコレータで使用しています。

デコレータファクトリを使用するときは、デコレータをメソッドに適用する際に、そのファクトリ関数を呼び出す必要があります。これは、デコレータファクトリが実際のデコレータではなく、デコレータを生成する関数だからです。呼び出しの際に異なる引数を渡すことで、デコレータのカスタマイズが可能になります。

上の例の場合、logged デコレータファクトリに"[INFO]:"を渡すことで、ログのプレフィックスとしてこの文字列を使用しています。

このようにデコレータファクトリを使用することで、デコレータの振る舞いを呼び出し時に動的に決定することができ、コードの再利用性と柔軟性を高めることが可能です。

7-2- 3 デコレータが実行されるタイミング

前の節で、greet メソッドに 2 つのデコレータ（logged と bound）を適用しました。メソッドに複数のデコレータを適用する場合、それらはどのような順序で評価されるのでしょうか？　デコレータファクトリが含まれる場合も考慮して確認してみましょう。

そのために、ログを出力するだけの簡易的なデコレータファクトリ A、B とデコレータ C を作成して、それらをクラスメソッドに適用してみましょう。

▶ 7-10　デコレータにログを追加

```
function A() {
  console.log("A ファクトリ 評価");
  return function (originalMethod: any, context: any) {
    console.log("A デコレータ 呼び出し");
  };
}

function B() {
  console.log("B ファクトリ 評価");
  return function (originalMethod: any, context: any) {
    console.log("B デコレータ 呼び出し");
  };
}

function C(originalMethod: any, context: any) {
  console.log("C デコレータ 呼び出し");
}

class ExampleClass {
  @A() // デコレータファクトリ
  @B() // デコレータファクトリ
  @C // デコレータ
  method() {}
}
```

上の例では、メソッドデコレータ A,B を method に適用しています。このコードを実行すると、下記のログが出力されます。

▶ デコレータが実行されるタイミング

```
// ログ出力：
// A ファクトリ 評価
// B ファクトリ 評価
// C デコレータ 呼び出し
// B デコレータ 呼び出し
// A デコレータ 呼び出し
```

この結果から、次のことがわかります。

- 「@式」として記述されたデコレータファクトリは、コード上で上から順に評価される
- デコレータ関数は下から上の順に評価される

もう一点、重要なことは、デコレータの評価と実行は、クラスやメソッドが宣言された時点で行われているということです。クラスをインスタンス化して、デコレートしているメソッドを呼び出した時ではありませんので注意してください。

7-2-4 メソッドデコレータと型

これまで、デコレータのパラメータの型は、説明を単純化するために any 型に指定していました。ここでは、デコレータ logged のパラメータに具体的な型を与えてみましょう。

始めに申し上げておくと、デコレータの型指定は非常に複雑であり、すべてを完全に理解する必要はないということです。実際には、多くの場合、ライブラリから提供されるデコレータを使用することになるため、通常は利用者がこの節の内容を細かく覚えている必要はありません。

まず、デコレータの一般的な型を確認しましょう。後に解説しますが、デコレータは、適用する対象によっていくつかの種類に分類されます。その種類によって、context オブジェクトに含まれるプロパティは異なりますが、それらの型はすべて以下のように表現できます。

▶ 7-11 デコレータの型

```
type Decorator = (
  target: Input, //1つ目のパラメータ
  //2つ目のパラメータ
  context: {
    kind: string; // デコレータを適用する対象の種類（例："method", "class"など）
    name: string | symbol; // デコレータを適用する対象の名前

    // デコレータが適用されるクラスのメンバーに対する直接的なアクセスを提供
    access: {
      // デコレート対象と同じ名前のものが存在するか
      has?(target: unknown): boolean;
      // デコレータが適用されたメンバーの現在の値を取得するために使用
```

```
      get?(target: unknown): unknown;
      // デコレータが適用されたメンバーに新しい値を設定するために使用
      set?(target: unknown, value: unknown): void;
    };
    private?: boolean; // privateなメンバーかどうか？
    static?: boolean; // staticなメンバーかどうか？
    addInitializer?(initializer: () => void): void;
  }
) => Output | void; // 戻り値の型
```

上記がデコレータの一般的な型です。繰り返しになりますが、デコレータは関数なので関数型で表現することができます。

デコレータには、2つのパラメータがあります。1つ目の target はデコレートされる対象の値で、この target の型はデコレートする対象によって異なります。例えば、メソッドをデコレートする場合、target の型はそのメソッドの関数型です。

2つ目は context オブジェクトです。context オブジェクトにはデコレート対象に関する情報が格納されています。TypeScript では、デコレートされる対象の種類ごとに対応する組み込み型が用意されています。

戻り値の型もデコレート対象によって変わります。戻り値がない場合は void 型になります。デコレート対象がメソッドの場合は、引数の target と互換性のある関数型か void 型になります。

つまり、デコレータの型は、以下で構成された型であることがわかります。

・デコレート対象の型（Input）
・デコレート対象に関する情報を含む context オブジェクトの型
・デコレータ関数の戻り値の型（Output | void）

これらの型情報を用いて、TypeScript はデコレータが適切な対象とコンテキストを受け取ることができるか、そしてデコレータの戻り値が元のデコレート対象の型と互換性があるかどうかを確認することができます。互換性がない場合、デコレータの適用はできず、TypeScript はエラーを報告します。

ここからは、以前に作成した logged メソッドデコレータに焦点を当てて、そのパラメータに具体的な型を指定してみましょう。logged デコレータの場合、デコレートする対象はメソッドなので、最初のパラメータ originalMethod の型は関数型となります。まずはその関数型を定義してみます。

logged デコレータを再度記載します。この状態からスタートします。以下の logged は、デコレータファクトリではないので注意してください。

▶ 7-12　any 型で型付けしたデコレータ（再掲）

```
// 説明の簡略化のために、パラメータがany型に指定されているデコレータ（再掲）
function logged(originalMethod: any, context: any) {
  function loggedMethod(this: any, ...args: any[]) {
    console.log(`${context.name}メソッド呼び出し！`);
    const result = originalMethod.call(this, ...args);
    console.log(`${context.name}メソッド終了!`);
    return result;
  }

  return loggedMethod;
}
```

originalMethod パラメータの型を指定する際には、関数の入力と出力の型が互換性を持つことが重要です。この互換性を確保するために、型パラメータを使用して、入力と出力が共通の型を持つように logged 関数をジェネリック型として定義しましょう。

▶ 7-13　パラメータと戻り値の関数の型を指定

```
// デコレータに型パラメータを導入
function logged<This, Args extends any[], Return>(
  originalMethod: (this: This, ...args: Args) => Return,
  context: any
) {
  // This、Args、Returnを指定して共通化
  function loggedMethod(this: This, ...args: Args): Return {
    console.log(`${context.name}メソッド呼び出し！`);
    const result = originalMethod.call(this, ...args);
    console.log(`${context.name}メソッド終了!`);
    return result;
  }

  return loggedMethod;
}
```

上の例では、logged 関数に This、Args、Return という 3 つの型パラメータが導入されています。ここで This は this キーワードの型、Args はメソッドの引数の型の配列、Return はメソッドの戻り値の型をそれぞれ指定するために使用されています。Args は any[]の拡張として指定されているため、任意の型の引数の配列を受け取ることができます。

これらの型パラメータによって、メソッドの入力パラメータと戻り値に型の互換性を持たせることが可能になります。これにより、デコレートされるメソッドの型が正確にチェックされ、デコレータの戻り値の型が元のメソッドの型と互換性を持つことが保証されます。また、メソッド以外のクラスのメンバーに logged を適用しようとした際にエラーが通知されるようになりました。

次に、デコレータの2つ目のパラメータである、context オブジェクトの型を指定します。メソッドデコレータの場合は、その名のとおり、組み込みの「ClassMethodDecoratorContext」インターフェイスを指定します。ClassMethodDecoratorContext は 2 つの型パラメータを持つジェネリック型です。

ClassMethodDecoratorContext 型の中身を確認してみましょう。

▶ **7-14　ClassMethodDecoratorContext インターフェイス**

```
interface ClassMethodDecoratorContext<
  This = unknown, // メソッドが定義されるクラスの型
  // デコレート対象メソッドの型
  Value extends (this: This, ...args: any) => any = (
    this: This,
    ...args: any
  ) => any
> {
  readonly kind: "method"; // デコレータされたクラスメンバーの種類
  readonly name: string | symbol; // デコレートされたメンバーの名前
  readonly static: boolean; // 静的なメンバーかどうか
  readonly private: boolean; // プライベートなメンバーかどうか
  readonly access: {
    has(object: This): boolean; // オブジェクトのプロパティに、デコレート対象と同じ名前のものが存在するか
    get(object: This): Value; // デコレータが適用されたメンバーの現在の値を取得するために使用
  };
  addInitializer(initializer: (this: This) => void): void;
}
```

ClassMethodDecoratorContext は、かなり複雑ですが、ここでは型パラメータにだけに注目してください。1つ目は This で、これはメソッドが定義されているクラスの型です。2つ目は Value で、デコレートされるメソッドの具体的な型を指定します。これらの型パラメータには、logged 関数の1つ目のパラメータの型を指定するために、すでに導入した型パラメータを指定することができます。

それらの型を使って、context オブジェクトの型を any から ClassMethodDecoratorContext に置き換えます。

▶ **7-15　context オブジェクトの型を指定**

```
// デコレータに型パラメータを導入
function logged<This, Args extends any[], Return>(
  originalMethod: (this: This, ...args: Args) => Return,
  // 型パラメータを指定してany型から置き換える
  context: ClassMethodDecoratorContext<
    This,
    (this: This, ...args: Args) => Return
  >
) {
  // This、Args、Returnを指定して共通化
  function loggedMethod(this: This, ...args: Args): Return {
    console.log(`${context.name.toString()}メソッド呼び出し！`);
    const result = originalMethod.call(this, ...args);
    console.log(`${context.name.toString()}メソッド終了！`);
    return result;
  }

  return loggedMethod;
}
```

上のコード例では、ClassMethodDecoratorContext 型パラメータには、すでに導入済みの型である、This および関数型 (this: This, ...args: Args) => Return を指定しています。これによって、context オブジェクトが持つべきプロパティとメソッドが明確になり、TypeScript の型システムによる強力な型チェックとコード補完の利点を活用できます。

また、上の例では、テンプレートリテラル内で context.name を toString メソッドによって、context.name を文字列型に変換しています。これは、context を ClassMethodDecoratorContext に指定したことによって生じた型チェックのエラーを避けるためです。型を指定したことで、TypeScript は、context.name が symbol 型である可能性を認識します。その結果、テンプレートリテラルに symbol をそのまま埋め込むことは許可されなくなるので、symbol を文字列に変換しています。

これでようやく logged デコレータに型を付けることができました。このようにデコレータの型はかなり複雑になります。デコレータの使用目的や用途によって型の複雑さや求められる厳密さが変わってきます。したがって、ご自身やチームで、型安全性をどこまで担保する必要があるのか相談しながら適切にデコレータを使用してください。

この節では、メソッドデコレータを例にして、デコレータの基礎と型の指定方法を学びました。デコレータはメソッドだけでなく、クラスの他のメンバーやクラス自体にも適用することができます。

この章の残りでは、ログを出力する logged デコレータをベースとして、クラスの他のメンバーやクラス自体にデコレータを適用する方法について学んでいきましょう。

Chapter 7-3

ゲッター、セッターデコレータ

ここでは、クラスのゲッターとセッターにデコレータを適用する方法を学びましょう。

クラスのゲッターとセッターにもデコレータを適用することが可能です。それらの使い方について学ぶ準備として、まずは以下の Person クラスを定義しましょう。

▶ 7-16　Person クラスにゲッターとセッターを追加

```
class Person {
  private _name = "John";

  get name(): string {
    return this._name;
  }

  set name(name: string) {
    this._name = name;
  }
}
```

上の Person クラスには、private なメンバーとして_name と、それにアクセスするためのゲッターとセッターを定義しています。このゲッターとセッターにデコレータを適用します。すでに作成した logged 関数をベースに、ゲッター用の loggedGetter 関数とセッター用の loggedSetter 関数を新たに定義してみましょう。

▶ 7-17　ゲッター、セッターデコレータの定義

```
// ゲッターデコレータ
function loggedGetter<This, Return>(
  target: (this: This) => Return, // 元のゲッターの関数型
  context: ClassGetterDecoratorContext<This, Return>
) {
  return function loggedMethod(this: This): Return {
    console.log(`${context.name.toString()} を取得`);
    const result = target.call(this);
    return result;
  };
}

// セッターデコレータ
function loggedSetter<This, Args>(
  target: (this: This, args: Args) => void, // 元のセッターの関数型
  context: ClassSetterDecoratorContext<This, Args>
) {
  return function loggedMethod(this: This, args: Args): void {
    console.log(`${context.name.toString()} を ${args} に設定`);
    const result = target.call(this, args);
    return result;
  };
}
```

loggedGetter 関数が入力として受け取る target は、ゲッターデコレータを適用するゲッターの関数型です。context オブジェクトには、ClassGetterDecoratorContext インターフェイスを指定します。その型パラメータの This は、Getter が定義されているクラスの型です。そして、もう一方の型パラメータには、ゲッターの戻り値の型を指定します。

loggedSetter 関数は loggedGetter 関数と基本構造は同じですが、セッターは値を設定するのでパラメータ args が追加されており、戻り値の型は void です。context オブジェクトには、ClassSetterDecoratorContext インターフェイスを指定します。その型パラメータには、同じく This とセッターのパラメータの型を指定します。

Person クラスのゲッターとセッターにこれらのデコレータを適用してみましょう。

▶ **7-18　ゲッター、セッターデコレータの適用**

```
class Person {
  private _name = "John";

  @loggedGetter
  get name() {
    return this._name;
  }

  @loggedSetter
  set name(name: string) {
    this._name = name;
  }
}

const person = new Person();
console.log(person.name);
person.name = "Alice";

// ログ出力：
// name を取得
// John
// name を Alice に設定
```

上の例では、Person クラスの_name プロパティの読み取り時に loggedGetter が動作し、name プロパティが取得される際には「name を取得」とログに出力されます。同様に、プロパティに値が設定される際には loggedSetter が動作し、「name を Alice に設定」というログが出力されます。

この方法によって、ゲッターやセッターの振る舞いを、追加のロジックをメソッド本体に記述することなく変更することが可能になります。

Chapter 7-4

フィールドデコレータ

ここでは、クラスのプロパティにデコレータを適用する用法を学びましょう。

デコレータは、クラスのプロパティに適用することができます。クラスのトップレベルで宣言（フィールド宣言）されているプロパティはフィールドと呼ばれるので、そのためのデコレータはフィールドデコレータと呼ばれます。フィールドデコレータである loggedField を定義してみましょう。

▶ 7-19　フィールドデコレータの定義と適用

```
function loggedField<This, V>(
  _target: undefined, // 常にundefined
  context: ClassFieldDecoratorContext<This, V>
) {
  // 初期化をカスタマイズするための関数を返す
  return function (this: This, initialValue: V) {
    console.log(
      `${context.name.toString()} フィールドを ${initialValue} で初期化`
    );

    return initialValue; // 戻り値が初期値として置き換わる
  };
}

class Person {
  @loggedField
  private _name = "John";

  // 省略
}

const person = new Person();
// ログ出力： _name フィールドを John で初期化
```

loggedField 関数は、クラスのフィールドに適用されるデコレータであり、入力として受け取る target は常に undefined です。ここでの context オブジェクトには、ClassFieldDecoratorContext 型を使用し、その型パラメータ This はフィールドが定義されているクラスの型、V はフィールドの値の型を指定します。

フィールドデコレータの戻り値は、フィールドの初期値をカスタマイズするための関数です。この関数は、フィールド宣言で設定された初期値を引数として受け取ります。関数内では、その初期値に基づいたログ出力や加工処理を行い、最終的に新しい初期値を返すことができます。この関数を通して、フィールドの初期化時に追加のロジックを実行することができます。処理の内容によって型パラメータ V の型を具体的に指定する必要があります。
上の例では、例えば、Person クラスの_name フィールドに loggedField デコレータを適用することで、インスタンス化時に「_name フィールドを John で初期化」というログが出力されるようになります。

このように、フィールドデコレータは、クラスの初期化時に特定のフィールドの挙動を監視、変更、または強化するために役立ちます。

Chapter 7-5

クラスデコレータ

ここでは、クラスそのものにデコレータを適用する方法を学びましょう。

デコレータはクラスのメンバーだけではなく、クラス自体にも適用することができます。
こうしたクラス自体に適用したデコレータはクラスデコレータと呼ばれ、クラスの定義時に追加の振る舞いを注入することが可能です。クラスデコレータを作成してクラスに適用してみましょう。以下で、クラスがインスタンス化されたときにログを表示するだけのデコレータを作成します。

▶ 7-20　クラスデコレータの定義

```
function loggedClass<This extends { new (...args: any[]): {} }>(
  target: This,
  context: ClassDecoratorContext<This>
) {
  // 元のクラスを継承した無名クラスを返す
  return class extends target {
    constructor(...args: any[]) {
      super(...args);
      console.log(
        `${context.name} クラスに ${args.join(", ")} を渡してインスタンス化`
      );
    }
  };
}
```

上の例の loggedClass 関数はクラスデコレータであり、引数としてクラスそのものを受け取り、元のクラスを継承した新しいサブクラスを戻り値として返します。これにより、元のクラスの定義に追加の機能を挿入することができます。見慣れない表記がいくつかありますので 1 つずつ確認していきましょう。

型パラメータの This についてですが、クラスデコレータは入力としてクラスを受け取るので This の型をクラスに制約する必要があります。そのためには制約として、「コンストラクタ関数[※3]を有するオブジェクト」を指定します。それには、まず「new」キーワードによってこの関数は普通の関数でなく、オブジェクトを返すコンストラクタ関数であるとTypeScript に伝えます。コンストラクタ関数の引数には any[]型を指定して柔軟性を持たせています。戻り値は {}型として、どんなオブジェクトでもよいとします。この型によって、具体的なクラスの型や構造に寄らない任意のクラスを表現することができます。

次に、context オブジェクトは ClassDecoratorContext インターフェイスを使用し、その型パラメータにはデコレートされるクラスの型を指定します。この場合は This を使用します。

最後に、戻り値として元のクラスを継承した無名クラスを定義しています。返却するクラスが元のクラスを継承することは必須ではありませんが、ここでは元のクラスの機能はそのままにして、ログ出力の機能だけを追加するのでそうしています。

このデコレータを Person クラスに適用しましょう。

▶ 7-21　クラスデコレータの適用

```
@loggedClass
class Person {
  private _name: string;

  constructor(name: string) {
    this._name = name;
  }
  // 省略
}

const person = new Person("John");
// ログ出力： Person クラスに John を渡してインスタンス化
```

loggedClass デコレータを Person クラスに適用することで、クラスのインスタンス化のプロセスにログ出力の機能が追加されます。これによって、クラスの実装はそのままで機能を追加することができました。

7-5

※3　コンストラクタ関数とクラスについて詳しくは、巻末P.297のAppendix 23を参照してください。

Chapter 7-6

Auto-Accessor とデコレータ

最後に、Auto-Accessor と、Auto-Accessor デコレータについて学びましょう。

TypeScript 4.9 以降では、クラスに auto-accossor という機能が追加されました。これは将来 JavaScript に実装される可能性のある機能を先取りして TypeScript に追加されたものです。

まずは、auto-accessor について学びましょう。この機能を使用するには、**accessor**キーワードを使ってプロパティを宣言します。

▶ 7-22　auto-accessor の構文

```
class Person {
  // auto-accessor
  accessor age = 20;
}
```

上記の定義は、以下のように記述した場合とほぼ同じ意味になります。

▶ 7-23　auto-accessor の機能

```
class Person {
  // privateなプロパティとして設定
  #age = 20;

  // Getterの設定
  get age() {
    return this.#age;
  }

  // Setterの設定
  set age(val) {
    this.#age = val;
  }
}
```

このように、auto-accessor を利用すると、プライベートプロパティの定義とそれを外部に公開するためのゲッターとセッターをまとめて宣言することができます。accessor キーワードは static キーワードと合わせて使用することも可能です。

この accessor キーワードで宣言されたプロパティに対して適用することができるデコレータが Auto-Accessor デコレータです。これまでと同じようにログを出力するデコレータを作成してみましょう。

▶ **7-24　Auto-Accessor Decorator の定義**

```
function loggedAccessor<This, V>(
  // 引数として、ゲッターとセッターが格納されたオブジェクトを受け取る
  target: {
    get: (this: This) => V;
    set: (this: This, value: V) => void;
  },
  context: ClassAccessorDecoratorContext<This, V>
) {
  // 戻り値のオブジェクトに、書き換えたいアクセサを追加する。
  return {
    get: function (this: This) {
      console.log(`${context.name.toString()}を取得`);
      const result = target.get.call(this);
      return result;
    },
    set: function (this: This, value: V) {
      console.log(`${context.name.toString()}を${value}に設定`);
      target.set.call(this, value);
    },
    // 初期化をカスタマイズするための関数
    init: function (this: This, initialVal: V) {
      console.log(`${context.name.toString()}を${initialVal}に初期化`);
      return initialVal;
    },
  };
}
```

上の例では、Auto-Accessor デコレータ loggedAccessor が定義されています。記述が多くて複雑に見えますが構造は単純です。このデコレータはゲッターとセッターを含むオブジェクトを引数として受け取り、context オブジェクトにはClassAccessorDecoratorContext を指定しています。

戻り値もオブジェクトで、このオブジェクトに定義した新たなゲッターとセッターで、元のゲッターとセッターを置き換えることができます。また、初期化をカスタマイズするための init メソッドを設定することも可能です。これらはすべてオプションなので省略することも可能です。このデコレータを使用してみましょう。

▶ **7-25　Auto-Accessor Decorator の適用**

```
class Person {
  @loggedAccessor
  accessor age = 20;
}

const person = new Person();
console.log(person.age);
person.age = 21;

// ログ出力：
// age を 20 に初期化
// age を取得
// 20
// age を 21 に設定
```

上記のように、accessor キーワードで宣言されたプロパティに loggedAccessor デコレータを適用することで、プロパティの初期化、取得、設定時に追加のログを出力する機能を付与することができました。

この章ではデコレータの基本を概観しました。メタプログラミングのための機能であるため、抽象度が高くとても難かしい概念です。もちろんすべてを理解する必要はありませんし、実際の現場でもおそらくライブラリとして利用するケースがほとんどでしょう。

今後は、JavaScript においても将来的にデコレータが利用可能になることが期待されており、その際には公式のドキュメントもより充実していくと思われますので、必要になった際に学び直してください。

Chapter 8

モジュールとライブラリ

この章では、TypeScript プロジェクトでのモジュールの特性と、サードパーティのライブラリの利用方法について学びます。TypeScript でそれらを適切に使用する方法を学び、昨今、ますます複雑になっていくアプリ開発に対応するための基礎を身につけましょう。

Chapter 8-1

TypeScript とモジュール

この節では、TypeScript でのモジュールの特性と TypeScript 固有のモジュール構文に焦点を当てて解説します。なお、この章では名前空間（namespace）に関しては解説せず、新規のプロジェクトに使用が推奨されている「ES Modules」についてのみ扱います。

8-1- 1 モジュールとは？

JavaScript ではプログラムを**モジュール**という単位で分割することができます。プログラムをモジュールに分割することで、可読性や保守性、再利用性が向上し、プログラムを効率的に管理できるようになります。

ソースコードの量が膨大になってくると、1 つのファイルだけでは管理しきれなくなります。コードが数千行になってくると、変更のために目的の箇所を見つけ出すのもひと苦労ですし、名前の衝突を避けるために変数名を考えるのも大変です。また、そのコード内には、他のプロジェクトや将来的に再利用可能な機能が含まれている可能性があります。これらの理由から、大規模なプロジェクトでは、コードを適切に分割し管理することが不可欠です。

また、個人レベルの小さな開発においても、最近のアプリ開発ではさまざまなライブラリを使用して行うことが普通です。これらライブラリは多くのモジュールで構成されており、その利用にはモジュールの理解が必要です。

まったく同じ理由で、TypeScript プロジェクトにおいてもモジュールを扱う必要が生じます。次から、TypeScript モジュールを利用するための具体的な方法を学びましょう。

8-1- 2 モジュールの利用

TypeScript でモジュール機能を利用するには、JavaScript と同じく**import** と **export**[※1] キーワードを使用します。早速、TypeScript ファイルをモジュールに分割し、それらを利用してみましょう。

これまでの章では、ts-node コマンドを使用して TypeScript ファイルを直接実行してきました。しかし、この章では、.ts ファイルを tsc コマンドでコンパイルして、生成された.js ファイルを node コマンドで実行します。ここではコンパイルによって生成されるファイルをインポートするための方法を明確に理解するために、あえてコンパイルしてから実行する手順をとりましょう。

まず、準備として、main.ts と calc.ts の 2 つのファイルを準備しましょう。まずは、calc.ts を作成して、ファイルの外部に公開したい変数や機能（関数やクラス）をエクスポートします。

※1　export/importについて詳しくは、巻末P.298のAppendix 24を参照してください。

▶ **8-1　変数、関数、クラスのエクスポート**

```
// calc.ts
const PI = 3.14;

function square(x: number) {
  return x ** 2;
}

class Rectangle {
  width: number;
  height: number;
  constructor(width: number, height: number) {
    this.width = width;
    this.height = height;
  }

  getArea() {
    return this.width * this.height;
  }
}

// 名前付きエクスポート
export { PI, square, Rectangle };
```

上の例の calc.ts ファイル内では、変数 PI、関数 square、そして、Rectangle クラスが export キーワードによって外部にエクスポートされています。この記述により、このファイルはモジュールとして機能し、エクスポートされた要素を他のファイルから利用できるようになります。この例では、最終行でまとめて名前付きエクスポートをしていますが、変数や関数宣言の前に export キーワードを使用することや、デフォルトエクスポートを設定することも可能です。これらは JavaScript での方法と同じです。

次に、main.ts を作成し、作成した calc.ts モジュールから変数や機能をインポートして使用してみましょう。

▶ **8-2　変数、関数、クラスのインポート**

```
// main.ts
import { PI, square, Rectangle } from "./calc.js"; // 拡張子に.jsを指定

console.log(PI); // 3.14

const result = square(3);
console.log(result); // 9

const rect = new Rectangle(5, 10);
console.log(rect.getArea()); // 50
```

上の例の main.ts では、import キーワードを用いて calc.ts から必要な要素をインポートしています。

ここで注意が必要なのは、インポート対象のファイルパスを指定するときの拡張子です。ここでは、.ts ではなく、.js の拡張子を指定しています。エクスポート元のファイル拡張子が「.ts」であるため、この点に違和感を覚えるかもしれませんが、実際に実行されるのはコンパイル後の JavaScript ファイルであるため、「.js」の拡張子を指定します。

Node.js で CommonJS の require 関数を使用する場合や、モジュールバンドラーを利用する際には、拡張子を自動で解決できるため、拡張子を省略することが可能です。現在のプロジェクト設定では、コンパイル後の.js ファイルは CommonJS 形式で出力されるため、実際には上記のコードでは「.js」拡張子を省略しても問題なく動作します。しかし、ES Modules[※2]に従ってモジュールを扱う場合は、上記のように拡張子を正確に指定する必要があります。採用しているモジュールシステム（ES Modules または CommonJS）や使用するバンドラーによって、拡張子の省略可否は異なりますので、注意してください。

上記の main.ts では、名前付きエクスポートされたものをそのままインポートしていますが、別名をつけたり、デフォルトインポートすることも可能です。そのほかの特徴も基本的には JavaScript と同じです。

TypeScript では、変数や関数だけでなく、「型」をエクスポート・インポートすることができます。次の節では、モジュールに関する TypeScript 独自の機能について学びましょう。

8-1-3 型のエクスポート・インポート

ここでは、型をエクスポート・インポートする方法を学びましょう。

先ほどの calc.ts に、新たに Point インターフェイスと、型エイリアスを使用して定義された LengthUnit 型を追加しましょう。

▶ 8-3　型のエクスポート

```
// calc.ts
// 方法①：型の宣言の前にexportキーワードを記述
export interface Point {
  x: number;
  y: number;
}

export type LengthUnit = "m" | "cm" | "mm";
```

上記のように、型は変数や関数と同じく、その宣言の前に export キーワードを記述することでエクスポート可能です。

また、以下のように、変数や関数と一緒に一括でエクスポートする方法や、**type** キーワードを用いて型であることを明示的に示す方法もあります。

※2　ES Modules以外のモジュールシステムについては、巻末P.301のAppendix 25を参照してください。

▶ **8-4 型の一括エクスポート**

```
// calc.ts
interface Point {
  x: number;
  y: number;
}

type LengthUnit = "m" | "cm" | "mm";

// 方法①：ほかの要素とまとめてエクスポート
export { PI, square, Rectangle, Point, LengthUnit };

// 方法②：export typeで、型だけをまとめてエクスポート
export { PI, square, Rectangle };
export type { Point, LengthUnit };

// 方法③：型名の前にtypeを明記してエクスポート
export { PI, square, Rectangle, type Point, type LengthUnit };
```

上の例では、新たに追加したPointとLengthUnit型を、3つの異なる方法でエクスポートしています。1つ目は、他の変数や関数とまとめて名前付きエクスポートしています。2つ目は、exportキーワードの後にtypeキーワードを記述して、明示的に型だけまとめてエクスポートしています。最後の方法では、それぞれ型名の前にtypeキーワードを記述しています。

typeキーワードを用いることで、エクスポートされる要素が型であることを明確にし、可読性を向上させます。また、それらをインポートして利用する場合は、それら型として扱わないとエラーとなります。後ほどその例を確認しましょう。

importキーワードもtypeと合わせて使用することができます。その例を確認しましょう。

▶ **8-5 型のインポート**

```
// main.ts
// 方法①：他の要素とまとめてインポート
import { PI, square, Rectangle, Point, LengthUnit } from "./calc.js";

// 方法②：typeキーワードによって、型だけを明示的にまとめてインポート
import { PI, square, Rectangle } from "./calc.js";
import type { Point, LengthUnit } from "./calc.js";

// 方法③：型名の前にtypeを明記してインポート
import { PI, square, Rectangle, type Point, type LengthUnit } from "./calc.js";

// インポートした型の利用
const pointA: Point = { x: 1, y: 1 };
let unit: LengthUnit = "mm";
```

上の例では、3つの異なる方法でインポートを行っています。1つ目は、型を他の要素とまとめてインポートしています。2つ目は、import type {} として型だけをまとめてインポートする方法です。3つ目はエクスポートと同じく、それぞれの型名の前にtypeを記述する方法です。

ここで、cals.ts の Rectangle クラスが type キーワードによって明示的に型としてエクスポートされている例を考えてみましょう。それを、main.ts でインポートしてインスタンス化しようとするとどうなるでしょうか？

▶ **8-6　型としてエクスポートしたクラスの利用**

```
// calc.ts
// Rectangleの前にtypeを記述してエクスポート
export { PI, square, type Rectangle, type Point, type LengthUnit };

// main.ts
// 型としてエクスポートされたクラスをtypeを付けずにインポート
import { PI, square, Rectangle, type Point, type LengthUnit } from "./calc.js";

// NG. 値としての利用は許可されない
const rect = new Rectangle(5, 10);
// >> 'Rectangle' cannot be used as a value because it was exported using 'export type'.
//   ('export type' を使用してエクスポートされたため、'Rectangle' は値として使用できません。)

// OK. 型としての利用は許される
const rect1: Rectangle = {
  width: 3,
  height: 6,
  getArea() {
    return this.width * this.height;
  },
};
```

上の例では、型としてエクスポートされた Rectangle クラスを、main.ts でインポートしています。この場合、この型としてエクスポートされた Rectangle をインスタンス化しようとするとエラーが発生します。インスタンス化（値としての利用）は許可されず、型としての利用のみが可能です。仮に、type キーワードを付けて Rectangle クラスをインポートしたとしてもエラーになります。

このように、TypeScript では、インポートして利用するものが、元のモジュールからどのようにエクスポートされたものかを監視して、適切にエラーを出してくれます。

type によって型であることを明示することは、TypeScript 以外のコンパイラーである Babel や esbuild などでソースコードをコンパイルするときに、どのインポートを安全に削除していいかを、コンパイラーに確実に伝えることに役立ちます。

8-1

8-1- 4 モジュールとスクリプト

TypeScript では、ES2015 に準じて、トップレベルに import や export が含まれるファイルは**モジュール**として扱われます。モジュールはグローバルスコープとは異なる独自のスコープを持ちます。その内部で宣言された変数、関数、クラスは、外部からアクセスできないプライベートなスコープに存在します。これらは、export キーワードによってエクスポートされなければ、モジュール外部からは参照できません。

対照的に、トップレベルに import や export の宣言がないファイルはグローバルスコープに属する**スクリプト**とみなされ、その中の要素はグローバルにアクセス可能です。これは、TypeScript ファイルがスクリプトとして存在するとき、異なるファイル間で同じ名前の変数を持つことはできないことを意味します。なぜなら、スクリプトファイルがグローバルスコープに属するため、名前が衝突してしまう可能性があるからです。

名前の衝突によってエラーが生じる例を見てみましょう。

▶ 8-7　スクリプト間の名前衝突によるエラー

```
// scriptA.ts
const pi = 3.14; // Error

// scriptB.ts
const pi = 3.14; // Error

// 両方のスクリプトでエラーとなる
// >> Cannot redeclare block-scoped variable 'pi'.
//   (ブロック スコープの変数 'pi' を再宣言することはできません。)
```

上の例の、scriptA.ts と scriptB.ts はどちらも import/export 宣言を持たないため、これらはグローバルスコープに属するスクリプトとして扱われます。その結果、両方のスクリプトに同名の変数 pi が存在すると、同一スコープ内での重複宣言と見なされ、エラーが発生します。このように、TypeScript では、モジュールでない限り、異なるファイル間での同名変数の宣言は許されないため、この点には注意が必要です。

もし import/export 宣言を含まないファイルをモジュールとして扱いたい場合は、「export {}」という行を追加することで、そのファイルをモジュールとして扱えます。

▶ 8-8　export {}　によるモジュール化

```
// scriptA.ts
const pi = 3.14; // OK
export {}; // このファイルがモジュールとして扱われる

// scriptB.ts
const pi = 3.14; // OK
```

上の例では、scriptA.ts からは実際には何もエクスポートされていませんが、export {}の記述により、ファイルがモジュールとして扱われるようになり、名前衝突のエラーは解消されます。

別の方法として、次の Chapter で詳しく学ぶ tsconfig.json に"moduleDetection": "force"オプションを設定することで、プロジェクト内の全てのファイルを自動的にモジュールとして扱うことができます。

Chapter 8-2

TypeScriptとサードパーティライブラリ

この節では、TypeScript プロジェクトにおいてサードパーティライブラリをどのように使用するかについて学んでいきます。JavaScript の場合は型情報に注意を払う必要はありませんでしたが、TypeScript では使用するライブラリに型情報が含まれているかどうかを考慮する必要があります。

8-2- 1 ライブラリと宣言ファイル

現代の Web 開発では、バックエンドだけでなくフロントエンドの開発も Node.js プロジェクトとして管理されることが一般的です。Web ブラウザの機能拡大に伴い、フロントエンド開発は複雑化しており、さまざまなライブラリの利用が不可欠になっています。

Node.js には便利な組み込みモジュールが多数ありますが、普通はそれらだけで完結することはありません。通常は、Node.js と一緒にインストールされる npm と呼ばれるパッケージマネージャーを使って、多様なサードパーティライブラリをパッケージとしてインストールして開発を行います。これは JavaScript だけでなく TypeScript プロジェクトにも当てはまります。

TypeScript プロジェクトでは、ライブラリが TypeScript に対応しているか、つまり型情報を含んでいるかを検討する必要があります。型情報がないライブラリは型チェックを通過できず、エラーが表示されます。多くのモダンなライブラリには型情報が含まれていますが、型情報が同梱されているか、別途インストールが必要かは確認が必要です。

npm で配布されるライブラリは、たとえ TypeScript で書かれていても、JavaScript にコンパイルされた状態で提供されるのが一般的です。TypeScript のまま配布しない理由は、JavaScript プロジェクトではそのまま利用できませんし、コンパイルして使用してもらうにしても TypeScript のバージョンやコンパイラオプションの設定の違いなどによって、コンパイルできなかったり、コードが壊れてしまう可能性もあるからです。他にも理由はありますが、TypeScript として配布されることは一般的ではありません。

しかし、TypeScript を JavaScript にコンパイルすると型情報は失われてしまいます。そのため、TypeScript はファイルの拡張子が".d.ts"の**宣言ファイル**(declaration file)を作成することで、実装とは切り離して、型情報を別のファイルで保存・管理します。この宣言ファイルはコンパイラオプションを設定することで、コンパイルする際に自動で生成されます。この宣言ファイルが提供する型情報のおかげで、型チェッカーは JavaScript コードに型情報を結びつけて型チェックを行えるようになり、TypeScript プロジェクトで JavaScript のライブラリを安全に利用できるようになります。

長い前置きとなりましたが、npm でインストール可能なライブラリの構成は、以下の 3 つに分類できます。

- JavaScript ファイルとそれに伴う宣言ファイルが同梱
- JavaScript ファイルのみ。宣言ファイルは別途インストールが必要
- JavaScript ファイルのみ。宣言ファイルが存在しない

ここには含まれていませんが、TypeScript のまま配布される TypeScript 専用のライブラリ（TypeScript 独自の機能の利用を前提としたライブラリ）は、もちろんインストールするだけで利用可能です。

まず、1つ目のパターンは、npm からライブラリをインストールすることで、すぐに利用が可能です。TypeScript はライブラリが提供する関数やメソッドの型情報に基づいて入力補完を行い、型エラーを検出します。

2つ目のパターンは、ライブラリとは別に、宣言ファイルをインストールする必要があります。宣言ファイルがあるなら初めから同梱しておいてくれよと言いたいところですが、これらは元々 JavaScript で書かれたライブラリで、後になって宣言ファイルが作成されたパターンです。
TypeScript のコミュニティは、**DefinitelyTyped**と呼ばれる「GitHub」上の巨大なリポジトリに、さまざまな JavaScript ライブラリの宣言ファイルを集めて提供しています。DefinitelyTyped は、世界中の多くの開発者からの貢献によって成り立っており、ここで、型定義の追加、更新、修正が行われます。人気のあるライブラリはほとんど網羅されているため、このリポジトリから宣言ファイルをインストールすることができます。具体的なインストール方法については、次の節で学びましょう。

3つ目のパターンは、不運にも宣言ファイルが同梱されておらず、DefinitelyTyped にもない場合です。この場合の対処法をいくつか紹介します。

- DefinitelyTyped にサポートのリクエストを送って作成してもらう
- 自分で宣言ファイルを作成する

1つ目は、時間がかかりますし、そもそも取り組んでもらえるかも不明です。2つ目の方法については、この章の最後で簡単に学びますが、ライブラリは一般的に非常に多くのモジュールを含みますのでできれば避けるべきです。メジャーで人気のある他のライブラリで代替することができないかをまずは検討しましょう。

次の節では、DefinitelyTyped から宣言ファイルをインストールする方法について学びましょう。

8-2-2 宣言ファイルのインストール（DefinitelyTyped）

実際に、ライブラリとその宣言ファイルを TypeScript プロジェクトにインストールして使用してみましょう。まずは、そのために以下の準備を行います。

- Node.js プロジェクトの作成（package.json の作成）
- 使用するモジュールシステムの指定（package.json の編集）
- TypeScript プロジェクトの設定変更（tsconfig.json の編集）

まずは、Node.js プロジェクトの作成です。JavaScript のサードパーティライブラリは通常、パッケージという形で Node.js プロジェクトで管理されます。Node.js プロジェクトを作成するには、npm コマンドを使用します。TypeScript プロジェクトを管理する tsconfig.json があるディレクトリで以下のコマンドを実行してください。

▶ **package.json の生成**

```
npm init -y
```

「npm init」は、Node.js プロジェクトを作成するためのコマンドです。このコマンドを実行すると、プロジェクトの基本情報に関する一連の質問がプロンプトで表示され、開発者がそれに答えることで package.json ファイルが作成されます。-y オプションは、yes の略で、すべての質問に対してデフォルトで自動的に「はい」と答えることを意味します。これにより、開発者の入力を必要とせずに、デフォルト設定で package.json ファイルが直ちに生成されます。これで、TypeScript プロジェクトにライブラリをインストールし、適切に管理する準備が整いました。

ここからは実際に、lodash というライブラリを TypeScript プロジェクトで利用する過程を見ていきましょう。このライブラリは配列、オブジェクト、文字列などの操作を助ける、多様なユーティリティ関数を提供する JavaScript ライブラリです。lodash には、宣言ファイルが同梱されていないため、DefinitelyTyped から別途インストールする必要がありますが、どのようなエラーメッセージが表示されるか確かめるために、まずはライブラリ本体のみをインストールしてみます。

lodash をインストールするには、ターミナルで以下のコマンドを実行します。

▶ **lodash のインストール**

```
npm install lodash
```

上記のコマンドによって、プロジェクトに node_modules ディレクトリが生成され、その中にインストールしたライブラリがパッケージとして保存されます。

次に、lodash をインポートしてメソッドを利用してみましょう。

▶ **8-9　lodash のインポート**

```
// lodashからデフォルトインポートして、_ という別名をつける。
// NG
import _ from "lodash";
// >> Could not find a declaration file for module 'lodash'.  ...省略/node_modules/lodash/lodash.js' implicitly has an 'any' type.
//   >> Try `npm i --save-dev @types/lodash` if it exists or add a new declaration (.d.ts) file containing `declare module 'lodash';`

// >>  モジュール 'lodash' の宣言ファイルが見つかりませんでした。 ...省略/node_modules/lodash/lodash.js' は暗黙的に 'any' 型になります。
//   >> 存在する場合は `npm i --save-dev @types/lodash` を試すか、`declare module 'lodash';` を含む新しい宣言 (.d.ts) ファイルを追加します
```

早速エラーが表示されました。エラーの内容は、「lodash の宣言ファイルを見つからないため、lodash.js は暗黙の any 型となる。」というものです。TypeScript は型情報が不足していることをエラーとして通知します。また、エラーへの対処法も記載されており、「npm i -save--dev @types/lodash を実行するか宣言ファイルを作成してください」とあります。

対処法にしたがって、lodash の宣言ファイルをインストールしてみましょう。

▶ lodash の宣言ファイルのインストール

```
npm i --save-dev @types/lodash
```

上記のコマンドを実行すると、DefinitelyTyped から lodash の型定義ファイルがインストールされます。TypeScript は node_modules ディレクトリ内にインストールされた型定義ファイルを自動的に検出し、利用することができます。これにより、発生していたモジュール関連のエラーは解消され、lodash を TypeScript プロジェクトで正常に使用できるようになります。

「--save-dev」オプションは、開発中にのみ必要となるパッケージをプロジェクトにインストールする際に使用します。このフラグでインストールしたパッケージは、package.json ファイルの devDependencies セクションに記録されます。

ここでは、lodash をデフォルトインポートしています。lodash は CommonJS 形式で公開されているモジュールなので、ES Modules 形式のデフォルトインポートと互換性のない方法でエクスポートされている可能性もあります。しかし、上の例では、その点を特に考慮せずとも正常に動作しています。これは、TypeScript コンパイラオプションの "esModuleInterop"が有効化されていることによって、CommonJS モジュールと ES Modules の間での相互利用が可能になっているためです。"esModuleInterop"オプションについてはChapter 9で詳しく説明しますので、この段階ではその詳細には触れません。

無事インポートできましたので、lodash の shuffle メソッドを使用してみます。shuffle は配列の要素をランダムに並べ替えるメソッドです。

▶ 8-10　lodash の shuffle メソッドの利用

```
import _ from "lodash";

const list = [1, 2, 3, 4, 5];

const shuffled = _.shuffle(list);
console.log(shuffled);
// ログ出力:
// [ 2, 1, 4, 3, 5 ] ※実行するたびに変わる
```

VSCode 上で、「_.」と入力した時点で、TypeScript は使用可能な関数の候補を提示してくれますし、shuffle メソッドにマウスカーソルを合わせると、そのパラメータや戻り値の型情報を確認できます。これにより、lodash の型情報が TypeScript に正しく認識されていることがわかります。

以前、モジュールのインポート時にはファイルパスの.js を省略できなかったのに対して、ここではパッケージ名のみを指定しています。パッケージ名のみを指定する場合、Node.js は node_modules ディレクトリ内を検索して該当のファイルをインポートします。

以上のように、DefinitelyTyped から宣言ファイルをインストールするには、「@type/パッケージ名」の形式でインストールできます。利用したい型定義が存在するかは、「npm」(https://www.npmjs.com/) で @types スコープを検索して確認できます。

図8-1　npm の@types スコープを検索

次の節では、独自に宣言ファイルを作成する方法を学びます。

8-2-3 宣言ファイルの作成

ここでは、宣言ファイルを自分で作成するための基礎知識を学びましょう。

npm を通じてパッケージをインストールした際に、型定義が存在しない場合、自分で宣言ファイルを作成する必要があります。ここでは、is-odd パッケージを例に取り上げます。is-odd は非常にシンプルなライブラリで、与えられた引数が奇数であるかどうかを判定する isOdd 関数のみを提供しています。is-odd には DefinitelyTyped に宣言ファイルが存在しますが、実践のため、ここでは自ら宣言ファイルを定義する過程を見ていきます。

まずは、以下のコマンドで is-odd をインストールします。

▶ is-odd のインストール

```
npm install is-odd
```

次に、is-odd から isOdd をインポートして使用してみます。

▶ 8-11　is-odd のインポート

```
// NG
import isOdd from "is-odd";
// >> Could not find a declaration file for module 'is-odd'.
//    (モジュール 'is-odd' の宣言ファイルが見つかりませんでした。)
```

先ほどの lodash と同じように、単にインポートしただけでは is-odd の宣言ファイルがないので、型情報がわからずエラーになります。

通常はここで DefinitelyTyped から型定義をインストールしますが、ここでは自分で宣言ファイルを作成する状況を想定します。そのためには、まずライブラリが提供する関数についての情報を把握する必要があります。これには公式ドキュメントを参照したり、インストールされたソースコードを確認したりして、関数のシグネチャ(引数の型、戻り値の型など)を理解する必要があります。その上で、得られた型情報を元に宣言ファイルを記述します。

is-odd ライブラリの isOdd 関数は、number または string 型の引数を取り、真偽値を返します。is-odd は CommonJS 形式で実装されており、デフォルトエクスポートはサポートしていませんが、TypeScript でのインポート時にはデフォルトエクスポートされたもののように扱いたいため、宣言ファイルでは export default を使用して関数をエクスポートする必要があります。これを踏まえて作成された宣言ファイルは以下のようになります。

▶ 8-12　declare module キーワードによる宣言

```
// my-is-odd.d.ts
declare module "is-odd" {
  export default function isOdd(value: number | string): boolean;
}
```

この宣言ファイルでは、**declare module** キーワードに続けてモジュール名（is-odd）を指定し、そのモジュールが isOdd 関数をエクスポートしていると宣言しています。これにより、TypeScript は is-odd パッケージが存在し、そこから isOdd 関数がデフォルトエクスポートされていると認識し、利用可能になります。

▶ 8-13　is-odd の isOdd 関数の利用

```
import isOdd from "is-odd";

console.log(isOdd(2)); // false
console.log(isOdd("3")); // true
```

宣言ファイルは TypeScript に型情報を提供するための専用ファイルです。そのため、宣言ファイルには実際の値を含めることはできず、変数の初期値や関数、クラスの具体的な実装は記述できないため注意してください。

この例では、学習目的でライブラリの宣言ファイルを自分で作成してみましたが、通常は既存の宣言ファイルが提供されているライブラリを使用することが推奨されます。自作は宣言ファイルが利用できない場合の最終手段として考えてください。

宣言ファイルを自作する別の一般的なシナリオは、プロジェクト全体に影響を与えるグローバル変数や関数の存在を TypeScript に通知する場合です。たとえば、HTML のスクリプトタグを通じて読み込まれる外部スクリプトがグローバル変数を提供している状況では、TypeScript はその変数の存在や型を自動的に認識することはできません。このような場合、適切な宣言ファイルを作成することで、TypeScript に対してこれらのグローバル変数が存在し、特定の型を持つことを教えることができます。これにより、TypeScript はそれらのグローバル変数をコード内で安全に使用するための適切な型チェックを提供できるようになります。例えば、以下のような状況です。

▶ 8-14　script タグによるグローバル変数の読み込み

```
<!DOCTYPE html>
<html lang="ja">
  <head>
    <meta charset="UTF-8" />
    <meta name="viewport" content="width=device-width, initial-scale=1.0" />
    <title>TypeScript</title>
  </head>
  <body>
    <h1>TypeScript</h1>
```

```
    <!-- スクリプトの読み込み -->
    <script>
      var myGlobalVal = "myGlobal";
    </script>

    <!-- tsファイルから生成されたjsファイルの読み込み -->
    <script src="./app.js" type="module"></script>
  </body>
</html>
```

上の例の HTML ファイルでは、script タグによって、変数 myGlobaVal を読み込んでいます。これによって、myGlobalVal は、グローバルオブジェクトである window オブジェクトに追加されるため、グローバルにアクセスできるようになります。TypeScript コードからこの変数を使用する際、開発者はその存在を知っているものの、TypeScript 自体はこの変数の存在を認識していないため、変数に直接アクセスしようとするとコンパイラエラーが発生します。

このようなとき、グローバルスコープで定義された変数の存在を TypeScript に伝えるためには、**declare** キーワードを使用して宣言します。

▶ 8-15　declare キーワードによる変数宣言

```
// global.d.ts
declare var myGlobalVal: string;

// app.ts
console.log(myGlobalVal); // OK
```

上記の global.d.ts ファイルの例では、グローバル変数 myGlobalVal が string 型であると宣言しています。これにより、TypeScript は myGlobalVal が存在し、string 型の値を持つことを認識できるようになります。

以上のように、宣言ファイル内で declare キーワードを用いて型の宣言をすることで、特定のライブラリの型情報や、変数が確かに存在することを TypeScript に伝えることができます。このような宣言は**アンビエント宣言**（ambient declaration）と呼ばれます。しかし、これらの要素が実際に実行時に利用可能であるかどうかを確認するのは開発者の責任ですので注意してください。

TypeScript プロジェクトで独自の宣言ファイル（.d.ts ファイル）を作成する際には、types ディレクトリを新たに作成し、そこにこれらのファイルを集中して配置するのが一般的です。このアプローチにより、プロジェクトの構造がより整理され、ファイルの管理が容易になります。

この節では、自分で宣言ファイルを作成する場合の基礎について簡単に解説しました。自分で記述する機会はまれだと思いますが、必要になった際にここで学んだ内容を手掛かりにさらに深く調べてみてください。

Chapter 9

TSConfig ファイルの設定

TypeScript では、プロジェクトをどのようにコンパイルするかを柔軟に設定することができます。例えば、どのバージョンの JavaScript にコンパイルするか、モジュールシステムはどれを採用するか、型チェックの厳しさはどうするかなどです。この章では、TypeScript のコンパイラオプションの設定の基礎を学びましょう。

Chapter 9-1

tsconfig.json の役割

TypeScript のプロジェクトにおいて非常に重要な役割を果たすtsconfig.json ファイルについて解説します。

TypeScript のプロジェクト設定は、**tsconfig.json**という名前のファイルに記述されます（本書では以後、"設定ファイル"と呼びます）。設定ファイルには数多くのオプションが存在しますが、すべてを理解する必要はなく、実際に使用することも少ないでしょう。

なぜなら、モダンなアプリ開発はフレームワークやバンドラーなどのサードパーティツールを利用して行われるからです。その場合は、それらがあらかじめ最適な設定ファイルを提供してくれますし、変更する場合でも、まずはそれらの公式ドキュメントを参照します。また、大規模なプロジェクトの場合は開発環境やチームのルールに従った設定が行われているでしょうから、個人が勝手にカスタマイズするような機会もそれほどはありません。

したがって、特に重要な基本的な設定オプションに焦点を当てて解説します。例えば、設定ファイルで以下のような項目を指定することができます。

- コンパイル対象のファイルの指定
- コンパイル後の JavaScript バージョンの指定
- コンパイル後の JavaScript モジュールシステムの選択
- 型チェックの厳しさのカスタマイズ

これらのオプションは、プロジェクトの管理、生成される JavaScript コードの性質、型チェックの厳格さなど、機能に応じてグループ化することができます。この章で、これらのグループごとの基本的なオプションを見ていきます。

繰り返しになりますが、ほとんどのオプションはカスタマイズすることがないため、必要になったときに公式ドキュメントを参照する程度で問題ありません。TypeScript の大きなバージョンアップの際に新しい便利なオプションが追加される可能性もあるので、新規プロジェクトを立ち上げる際に主要なオプションをキャッチアップしましょう。

Chapter 9-2

tsconfig.json の作成とコンパイル

tsconfig.jsonファイルの作成とコンパイル方法について学びましょう。

プロジェクトに設定ファイルを導入する方法は複数ありますが、最も手軽なのは以下のコマンドを使用することです。

▶ コマンドによる tsconfig.json の生成

```
tsc --init
```

上記のコマンドを実行すると、カレントディレクトリに tsconfig.json が生成されます。設定ファイル内容は、ごく少数のオプションを除いて、ほとんどのオプションがコメントされたものになっています。後ほど、このファイルを編集しながら個々のオプションの意味を確認しますが、ひとまず置いておいて、このファイルが生成されたことによって何が起きるのか確認しましょう。

TypeScript は、tsconfig.json が存在するディレクトリをプロジェクトのルートディレクトリと見なします。tsc コマンドに続けてファイル名を指定することで、特定のファイルのみをコンパイルすることができましたが、ファイル名を指定せずに「tsc」だけ実行すると、TypeScript はカレントディレクトリから上位ディレクトリに向かって tsconfig.json を検索します。tsconfig.json が見つかった場合、そのディレクトリをルートとし、含まれるすべての .ts ファイルを再帰的にコンパイルします。この際、tsconfig.json に記載された設定に基づいてコンパイルが実行されます。

プロジェクトの例として簡単なディレクトリ構成を作成してみましょう。

▶ プロジェクトのディレクトリ構成

```
/sample-project
├──── /src
|      ├──── app.ts
|      └──── /sub
|             ├──── moduleA.ts
|             └──── moduleB.ts
|
├──── tsconfig.json
|
```

sample-project のルートには tsconfig.json と src ディレクトリが存在します。.ts ファイルは src ディレクトリ内に配置されています。このプロジェクト内で tsc コマンドを実行すると、ルートディレクトリは smaple-project になります。もしサブディレクトリで tsc を実行しても、TypeScript は上位のディレクトリを探索し、tsconfig.json を見つけることになります。次に、この設定で実際にコンパイルを試みてみましょう。

▶ tsc コマンドの実行結果

```
/sample-project
├─── /src
│      ├─── app.ts
│      ├─── app.js // jsファイル生成
│      └─── /sub
│             ├─── moduleA.ts
│             ├─── moduleA.js // jsファイル生成
│             ├─── moduleB.ts
│             └─── moduleB.js // jsファイル生成
│
├─── tsconfig.json
│
```

tsc コマンドを実行した結果、上記のように .ts ファイルと同じ階層に .js ファイルが生成されます。.ts ファイルと .js ファイルが混在するのは好ましくないため、これらを分けて管理する方法を次に見ていきます。次の節ではそれを実現するオプションを設定してみましょう。

Chapter 9-3

プロジェクトのディレクトリ構成の設定

プロジェクトのディレクトリ構成を設定するオプションについて学びましょう。これによって、コンパイル後のファイルの出力先を指定することができます。

tsc コマンドを使用して TypeScript プロジェクトをコンパイルすると、デフォルトでは .js ファイルがそれぞれの .ts ファイルと同じ階層に生成されます。outDir オプションを利用することで、コンパイルされた .js ファイルを別のディレクトリに出力することが可能です。outDir を"./dist"に設定して、再度 tsc コマンドを実行してみましょう。

▶ 9-1　outDir オプションの設定

```
// tsconfig.json
{
  "compilerOptions": {
    "outDir": "./dist"
  }
}
```

outDir オプションを設定するためには、tsconfig.json ファイルの compilerOptions セクションに"outDir": "./dist"と記述します。この設定をファイルに保存した後、tsc コマンドを実行して変更を適用しましょう。

9-3

▶ outDir オプションの設定による出力先の指定

```
/sample-project
├─── /dist  // tsconfig.jsonと同階層のdist/以下にjsファイルが出力
│     ├─── app.js
│     └─── /sub
│           ├─── moduleA.js
│           └─── moduleB.js
├─── /src
│     ├─── app.ts
│     └─── /sub
│           ├─── moduleA.ts
│           └─── moduleB.ts
│
├─── tsconfig.json
│
```

コンパイルを行った結果、設定ファイルと同じ階層に dist ディレクトリが作成され、src ディレクトリの構造を維持した形で .js ファイルが出力されています。コンパイラはすべての入力ファイルの共通ディレクトリを見つけて、それをコンパイルの基点として扱います。この例では src ディレクトリがその基点です。outDir を指定することで、TypeScript ファイルとコンパイル後の JavaScript ファイルを分離でき、ディレクトリ構造が維持されるため、import/export のパスも正確に処理されます。

また、コンパイルの基点を指定する、**rootDir**というオプションも存在しますが、これを明示的に設定する必要はほとんどありません。ただし、オプションの存在を認識しておくことは有益ですので、頭の片隅に置いておいてください。

次に、コンパイルを特定のディレクトリに限定する方法を見ていきましょう。

Chapter 9-4

コンパイル対象のファイル・ディレクトリの限定

コンパイル対象のファイルを指定するためのオプションについて解説します。

コンパイルするファイルやディレクトリを絞り込むには、tsconfig.json に **include** オプションを追加します。このオプションは、コンパイルするファイルの範囲を指定するために使用されます。以下のように、include オプションを追加してみましょう。

▶ 9-2 include オプションの設定

```
// tsconfig.json
{
  "compilerOptions": {
    // 省略
  },
  "include": ["src/sub"] // jsonファイルのトップレベルに追加
}
```

上の例のように、tsconfig.json のトップレベルに"include": ["src/sub"]と追記することで、src/sub ディレクトリ内のファイルのみがコンパイルの対象となります。これまでに見たオプションは compilerOptions 内に記述されていましたが、include はそれとは異なり、トップレベルに記載する必要があるので注意してください。

設定を適用した状態で tsc コマンドを実行すると、出力される JavaScript ファイルは以下のようになります。コンパイル対象は src/sub ディレクトリ内の moduleA.ts と moduleB.ts に限定されるため、app.ts はコンパイルされません。

▶ include オプションによるコンパイル対象の限定

```
/sample-project
├── /dist
│    └── /sub
│         ├── moduleA.js
│         └── moduleB.js
├── /src
│    ├── app.ts // ×
│    └── /sub
│         ├── moduleA.ts // ● コンパイル
│         └── moduleB.ts // ● コンパイル
│
├── tsconfig.json
│
```

include オプションで指定するパスは、tsconfig.json があるディレクトリを基点とした相対パスで解釈されます。複数のパスを設定したい場合は、それらを配列の形式で追加することができます。
パスの名前には、ワイルドカードを用いたパターンを指定することができます。利用できるワイルドカードは以下の 3 つです。

- *： 0個以上の文字にマッチ
- ?：任意の 1 文字にマッチ
- **：任意の階層にネストされたすべてのディレクトリにマッチ

例として、"src/**/*.ts"と指定すると、「src ディレクト以下のあらゆる階層にあるすべての.ts ファイル」がコンパイルの対象になります。**は任意の階層にマッチするため、階層がない場合や階層が深い場合でも対象となります。これにより、src ディレクトリ以下のすべての.ts ファイルがコンパイルの対象となるわけです。以上のように include オプションによって、コンパイル対象のファイルを限定することができます。

一方、"exclude オプションを使用すると、include で指定したコンパイル対象から特定のファイルやディレクトリを除外できます。例えば、src/sub ディレクトリの中から moduleA.ts だけを除外したい場合は、tsconfig.json に"exclude": ["src/sub/moduleA.ts"]と追記します。

▶ 9-3　exclude オプションの設定

```
// tsconfig.json
{
  "compilerOptions": {
    // 省略
  },
  "include": ["src/sub"],
  "exclude": ["src/sub/moduleA.ts"] // jsonファイルのトップレベルに追加
}
```

exclude オプションも tsconfig.json のトップレベルに記述します。この設定を適用した状態で tsc を実行すると、moduleA.ts のみをコンパイル対象から除外されます。exclude オプションにもワイルドカードを使ってパスを指定することができます。

exclude オプションは、include で指定したパスから特定のパスを除外するだけ、ということに注意してください。コンパイラは include で指定されたファイルが、内部で import しているファイルもコンパイルしますが、仮にそのファイルを exclude で除外していたとしてもコンパイルの対象となります。

ここまでは、コンパイルによる JavaScript ファイルの生成にフォーカスしてきましたが、次は他の種類のファイルを出力するためのオプションについても見ていきましょう。

Chapter 9-5 出力されるファイルの種類の制御

コンパイルによって出力されるファイルの種類を制御するオプションについて解説します。

TypeScript のコンパイルによって出力できるファイルは JavaScript ファイルだけではありません。オプションの設定によって、さまざまな種類のファイルを出力することができます。デバッグ時に役立つソースマップファイルや、ライブラリの利用者向けに提供する宣言ファイルなども出力オプションの一部です。さらに、型チェックのみを実行し、実際のファイル出力は行わないように設定することも可能です。この節では、コンパイルによって生成されるファイルの種類をカスタマイズするいくつかの方法について学びましょう。

9-5-1 sourceMap

sourceMap オプションを true に設定することで、コンパイルされた.js ファイルと同じ場所に.js.map というソースマップファイルが生成されます。ソースマップはコンパイルされたコードを、生成元のソースコードに関連付けるためのマッピングデータです。これにより開発者ツールを使ったデバッグ作業が格段にしやすくなります。

このオプションは特に、デバッグ作業を効率化したいときや、本番環境での問題解析を行いたい場合に有効です。ソースマップを利用することで、圧縮や最適化を施した後のコードでも、元の TypeScript ファイルと直接関連付けてデバッグが可能になります。

9-5- 2 declaration と declarationMap

declaration オプションを true に設定すると、コンパイルされた.js ファイルと同じ場所に.d.ts という宣言ファイルが生成されます。これによって、型情報が出力され、別の TypeScript プロジェクトでコンパイル後の .js ファイルが利用できるようになります。

さらに、**declarationMap** オプションを有効にすると、生成された宣言ファイルに対してソースマップが生成されます。ソースマップがあることで、ソースマップをサポートする IDE やエディタで、宣言ファイル内の型定義やインターフェイス上で「定義へ移動」や「定義を表示」のようなアクションを選択するだけで、対応する元の TypeScript の該当部分に直接ジャンプできます。これによって、ソースコードの可読性や開発効率が上がります。

9-5- 3 noEmitOnError と noEmit

TypeScript はデフォルト設定では、ソースコード内の型エラーや構文エラーが存在しても、エラーメッセージを出力した上で、.js ファイルやその他の生成ファイルを出力します。

noEmitOnError オプションを true に設定にすると、エラーが検出された場合にはファイル出力を行わなくなります。これにより、エラーを含むコードが誤ってプロダクション環境にデプロイされるリスクを軽減できます。

noEmitオプションを true に設定することで、ファイルの出力を一切行わないようにできます。これは、TypeScript を型チェック専用ツールとして使用する場合や、.js ファイルの生成を Babel のような他のツールに任せたい場合に役に立ちます。

Chapter 9-6 コンパイル後の JavaScript のバージョン

ターゲットとなる JavaScript のバージョンを指定するためのオプションについて解説します。

TypeScript では **target** オプションを使用して、コンパイルする JavaScript のバージョンを指定できます。"es3"、"es6"、"es2016"などのバージョン名を文字列で設定します。これらの設定値は、大文字小文字の区別はされません。例えば、"target"プロパティの値として"ES2016"や"es2016"を使用することができ、どちらも同じように機能します。

TypeScript v5.2.2 のデフォルトは"es2016"ですが、これは TypeScript のバージョンによって異なるため注意が必要です。

指定されたバージョンに合わせて、TypeScript はコードをダウンレベルして変換します。例えば、let、const などのキーワードが var に変換されたり、クラス構文がコンストラクタ関数に変換されます。すべてのブラウザに対応できるように、常に"es3"に設定すればいいのではと思うかもしれませんが、そうすると、新機能をサポートするための変換コードが増え、パフォーマンスに悪影響を及ぼす可能性があります。

近年のブラウザは日々アップデートされており、通常は過去 2 年間にリリースされた機能をサポートしていないという状況はほとんどないため、"es2022"に設定しても問題はありません。

"esnext"は TypeScript がサポートする JavaScript の最新バージョンを指し、正式リリース前の機能も含まれることがあります。これはブラウザがまだサポートしていない機能を含むリスクがあるため注意が必要ですが、多くのサードパーティ開発ツールやフレームワークでは"esnext"を標準で使用しています。

モダンな JavaScript フレームワークやライブラリ（例えば React、Angular、Vue.js など）は、一般的にバンドラーやトランスパイラ（例: Babel）をビルドプロセスに組み込んで使用します。これらのビルドツールは、"esnext"で出力された最新の JavaScript 仕様のコードをサポートしており、TypeScript コンパイラによって出力された最新の JavaScript コードを、後続のビルドステップでターゲットのブラウザの互換性に応じて変換します。この変換により、開発者は最新の洗練された記法を使用して開発を行うことが可能となります。

Chapter 9-7

コンパイル後のモジュールシステム

コンパイル後のJavaScriptコードが使用するモジュールシステムを指定するためのオプションについて解説します。

JavaScript には複数のモジュールシステムが存在し、それぞれに特有のインポートやエクスポートの方法があります。ブラウザは ES Modules 構文をサポートしていますが、CommonJS 構文はサポートされていないため、実行環境に合わせて適切なモジュールシステムを選択する必要があります。この選択を行うための設定が**module**オプションです。

module オプションは"commonjs"、"es2015"、"esnext"、"nodenext"などの値を指定することができます。なお、tsc --init で生成された設定ファイルではデフォルト値は"commonjs"です。target オプションの値と同じで、こちらも大文字小文字の区別はされません。

module オプションを明示的に指定しない場合は、デフォルトで"es2015"("es6")になります。また、明示的に module を指定せず、target オプションの"es3","es5"に指定すると、これらのバージョンでは ES Modules 構文がサポートされていないため、デフォルトで "commonjs" になります。

"es2020"ではダイナミック・インポートが、"es2022" ではさらにトップレベル await がサポートされます。オプションとしてこれらを指定すると、コンパイル後のコードにもそのままの構文が保持されます。

"esnext" は 、target オプションの "esnext" と同様に、TypeScript がサポートする最新の仕様を指します。

"nodenext"("node16")に設定すると、モジュールシステムはNode.jsのES Modulesのサポートと統合されます。出力されるJavaScriptファイルは、ファイルの拡張子やpackage.jsonのtype設定の値に応じて、"commonjs"か"es2020"のどちらかが使用されます。

moduleオプションは、実行環境、使用するビルドツール、フレームワークに応じて適切に設定します。

Chapter 9-8

ES Modules と CommonJS の相互利用

TypeScriptを使用してES ModulesとCommonJSモジュールの間の相互運用性を実現するためのオプションについて説明します。

9-8-1 esModuleInterop

ES ModulesとCommonJSは、モジュールのインポートとエクスポートの方法が異なります。ES Modulesではimportとexport構文を使いますが、CommonJSではrequireとmodule.exportsを使用します。これにより、ES Modules形式で書かれたコードがCommonJS形式のモジュールを直接利用しようとすると、互換性の問題が発生します。

まずは、どのような問題が発生するのか確認してみましょう。esModuleInteropがfalseまたは設定されていない場合（デフォルトの設定）、TypeScriptはCommonJSモジュールをES Modulesモジュールと同様に扱います。しかし、この挙動はES Modulesの仕様と完全には一致しておらず、以下のような問題点があります。

例えば、以下のような名前空間インポートを考えます。

```
import * as moment from "moment";
```

上記のコードは、TypeScriptでは以下のCommonJS形式のコードと同じように動作します。

```
const moment = require("moment");

// この呼び出しはES Modulesの仕様に反している
moment();
```

しかし、これはES Modulesの仕様に反しています。なぜなら、ES Modulesでは名前空間インポート（import * as x）は常にオブジェクトであるべきで、関数として呼び出すことは許されていないからです。しかし、上記のTypeScriptの挙動では関数として呼び出せてしまいます。

esModuleInterop を true にすると、このような仕様に準拠していない挙動は型エラーになるようになり、より安全なコードが書けるようになります。

次に、以下のようなデフォルトインポートを考えます。

```
import moment from "moment";
```

上記のコードは、TypeScript では以下の CommonJS 形式のコードと同じように動作します。

```
const moment = require("moment").default;
```

この挙動は ES Modules の仕様に沿っていますが、多くの CommonJS モジュールでは.default プロパティが定義されておらず、実際のエクスポートは module.exports 自体に直接割り当てられています。その結果、デフォルトインポート構文を使用した場合に期待される値が得られないという問題が発生します。

esModuleInterop を有効にすると、TypeScript はこの違いを補うために追加のヘルパー関数を生成します。このヘルパー関数は、CommonJS モジュールが exports.default を持っていない場合、module.exports 自体をデフォルトエクスポートとして扱うようにします。これにより、TypeScript は CommonJS モジュールが exports.default を持っていない場合でも、デフォルトインポートが正しく機能するようになります。

以上のように、あるライブラリが CommonJS 形式で提供されている場合、そのライブラリを ES Modules 形式のコードから import 構文を使ってインポートしようとすると問題が生じることがあります。esModuleInterop を有効にすることで、TypeScript が CommonJS モジュールをより適切に ES Modules モジュールとして扱えるようになり、インポート時の問題を解決できるようになります。

9-8-2 allowSyntheticDefaultImports

allowSyntheticDefaultImports は TypeScript の設定オプションで、インポート対象のモジュールがデフォルトエクスポートを明示的に指定していない場合でも、デフォルトインポート構文を使用できるようにするためのものです。このオプションを true に設定すると、TypeScript は、モジュールにデフォルトエクスポートがない場合でも、デフォルトインポートの構文を許可します。

例えば、JavaScript のライブラリである React はデフォルトエクスポートを指定していないモジュールですので、TypeScript で以下のようにデフォルトインポート構文を使用して react モジュールをインポートしようとするとエラーが発生します。

```
// NG
import React from "react";
```

その代わりに、下記のように名前空間インポートを行う必要があります。

```
import * as React from "react";
```

しかし、allowSyntheticDefaultImports が true に設定されている場合、上記のインポート文は型チェック中にエラーにならずに動作します。ただし、このオプションは生成される JavaScript には影響せず、型チェックのみに影響します。したがって、このオプションの有効化によって、エラーを回避できたとしても、実行時エラーが発生する可能性があります。

esModuleInterop を有効化すると、この allowSyntheticDefaultImports オプションも自動で有効化されます。それによって、型チェックのルール変更だけでなく、実際のコードも ES Modules のデフォルトインポート構文が使用できるように変更されます。

Chapter 9-9

型チェックの厳しさ

TypeScript では、型チェックの厳しさを調整するためのさまざまなオプションを提供しています。これらのオプションを通じて、プロジェクトのニーズに合わせて型の厳密性を管理することが可能です。以下では、型チェックの厳しさを設定するための主要なオプションについて紹介します。

9-9-1 strict

TypeScript の型チェックの厳しさに関するオプションのデフォルトは、strict のみが true に設定されている状態です。これによって、型チェックに関する個別のオプションがすべて有効な状態になっています。基本的には strict は有効にすることが推奨されます。

ただし、JavaScript プロジェクトから TypeScript へ段階的に移行している場合など、strict モード内の個別のオプションを無効にすることもできます。そのような状況であっても、できる限り strict モードを true に設定し、必要に応じて個別のオプションのみを無効にすることをお勧めします。

9-9-2 noImplicitAny

TypeScript は関数のパラメータや戻り値の型を推論できない場合、それらを暗黙的に any 型として扱います。**noImplicitAny**が true に設定されている場合、それらに対する暗黙的な any 型への指定を防止し、エラーを発生させます。以下は、noImplicitAny によってエラーとなるコードの例です。

▶ 9-4　パラメータの暗黙的な any 型

```
function greet(firstName) {
  console.log("Hello, " + firstName);
}

// >> Parameter 'firstName' implicitly has an 'any' type.
//    (パラメーター 'firstName' の型は暗黙的に 'any' になります。)
```

以前紹介したこのコードのエラーは、この noImplicitAny の働きによるものです。もしこのオプションを false に設定すると、firstName パラメータが any 型であってもエラーとはみなされなくなります。

9-9- 3 strictNullChecks

strictNullChecksオプションは文字通り、null でないことを厳しくチェックするためのオプションです。null だけではなく undefined もチェックの対象なので注意してください。

このオプションが true に設定されている場合、変数の型が明示的に null または undefined を含むと指定されていない限り、これらの値をその変数に代入することはできません。このオプションを false に設定すると、型エラーを発生させずに任意の変数に null や undefined を代入することが可能になります。

▶ 9-5　strictNullChecks によるエラー

```
let age: number;
age = 18;

age = null; // Error
// >> Type 'null' is not assignable to type 'number'.
//    (型 'null' を型 'number' に割り当てることはできません。)
```

また、strictNullChecks が true の場合、3.10 で学んだように、null または undefined の可能性のある変数にアクセスする前に、それらの型を検査することが強制されるようになります。

9-9- 4 strictFunctionTypes

strictFunctionTypesオプションは、関数の型の互換性の判定に関するオプションです。このオプションによって、関数のパラメータの型の互換性の判定方法を変更することができます。

関数 A と B があるとき、それぞれのパラメータの型の関係が次の関係にあるとき、関数 B は関数 A のサブタイプになるのでした（ただし、パラメータの型以外は互換性があるものとします）。

```
A のパラメータの型 <: B のパラメータの型
```

この関係は、関数の戻り値の型の互換性の判定方法とは逆の関係になっているので注意が必要です。関数のパラメータの型の互換性を忘れてしまった方は、「5-2-2-2 パラメータの型」で復習してください。

strictFunctionTypes のオプションを **false** にすると、パラメータに関する型の判定方法が次のように変わります。

関数 A と B のパラメータが次の関係にあるとき、関数 B は関数 A のサブタイプになる。

```
B のパラメータの型 <: A のパラメータの型
```

つまり、互換性の関係がひっくり返り、関数の戻り値の型の判定方法（「5-2-2-1」を参照）と同じになります。

専門的な用語で言い換えると、strictFunctionTypes オプションを true から false にすると、「関数のパラメータの型が反変から共変に変わる」と言えます。とても専門的な内容になりますが、興味のある方は共変・反変などのキーワードで調べてみてください。

9-9-5 strictBindCallApply

strictBindCallApply オプションは、bind、call および apply に渡す引数の型をより厳格にチェックするためのものです。このオプションが有効の場合、これらのメソッドに渡される引数は、関数のシグネチャで宣言された型と厳密に一致する必要があります。以下は、strictBindCallApply によってエラーになる例です。

▶ 9-6 strictBindCallApply によるエラー

```
function greet(name: string): void {
  console.log(`Hello, ${name}`);
}

greet.call(undefined, 123); // Error
// >> Argument of type 'number' is not assignable to parameter of type 'string'.
//   (型 'number' の引数を型 'string' のパラメーターに割り当てることはできません。)
```

greet 関数は string 型の引数を期待していますが、greet.call(undefined, 123);のように number 型の引数を渡すと、型の不一致によりエラーが発生します。

bind、call、および apply メソッドは関数の実行時の this の値や、関数に渡される引数を柔軟に制御することができますが、その柔軟さゆえに型エラーを引き起こしやすくなります。strictBindCallApply オプションを有効にすることで、これらのメソッドを安全に使用できるようになります。

9-9-6 strictPropertyInitialization

strictPropertyInitializationオプションは、クラスの各プロパティが適切に初期化されているかどうかをチェックするものです。このオプションが true に設定されている場合、クラスの全プロパティについて、コンストラクタでの代入または宣言時の初期化が必須となります。プロパティが適切に初期化されていない場合は、コンパイル時にエラーが発生します。

▶ 9-7 strictPropertyInitialization によるエラー

```
class Japanese {
  name: string;
  nationality = "JPN";
  age: number; // Error
  // >> Property 'age' has no initializer and is not definitely assigned in the constructor.
  //   (プロパティ 'age' に初期化子がなく、コンストラクターで明確に割り当てられていません。)

  constructor(name: string, age: number) {
    this.name = name;
  }
}
```

上のコード例では、age プロパティがコンストラクタ内で初期化されていないため、strictPropertyInitialization の設定によりエラーが報告されています。

9-9-7 noImplicitThis

noImplicitThis は、関数内で this が暗黙的に any 型になってしまうのを防ぐためのオプションです。
TypeScript では、関数やオブジェクトのメソッド内で this を使用する場合、その型はデフォルトで any 型となります。
このオプションが有効になっている場合、TypeScript は、明示的に示されていない this に対してエラーを通知します。

関数内で this の型を明示的に指定するには、関数の最初のパラメータとして this の型を、(this: 型名) の形式で追加します。この詳細についてはセクション 7-2-1 を参照してください。

9-9-8 lib

libオプションは、型チェックの厳密性とは直接関連しないものの、利用予定の実行環境での利用可能な機能 (API) を TypeScript コンパイラに知らせるために使用されます。これによって、TypeScript は lib オプションで指定された機能の型定義を元にしてソースコードの型チェックを行うようになります。

JavaScript には、バージョンアップするごとに新しい API が追加されています。例えば、ECMAScript 2015 (ES6) には Promise や Symbol などの新しいグローバルオブジェクトが導入されました。また、ブラウザ環境では、DOM 操作や Web API などの独自のオブジェクトや関数が存在します。

これらの新機能や API に対応するため、TypeScript はそれぞれの API のための宣言ファイルセットを持っており、lib オプションでこれらの宣言ファイルの使用をコンパイラに指示できます。これによって、例えば、Node.js での実行を想定しているソースコードの型チェックから DOM の宣言ファイルを排除して、誤って DOM にアクセスすることを未然に防ぐことができます。また、ターゲットの JavaScript のバージョンではネイティブにサポートしていない（ポリフィルを通して利用可能になる）API を lib に追加して、それらの型チェックをしてもらうということができます。

lib オプションを指定しない場合はデフォルトの設定が適用されます。デフォルトの設定は target オプションで指定した ECMAScript バージョン に基づいて決まります。したがって、lib オプションは通常は指定する必要はありません。lib オプションを指定するとデフォルトの設定が無効になります。そのため、必要なものをすべて明示的にリストアップする必要がありますので注意してください。

Chapter 9-10

JavaScript ファイルのコンパイルと型チェック

TypeScript を用いたプロジェクト内で JavaScript ファイルを利用する際の設定オプションについて説明します。これらのオプションを適切に設定することにより、JavaScript ファイルに対するコンパイルおよび型チェックの挙動を制御できます。

9-10-1 allowJs

TypeScript プロジェクトに JavaScript ファイルが存在しても、デフォルトではこれらはコンパイルの対象には含まれず、TypeScript ファイルからのインポートもできません。

しかし、**allowJs** オプションを true に設定することで、JavaScript ファイルをコンパイルの対象に加え、出力に含めることができるようになります。さらに、TypeScript ファイルから JavaScript ファイルをインポートすることも可能になります。

試しに前の節で利用した sample-project の sub ディレクトリに、moduleC.js ファイルを追加してみましょう。

▶ JavaScript ファイルの追加

```
/sample-project
├── /dist
│    └── /sub
│         ├── moduleA.js
│         └── moduleB.js
├── /src
│    ├── app.ts
│    └── /sub
│         ├── moduleA.ts
│         ├── moduleB.ts
│         └── moduleC.js // JavaScriptファイルを追加
```

```
│
├── tsconfig.json
│
```

allowJs オプションが無効な場合、tsc コマンドでプロジェクトをコンパイルしても、moduleC.js は出力に含まれません。

次に、TypeScript ファイルからの JavaScript ファイルのインポートがデフォルトの設定では行えないことを確認するため、moduleC.js に greet 関数を定義してエクスポートしてみます。

▶ 9-8 moduleC.js の実装

```
// moduleC.js
export function greet(name) {
  console.log(`Hello, ${name}!`);
}
```

この greet 関数を app.ts でインポートしてみましょう。

▶ 9-9 JavaScript ファイルからのインポート

```
// app.ts
import { greet } from "./sub/moduleC.js"; // Error
// >> Could not find a declaration file for module './sub/moduleC.js'.
//   （モジュール './sub/moduleC.js' の宣言ファイルが見つかりませんでした。）
```

しかし、TypeScript ファイルから JavaScript ファイルをインポートしようとすると、「moduleC.js モジュールの宣言ファイルが見つかりません」というエラーが発生します。これは、TypeScript が JavaScript ファイルのインポート時に対応する宣言ファイルを要求するためです。もし moduleC.d.ts 宣言ファイルを作成し、その中で greet 関数の型を宣言してエクスポートすれば、このエラーは解消されますが、それでも moduleC.js ファイルはコンパイルの出力結果には含まれません。

以上のように、デフォルト設定では、TypeScript ファイルから JavaScript ファイルを直接インポートすることはできません。しかし、allowJs オプションを true に設定すると、インポート時のエラーが解消され、コンパイルが正常に行われ、moduleC.js ファイルが target オプションで指定した JavaScript のバージョンにコンパイルされて出力されます。

allowJs オプションは、JavaScript のコードベースを TypeScript に段階的に移行する際や、既存のライブラリやフレームワークと互換性を保ちながら新しい TypeScript の機能を導入する際に特に有用です。

9-10-2 checkJS

checkJsオプションを true に設定することで、プロジェクト内の JavaScript ファイルに対しても型チェックが適用されるようになります。このオプションが有効な場合、TypeScript コンパイラは JavaScript ファイル内の型エラーを検出し報告します。ただし、JavaScript ファイル内で TypeScript の型注釈を直接使うことはできません。型情報を表現するための代替手段として、JSDoc※1 コメントを使用することができます。

先ほどのプロジェクトで、checkJs オプションを true に設定してみましょう。

▶ 9-10 checkJS によるエラー

```
// moduleC.js
// NG
export function greet(name) {
  console.log(`Hello, ${name}!`);
}
// >> Parameter 'name' implicitly has an 'any' type.
//    (パラメーター 'name' の型は暗黙的に 'any' になります。)
```

checkJS を有効化した結果、moduleC.js 内のコードも型チェックの対象となります。その結果として、greet 関数のパラメータ name が暗黙的に any 型とされるため、TypeScript コンパイラによって型エラーが報告されることになります。

上記の moduleC.js ファイルに、JSDoc コメントを使用してパラメータ name の型を string として明示的に注記します。

▶ 9-11 JSDoc のコメントによる型情報の追加

```
// moduleC.js
// JSDocコメント
/**
 * @param {string} name
 */
export function greet(name) {
  console.log(`Hello, ${name}!`);
}
```

JSDoc コメントを用いて型情報を提供することで、TypeScript コンパイラはそのコメントから型情報を読み取り、型チェックを行います。このように型を指定すると、checkJs が有効化されている環境であっても、型エラーが発生しなくなります。

※1 JSDocについて詳しくは、巻末P.302のAppendix 26を参照してください。

Chapter 9-11

tsconfig ファイルの拡張

extends フィールドを使って、tsconfig.json ファイルを拡張する方法について解説します。

この章で、TypeScript の主要なコンパイラオプションについて学びました。これらのオプションは非常に多く、柔軟な設定が可能ですが、一般的にはプロジェクト間で同じような設定を行うことが多々あります。そのため、毎回新しいプロジェクトごとに tsconfig.json ファイルを一から設定するのは効率的ではありません。

この問題を解決するために、tsconfig.json ファイルでは**extends**フィールドを用いて既存の tsconfig.json ファイルを拡張することができます。"extends"フィールドを使用して、既存の tsconfig.json ファイルを基に新しい設定を構築しましょう。

▶ 9-12　tsconfig.json ファイルの拡張（相対パス指定）

```
// tsconfig.json
{
  "extends": "./tsconfig.base.json", // 別のtsconfig.jsonファイルを指定
  "compilerOptions": {
    "strictNullChecks": true // 拡張元のオプションの設定を上書き
  }
}
```

上の例では、トップレベルに書かれた extends フィールドの値に、相対パスで別の tsconfig.json ファイルを指定しています。これで、指定されたファイルの設定が tsconfig.json に引き継がれます。tsconfig.json ファイルで個別にオプションを設定すると、拡張元の設定が上書きされます。

また、npm を通じて Node.js プロジェクトにインストールされた tsconfig.json ファイルを拡張のベースとして使用することもできます。「GitHub」には、tsconfig/bases という設定ファイルを集めたリポジトリがあり、そこからさまざまな実行環境に最適化された設定ファイルをインストールして、それを自分のプロジェクトの設定ファイルとして利用することができます。具体的な使用方法は、Chapter 10で詳しく扱います。

さらに、extends による拡張には、複数のファイルを指定することができます。

9-11

▶ 9-13　複数の tsconfig.json ファイルの拡張

```
// tsconfigA.json
{
    "compilerOptions": {
        "strictNullChecks": true
    }
}
// tsconfigB.json
{
    "compilerOptions": {
        "noImplicitAny": true
    }
}
// tsconfig.json
{
    "extends": ["./tsconfigA.json", "./tsconfigB.json"],
}
```

上の例では、tsconfig.json ファイルは、"extends"の値に 2 つのファイルを配列で指定しています。このように記載すると、この設定ファイルは、「tsconfigA.json を拡張した、tsconfigB.json を拡張する」という意味になります。配列の順番が後ろのファイルが前のファイルを拡張するという順序で処理されます。その結果、上記の tsconfig.json ファイルの"strictNullChecks"と"noImplicitAny"オプションは有効になります。

この拡張機能を利用することで、開発環境やプロジェクトの要件に応じて設定を柔軟に再利用し、手間を省くことができます。また、特定の環境に特化した設定ファイルを"extends"配列に追加することで、設定を簡単に切り替えることが可能となります。これにより、設定ファイルの管理がより効率的かつ柔軟に行えるようになります。

Chapter 10 アプリケーションの作成

この章では、これまでに学んだ TypeScript の知識を活かして、2 つの小規模なアプリケーションを作成します。1つ目は、Node.jsのコマンドラインインターフェース（CLI）で動作するゲームアプリケーションで、2つ目はウェブブラウザ上で動作するタスク管理アプリケーションです。

大規模なプロジェクトや複数の開発者が関わる環境、あるいはコードベースが大きくなるほど、TypeScript の提供する型安全性をはじめとするメリットはより顕著になります。今回作成するアプリケーションは比較的シンプルで小さいものですが、TypeScript を使用した開発のさまざまな利点を感じ取っていただけるでしょう。そして、TypeScript の利便性を知ったら、もはや JavaScript だけでの開発には戻れないかもしれません！

Chapter 10-1

Node.js の CLI ゲーム

1つ目のアプリとして、Node.js 上で動作する「ハングマン」というゲームを作成しましょう。このゲームの開発を通じて、TypeScript の基本的な型の定義、インターフェイスの利用、クラスの構築方法に加え、サードパーティモジュールの利用についても学びます。

10-1-1 ゲームの概要

まずは、作成するゲームの概要について解説します。作成するゲームは、伝統的な「ハングマン」と呼ばれる言葉を当てるゲームをベースにした独自のものです。オリジナルのハングマンは、出題された秘密の英単語を解答者が言い当てるゲームです。伝統的なハングマンでは、解答者は秘密の単語を 1 文字ずつ推測していき、一定回数内に全文字を当てることが目標です。

ここで作成する独自のハングマンには、以下の変更を加えます。

- 出題される単語は TypeScript に関連する用語に限定する（学習を兼ねて）
- 解答者には単語のヒントが提示される（当てずっぽうは楽しくないので）
- 2 文字以上の解答も可能とする（オリジナルは 1 文字ずつ）

このゲームの問題の出題（画面表示）と解答（文字入力）は、コマンドラインインターフェイスを通して、すべてテキストベースで行われます。具体的には、Node.js 上でコンパイル後の JavaScript ファイルを実行して、ターミナル上で文字の入出力を行います。

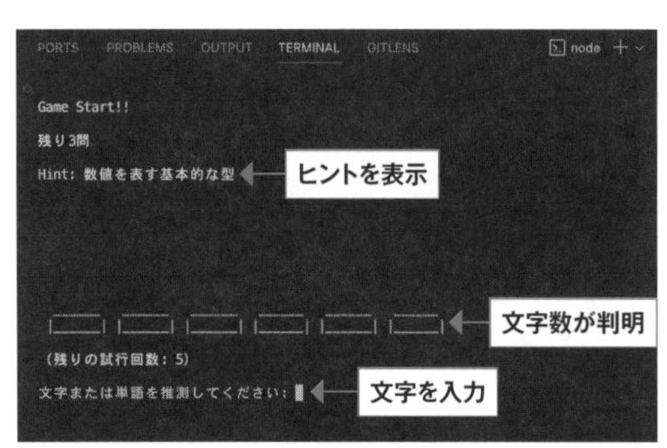

図10-1　ハングマンゲーム画面（1）

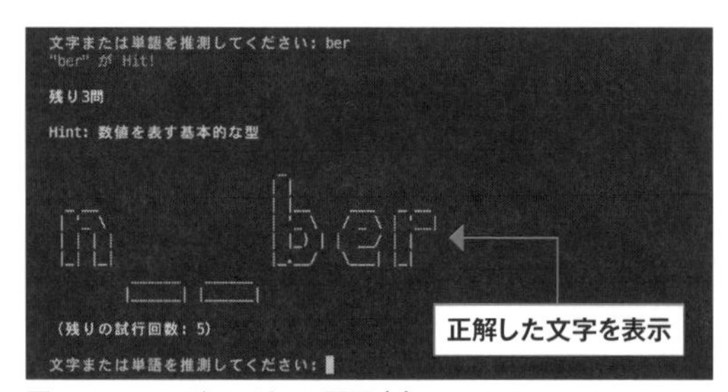

図10-1　ハングマンゲーム画面（2）

次に、もう少し具体的に実装するゲームの内容を整理しましょう。

10-1- 2 ゲームの開発のための準備

この節では、ゲームの流れを把握し、ゲームの実装に必要なデータと機能を明確にして開発の準備を行います。

10-1- 2-1 ゲームの流れ

完成形のゲームの流れを初めから終わりまで確認します。Node.js でゲームの JavaScript ファイルを実行すると、

（1 問目の秘密の単語が「void」の場合）

1. 単語のヒントを表示（例："関数が値を返さないことを表す型"）
2. 単語の文字数分だけ、"_"（アンダースコア）を表示（例：_ _ _ _）
3. 解答者からの入力を促す入力プロンプトを表示
4. 解答者は、推測した文字列を入力してエンターキーを押す（例：o）
5. 正解なら、"_"を入力された文字に置き換えて表示（例：_ o _ _）
6. 再度、次の入力を促す入力プロンプトを表示
7. 以後、すべての文字が推論されるまで 3~6 を繰り返す
8. すべての文字が推測されたら次の単語に移って、1~7 を繰り返す。
9. すべての単語を正解するか、一定回数以上間違えてゲームオーバーになるまでゲームを継続する。

なお、解答者が 2 文字以上の文字列を入力して解答する場合には、その文字列内のすべての文字が正確に順番どおりに一致している必要があります。たとえ一部の文字が正しい場合でも、完全な一致が求められます。例として、もし「void」の秘密の単語に対して「none」と入力された場合、「o」は正しい位置にありますが、他の文字が間違っているため、この解答は不正解となります。この場合、アンダースコア「_」は「o」に置き換えられません。すべてが正解である必要があります。

上記は、ゲームの基本的な流れであり、ゲームオーバーの条件やメッセージの詳細などは省略されていますが、ゲームの概要については理解していただけるでしょう。

次に、これらの機能を実現するために必要なデータ構造や機能の詳細を検討します。

10-1- 2-2 ゲームに必要なデータと機能

このゲームに必要なデータと機能をリストアップします。みなさんもぜひ、以下の一覧を見る前にご自身で考えてみてください！　それぞれの粒度や線引きによってさまざまな考え方ができますが、大まかなものは以下のようになるでしょう。

■データ：

- 出題される単語とそれに対するヒントのペア
- 解答者が入力した文字列
- 正解、不正解、ゲームオーバーなどの状況を示すさまざまなメッセージのテンプレート
- 推論に失敗できる回数の上限
- すでに失敗した推論の回数
- 残りの問題数

■機能：

- 単語とヒントのセットを読み込む機能（JSON ファイルを読み込んでオブジェクトに変換）
- 出題する問題を管理する機能（次の質問を提供、残り何問かなど）
- 解答者にメッセージを表示する機能（正解や不正解、ゲームオーバー、解答の状況など）
- コマンドラインでの入出力を処理する機能
- 入力された文字列が出題された単語と一致しているかを判断する機能
- 正解の場合、現在の解答状況（"_"と正解した文字の組み合わせ）を更新する機能
- ゲームを継続するかどうかを判断し、次の処理へ進む機能

これが正解というわけではありませんが、これらを 1 つずつ実装しながら少しずつゲームを作成していきましょう！

次に、これらを実装する方針について確認します。

10-1-2-3 実装の方針

このゲームのデータ管理と機能の実装には多くのアプローチが存在しますが、今回はクラスベースの実装を採用します。

クラスをベースとした実装を採用する動機はいくつかあります。今回はデータと関連機能を集約し、コードの可読性を高める目的でこの方針を採用します。再利用性や拡張性を考慮した実装は2つ目のアプリで行います。

この方針に基づき、特定の役割を担う複数のクラスを定義し、それぞれに必要なプロパティとメソッドを備えたオブジェクトを作成します。このようなアプローチは**オブジェクト指向プログラミング**（OOP）と呼ばれます。TypeScript の静的型付けの利点を活かし、オブジェクトの構造を型で定義することで、エラーを早期に検出し、IDE の自動補完機能によって開発効率を向上させることができます。

また、ゲームの表示をリッチにするために、Node.js の組み込みモジュールやサードパーティモジュールも使用します。

前置きが長くなりましたが、次から開発環境を構築して実装を進めていきましょう！

10-1-3 開発環境の構築

すでに Node.js 上で TypeScript ファイルを実行できる環境を整えていますので、開発環境構築について新しく学ぶことはほとんどありません。ひとつずつ確実に進めていきましょう。

まずは、Node.js プロジェクトを作成して開発に必要なパッケージをインストールします。そのために、新しくディレクトリを作成して、そこに移動し、package.json を作成します。

▶ **Node.js プロジェクトの作成**

```
mkdir hangman // ディレクトリの作成
cd hangman // 作成したディレクトリへ移動
npm init -y // package.jsonの作成
```

本書では Git については解説しませんが、プロジェクトの変更履歴を Git で管理したい方は、適宜導入してください。

次に、必要なパッケージをインストールしましょう。まずは TypeScript 自体が必要です。このプロジェクトでは、特定のバージョンを v5.2.2 を指定してインストールします。バージョンを指定しない場合は最新のバージョンがインストールされますが、ここでは将来 TypeScript に変更があった場合でもゲームが動作することを保証するためにバージョンを固定します。

▶ **TypeScript のインストール**

```
npm install -D typescript@5.2.2 // バージョンを指定してインストール
```

上記のコマンドを実行するとプロジェクトに TypeScript がインストールされます。インストールが完了したことを確認するため、package.json に記載が追加されているか、および node_modules ディレクトリが生成されているかを確認してください。なお、上記のコマンドの -D オプションは --save-dev の省略形です。

次に、TypeScript の設定ファイルを作成します。このプロジェクトでは、typconfig/base から Node.js プロジェクト用の tsconfig.json ファイルをインストールして利用しましょう。本書では Node.js のバージョンは v20.8.1 を使用していますので、ここでは「@tsconfig/node20」をインストールします。

▶ **TypeScript の設定ファイルのインストール**

```
npm install -D @tsconfig/node20 // tsconfig.jsonファイルのインストール
```

次に、tsconfig.json ファイルを作成し、すでにインストールした tsconfig.json ファイルを拡張します。

▶ **10-1 tsconfig.json ファイルの作成と extends の設定**

```
// tsconfig.json
{
  "extends": "@tsconfig/node20/tsconfig.json" // tsconfig.jsonファイルを拡張
}
```

上記の記述によって、Node.js v20 に最適な TypeScript プロジェクトの設定ができました。次に、ソースファイルを保存するための src ディレクトリをプロジェクトのルートに作成します。これを行うと、プロジェクトのディレクトリ構成は以下のようになるはずです。

▶ src ディレクトリの作成

```
/hangman
├──── /node_modules
├──── /src
├──── package-lock.json
├──── package.json
├──── tsconfig.json
│
```

次に、tsconfig.json ファイルを編集し、TypeScript コンパイラの出力先ディレクトリを設定します。そのためには outDir オプションを指定します。

▶ 10-2　tsconfig.json ファイルの outDir の設定

```
// tsconfig.json
{
  "extends": "@tsconfig/node20/tsconfig.json", // tsconfig.jsonファイルを拡張
  "compilerOptions": {
    "outDir": "./dist" // コンパイルされたファイルの出力先を指定
  }
}
```

上記の記述によって、コンパイル後のファイルはルートディレクトリに存在する dist ディレクトリに出力されるようになります。これにより、ソースファイルとコンパイル済みファイルが分離され、プロジェクトが整理されます。

最後に、便利な実行スクリプトを package.json に追加しましょう。ソースファイルをコンパイルし、出力された JavaScript ファイルを実行する作業を単一のコマンドで実施できるようにします。そのためには、package.json の "scripts"フィールドに以下のスクリプトを登録します。

▶ 10-3　package.json への実行スクリプトの登録

```
// package.json
{
  // 省略
  "scripts": {
    "start": "tsc && node dist/hangman.js" // tscコマンドを実行した後、nodeコマンドを実行
    // 他のスクリプトは不要なので削除
  }
  // 省略
}
```

上の例では、"start"という名前で「tsc && node dist/hangman.js」コマンドを登録しています。これでターミナルから npm start を実行することで、TypeScript ファイルのコンパイルと、コンパイルされた JavaScript ファイルの実行が一度に行われるよう設定されました。

準備が整いましたので、src ディレクトリに hangman.ts ファイルを作成して、コンパイルと実行をしてみましょう。

まずは、hangman.ts を作成して以下のコードを記述し、npm start コマンドで実行してみましょう。

▶ 10-4　hangman.ts の作成

```
// src/hangman.ts
console.log("Game Start!!");
// >> Cannot find name 'console'. Do you need to change your target library? Try changing the 'lib' compiler option to include 'dom'.
//    (名前 'console' が見つかりません。ターゲット ライブラリを変更しますか? 'lib' コンパイラ オプションが 'dom' を含むように変更してみてください。)
```

早速エラーが表示されてしまいました。型チェッカーはグローバルオブジェクトである console の型情報がわからないためエラーを表示します。

これまでの TypeScript プロジェクトにおいて console.log が特別な設定なしに使用できたのは、tsconfig.json ファイルで lib オプションが明示的に指定されていなかったからです。lib オプションが省略されると、TypeScript は target オプションの値に基づいて標準ライブラリの設定を自動的に決定します。その結果、dom ライブラリが含まれていたため、ブラウザ環境のグローバルオブジェクトである console を問題なく利用できていたのです。

そこで、Node.js が提供するグローバルオブジェクトや組み込みモジュールに関する型宣言ファイルをインストールします。

▶ Node.js の宣言ファイルのインストール

```
npm install -D @types/node // Node.jsの宣言ファイルのインストール
```

宣言ファイルをインストールすると、エラーが消えることが確認してください。これで console.log にマウスカーソルをホバーすると、そのメソッドについての型情報が表示されるようになりました。加えて、console.（ドット）と入力すると、IDE は console オブジェクトの利用可能なメソッドのリストを提供し、選択するとそれぞれのメソッドの型情報と説明を表示します。TypeScript は素晴らしいですね！！

準備が長くなりましたが、ようやく開発環境の構築が終わりました。最後に、先ほど package.json に登録したスクリプトを実行して、コンパイルと JavaScript ファイルの実行を行いましょう。

▶ npm start コマンドの実行

```
npm start // 登録したスクリプトを実行

>> Game Start!!
```

上記のように、"Game Start!!"という出力が確認できたら準備完了です。お疲れさまでした。ゲームの実装を進める際は、npm start コマンドを用いて現在のコードが期待通りに動作しているかを定期的に確認してください。

ここで行った開発環境構築について簡単にまとめますと、

- Node.js プロジェクトの作成
- TypeScript をプロジェクトにインストール
- typconfig/base から tsconfig.json ファイルをインストール
- tsconfig.json ファイルの設定（拡張）
- package.json にコンパイルと実行を組み合わせたスクリプトを登録
- Node.js 用の型宣言ファイルをインストール

これらのステップは一つ一つは単純ですが、やることが多いので注意が必要です。慣れてきたら必要なパッケージは一度にインストールすることもできます。

次から、ゲームの実装を始めましょう！

10-1- 4 ゲームの実装

ここからゲームに必要なデータや機能を 1 つずつ実装していきます。

10-1- 4-1 出題する単語とヒントのデータの読み込み

このゲームの出題に使用するデータは、JSON ファイルから読み込みます。src ディレクトリ内に data ディレクトリを作成して、その中に JSON ファイルを配置しましょう。ファイル名は questions.test.json とします。

▶ プロジェクトのディレクトリ構成

```
/hangman
├─── /dist
│     └─── hangman.js
├─── /src
│     ├───/data
│     │    └─── questions.test.json // JSONファイルの配置
│     └─── hangman.ts
├─── /node_modules
├─── package-lock.json
├─── package.json
├─── tsconfig.json
│
```

配置した questions.test.json ファイルには、ゲームで使用する単語とそのヒントのペアが含まれます。

▶ **10-5　JSON ファイルの作成**

```
// questions.test.json
[
  { "word": "number", "hint": "数値を表す基本的な型" },
  { "word": "any", "hint": "型が何であってもよいことを表す型" },
  { "word": "void", "hint": "関数が値を返さないことを表す型" }
]
```

この JSON ファイルは、word と hint というキーを持つオブジェクトの配列として構成されています。TypeScript では、import 文を使用して JSON ファイルを直接プログラムにインポートすることが可能です。この機能を活用すると、読み込まれたデータは単なる文字列ではなく、直接 JavaScript の配列やオブジェクトとして扱えます。加えて、このデータの型は TypeScript によって自動的に推論されるため、開発者はデータの構造を正確に理解しやすくなります。これにより、データを安全に扱いやすくし、コーディングの効率を高めることができます。

ただし、TypeScript プロジェクトで JSON ファイルを直接インポートする機能を使用するためには、tsconfig.json 設定ファイルで resolveJsonModule オプションを有効にする必要があります。このオプションは、TypeScript が JSON モジュールを解決し、それらをインポートする機能を提供します。

tsconfig.json ファイルを以下のように編集して、resolveJsonModule オプションを追加します。

▶ **10-6　resolveJsonModule オプションの設定**

```
// tsconfig.json
{
  "extends": "@tsconfig/node20/tsconfig.json",
  "compilerOptions": {
    "outDir": "./dist",
    "resolveJsonModule": true // JSONファイルのインポートを有効化
  }
}
```

上記の設定によって、JSON ファイルの読み込みが可能になりましたので、questions.test.json をインポートしてみましょう。

▶ **10-7　json ファイルの直接インポート**

```
// hangman.ts
import rawData from "./data/questions.test.json";
```

上記のコードでは、hangman.ts が存在するディレクトリと同階層の data ディレクトリ内に配置された questions.test.json ファイルをインポートしています。これで、JSON ファイルの中身を JavaScript のオブジェクトの配列として扱うことが可能になります。

プログラムで JSON ファイルのデータを利用する前に、そのデータが期待通りの構造を持っているかを確認することが重要です。この目的のために、期待されるオブジェクトの構造を Question インターフェイスとして定義します。

▶ 10-8　出題問題の型の定義

```
// hangman.ts
interface Question {
  word: string;
  hint: string;
}
```

Question インターフェイスは word と hint という 2 つのプロパティを持ちます。これらのプロパティはいずれも string 型の値を取ることが指定されています。

次に、新たに変数 questons を宣言し、その型として Question[] (Question オブジェクトの配列) を指定します。そして、questions に直接インポートした JSON ファイルから読み込んだデータを代入します。

▶ 10-9　JSON から読み込んだデータの代入

```
// hangman.ts
import rawData from "../data/questions.test.json";

interface Question {
  word: string;
  hint: string;
}

// Questtion[]型を指定
const questions: Question[] = rawData; // JSONから読み込んだデータを代入
```

上の例では、Question[]型の変数 questions に JSON ファイルから読み込んだデータが適切に代入されています。このプロセスにより、読み込まれたデータが期待通りの構造をしていることが TypeScript の型チェッカーによって確認されます。

これで出題する問題のデータの準備ができました！お疲れさまです。次に進む前に、簡単に振り返りましょう。TypeScript では、JSON ファイルを直接インポートすることができます。TypeScript はインポートされたデータの型を推論し、適切な型を持つ変数にデータを代入することで、データ構造の正確さを保証します。

別の手法として、Node.js の fs モジュールの readFileSync 関数を使用して JSON ファイルを読み込む方法もあります。この場合、ファイルの内容は文字列として読み込まれるため、JSON.parse 関数を使用して JavaScript オブジェクトの配列に変換する必要があります。ただし、JSON.parse 関数は any 型の戻り値を返すため、型チェッカーによる検査を受けることができないという欠点があります。その例を確認してみましょう。

▶ 10-10　fs モジュールの readFileSync 関数を使用する例

```
// 組み込みモジュールのインポート
import fs from "fs";

// JSON ファイルの読み込み
const rawData = fs.readFileSync("./data/questions.test.json", "utf-8");

// JSON.parse 関数を使ってオブジェクトに変換。戻り値は any 型
const questions: Question[] = JSON.parse(rawData);
```

このコードでは、fs.readFileSync 関数を使って JSON ファイルを読み込んでいます。この関数の第 1 引数にはファイルパスを、第 2 引数には使用する文字エンコーディングを指定します。相対パスが指定されている場合、そのパスは、コマンドが実行されたときのカレントディレクトリを基準にして解釈されます。今回の場合、package.json に定義されたスクリプトから実行されるため、プロジェクトのルートディレクトリが基準点になります。

ここでの重要な点は、JSON.parse によって変換されたデータの型が any 型になることです。そのため、たとえ questions 変数に Question[] 型を指定しても、TypeScript の型チェックをパスしてしまい、どんな型のデータでも代入可能になってしまいます。resolveJsonModule オプションを有効にして、直接 JSON ファイルをインポートした場合とは異なり、型推論は働かないので注意してください。

次に、ここで読み込んだデータを管理する Quiz クラスを作成しましょう。

10-1- 4-2 出題するデータを管理する Quiz クラスの作成

ここでは、出題する問題を管理する Quiz クラスを作成しましょう。Quiz クラスは、プロパティとして Question オブジェクトの配列を持ち、また、その配列を操作するいくつかの機能も提供します。

利用するデータは前の節で JSON ファイルから読み込んだデータです。まずはこのデータをプロパティとしてクラスに追加します。

▶ 10-11　Quiz クラスの定義

```
// hangman.ts
class Quiz {
  questions: Question[];
  constructor(questions: Question[]) {
    this.questions = questions;
  }
}

const quiz = new Quiz(questions);
```

Qestion[]型の questions プロパティを追加して、初期化はコンストラクタによってインスタンス化時に行います。ここで、もしコンストラクタ内でこのプロパティの初期化を忘れたり、間違った型の値を渡してしまった場合でも、型チェッカーがすぐにエラーを表示してくれますので安心ですね。

次に、Question[]型のデータを操作するための機能（メソッド）を Quiz クラスに追加します。実装するメソッドは以下のとおりです。

- getNext: 次の問題（Question オブジェクト）を取得するメソッド
- hasNext: 次の問題が存在するか確認するメソッド（ゲームを続けるかの判断に使用する）
- lefts: 残りの問題数を取得するメソッド（解答者に提示）

これらの機能を Quiz クラスのメソッドとして追加しましょう。

まず、次の問題を取得する getNext メソッドを実装しましょう。

▶ 10-12　getNext メソッドの定義

```
// Quizクラス内

// ランダムに質問を取得して、その質問をリストから削除
getNext(): Question {
  // 0以上、配列の長さ以下のランダムな整数を生成
  const idx = Math.floor(Math.random() * this.questions.length);
  // ランダムなインデックスidxを使って、questions配列から1つの問題を削除
  const [question] = this.questions.splice(idx, 1);
  return question;
}
```

getNext メソッドは、questions 配列からランダムに問題を選び、その問題を返す機能を持ちます。同時に、選ばれた問題は配列から削除されます。毎回同じ順序で出題されると飽きるのでランダムに出題されるようにします。

まず、ランダムな整数を生成して変数 idx に代入します。そのために、Math.random で 0 以上 1 未満のランダムな小数点数を生成します。この数に this.questions.length（questions 配列の長さ）を掛けることで、0 以上 questions.length 未満の数値を得ます。その後、Math.floor を使って、この数値の小数点以下を切り捨てて丸め（例：1.8 なら 1 に）、整数値を得ることができます。結果として、idx は questions 配列内のランダムなインデックスを保持することになります。

this.questions.splice(idx, 1)は、questions 配列から idx 位置の要素を 1 つ切り取り、その要素を配列として返します。分割代入※1を使用してこの配列から値を取り出し、選ばれた問題を返します。

次の問題に進むたびに getNext メソッドが呼び出され、新しい問題が取得されます。ゲームの進行とともに questions 配列の要素は減少し、最終的には空になり、ゲームは終了します。

次に、hasNext メソッドと lefts メソッドを Quiz クラスに実装しましょう。これらのメソッドはとてもシンプルです。

※1　分割代入について詳しくは、巻末P.303のAppendix 27を参照してください。

▶ **10-13　hasNext と lefts メソッドの定義**

```
// Quizクラス内

// 次の質問が存在するか確認
hasNext(): boolean {
  return this.questions.length > 0;
}

// 残りの質問数を取得
lefts(): number {
  return this.questions.length;
}
```

hasNext メソッドは、questions 配列にまだ問題が残っているかどうかを判定します。配列の長さが 0 より大きい場合に true を返し、それ以外では false を返します。このメソッドは、ゲームがまだ続けられるかどうかを判断する際に使用されます。lefts メソッドは、questions 配列の長さ、つまり残っている問題の数を返します。

これらのメソッドは機能的に似ており、lefts メソッドが返す情報だけで十分ですが、それぞれ役割が異なるので別のメソッドとして定義します。

これで、Quiz クラスの実装ができました。最後に全体のコードを確認しておきましょう。

▶ **10-14　Quiz クラスの実装**

```
// hangman.ts
class Quiz {
  questions: Question[];
  constructor(questions: Question[]) {
    this.questions = questions;
  }

  // 次の質問が存在するか確認
  hasNext(): boolean {
    return this.questions.length > 0;
  }
  // ランダムに質問を取得して、その質問をリストから削除
  getNext(): Question {
    const idx = Math.floor(Math.random() * this.questions.length);
    const [question] = this.questions.splice(idx, 1);
    return question;
  }
  // 残りの質問数を取得
  lefts(): number {
    return this.questions.length;
  }
}

const questions: Question[] = rawData;
const quiz = new Quiz(questions);
```

上記が Quiz クラスの全体像です。Quiz クラスは、rawData から読み込んだquestions 配列を Quiz インスタンスの questions プロパティとして保持し、ゲームを継続するかの判断に必要な複数のメソッドを提供する構造となっています。

簡単な振り返りですが、配列の splice メソッドのように、存在は知っているが詳しい使い方を忘れがちなメソッドを使用する際、TypeScript ではカーソルをホバーさせるだけで詳細な説明を見ることができるので大変便利です。すでに JavaScript での開発には戻れなくなっているのではないのでしょうか！？

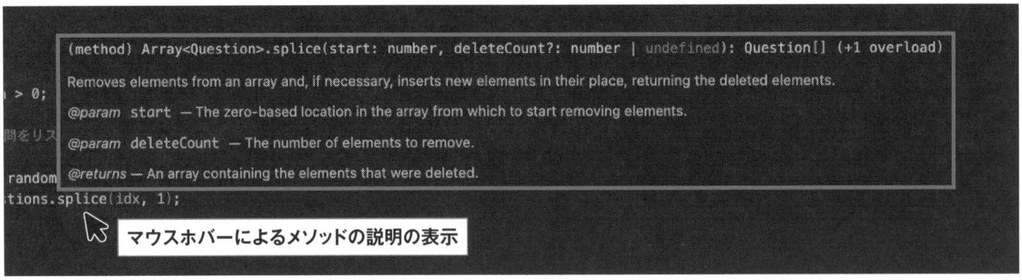

```
(method) Array<Question>.splice(start: number, deleteCount?: number | undefined): Question[] (+1 overload)
Removes elements from an array and, if necessary, inserts new elements in their place, returning the deleted elements.
@param start — The zero-based location in the array from which to start removing elements.
@param deleteCount — The number of elements to remove.
@returns — An array containing the elements that were deleted.
tions.splice(idx, 1);
```

マウスホバーによるメソッドの説明の表示

図10-3　マウスホバーによるメソッドの説明の表示

次は、解答者からの入力を受け付ける機能を作成しましょう。

10-1-4-3 CLI での入出力の制御

ここではコマンドラインインターフェイス（CLI）の機能を実装します。CLI の機能のうち、以下の 2 つの複雑な機能はモジュールを使用して実現します。

- Node.js の組み込みモジュールである、readline を使った入出力の処理
- サードパーティライブラリを使用した、ターミナル表示する文字のスタイルの変更

CLI の機能を実装するために、まず UserInterface というインターフェイスを定義します。このインターフェイスは、CLI で必要とされる機能を抽象化し、それらの機能を実装するオブジェクトを作成するためのベースとなります。UserInterface は以下のメソッドを持ちます。

▶ 10-15　CLI の機能を表現する UserInterface

```
// hangman.ts
interface UserInterface {
  input(): Promise<string>;
  clear(): void;
  destroy(): void;
  output(message: string, color?: Color): void;
  outputAnswer(message: string): void;
}
```

UserInterface に含まれるメソッドの基本的な機能を順に見ていきましょう。各メソッドの詳細な実装はオブジェクトを作成する段階で説明しますが、ここでは各メソッドがどのような役割を果たすのかを理解しましょう。

```
// 解答者から入力を受け取って返す関数
input(): Promise<string>;
```

input メソッドは、解答者に文字列を入力する手段を提供し、入力された文字列を返す機能を持っています。この処理は解答者の入力を待つため、非同期処理として実装されます。このような非同期の操作を扱うため、input メソッドの戻り値は Promise<string>型[※2]となります。これは、文字列を返すプロミスを意味し、実際の文字列が利用可能になるまで待機する必要があります。TypeScript において、Promise オブジェクトの型はジェネリック型として表現され、その型パラメータは、Promise が解決されるときの値の型となります。TypeScript では、Promise が解決する際の値の型を正確に指定し、コードの安全性を高めることができます。

次に、以下の 2 つのメソッドについて説明します。

```
clear(): void;
destroy(): void;
```

clear メソッドは、ターミナルの画面をクリアする機能を持ちます。ゲームを開始する際に、画面上の以前の出力をクリアするために利用されます。destroy メソッドは、プログラムがそれ以降の入力を受け付けないようにする機能を持ちます。これは、ゲームが終了する際やアプリケーションが終了する際に入力ストリームを適切に閉じるために使用されます。

最後に、残りの 2 つのメソッドはどちらも、画面に表示される文字のスタイルをカスタマイズする機能を提供します。

```
output(message: string, color?: Color): void;
outputAnswer(message: string): void;
```

output メソッドは、画面にテキストを表示する機能を提供します。メソッドは文字列（message）とオプションで色（color）をパラメータとして受け取り、指定された色でテキストを表示します。これにより、解答者に対して色付きの重要なメッセージや情報を視覚的に際立たせることができます。ここではまだ Color 型が定義されていないためエラーが表示されますが、後で定義するので無視してください。

一方、outputAnswer メソッドは、出題された単語の解答状況を大きく表示するために使用されます。例えば、正解が「void」の場合、途中経過として「v _ _ d」のような文字を、アスキーアート形式（記号を寄せ集めて作る文字や絵）で大きく表示して、解答のフィードバックを効果的に提供します。

output メソッドは色付きテキストの表示に特化しており、outputAnswer メソッドは解答状況を視覚的に強調して表示するためのものです。output メソッドと outputAnser メソッドの機能は、それぞれ別のライブラリを用いて実装します。

以上が、UserInterface が持つメソッドの説明です。ここからは、これらのメソッドを実装していきましょう。

最初のステップとして、CLI という変数を宣言し、その型を UserInterface に指定します。

※2　Promiseについて詳しくは、巻末P.305のAppendix 28を参照してください。

▶ **10-16　変数 CLI の宣言**

```
// hangman.ts
const CLI: UserInterface = {
  // プロパティとメソッドを追加していく
};
```

現時点では、CLI にはまだプロパティやメソッドが何も追加されていないため、当然 TypeScript は型エラーを発生させます。UserInterface で定義されたすべてのメソッドを、CLI オブジェクトに追加していくことで、型エラーを解消し、CLI オブジェクトを完全に機能するコマンドラインインターフェイスとして実装していきます。

まず、input メソッドから実装します。そのために、Node.js の組み込みモジュールである readline/promises をインポートして使用します。readline/promises は Node.js の readline モジュールを Promise ベースで拡張したものです。readline モジュールは、ユーザーからのインタラクティブな入力を受け付ける機能を提供し、CLI アプリケーションにおいて重要な役割を果たします。従来の readline モジュールではユーザーからの入力をコールバック関数を用いて取得していましたが、readline/promises は Promise を返すメソッドを提供します。これによって非同期処理を async/await※3 を用いて記述しやすくなるため、コードの可読性が向上します。

以下のように、readlinePromises インターフェイスのインスタンスを作成します。紛らわしいですが、TypeScript のインターフェイスとは異なりますので注意してください。

▶ **10-17　readlinePromises.interface オブジェクト のインスタンス化**

```
// hangman.ts
import readlinePromises from "readline/promises";

// readlinePromisesインターフェイスのインスタンスを生成
const rl = readlinePromises.createInterface({
  input: process.stdin,
  output: process.stdout,
});
```

上のコードでは、readlinePromises.createInterface メソッドを用いて、入出力処理のためのインターフェイスを提供するインスタンスを生成しています。createInterface メソッドの引数には、入出力の方法を指定するオプションをオブジェクトで渡します。

- input: process.stdin：この設定はプログラムがユーザーからの入力をどこから受け取るかを指定します。process.stdin は Node.js における「標準入力」を表し、一般的にはキーボードからの入力を受け取るために使用されます。
- output: process.stdout：この設定はプログラムの出力をどこに送るかを指定します。process.stdout は「標準出力」を表し、通常、コンソールやターミナルに表示される出力を意味します。

このインスタンスを使用して、プログラムはユーザーからの入力を受け取り、結果や必要なメッセージをコンソールに表示することができます。

※3　async/awaitについては、巻末P.308のAppendix 29を参照してください。

生成された readlinePromises.Interface インスタンス(rl) は多数の関数を提供していますが、このゲームでは question メソッドを使用します。このメソッドは Promise を返し、解答者にプロンプトを表示して入力を待ち受けます。入力が完了すると、Promise は解決され、入力された文字列が返されます。

question メソッドを使って input 関数を実装してみましょう。

▶ **10-18　input メソッドの実装**

```
// CLIオブジェクト内
async input() {
  const input = await rl.question("文字または単語を推測してください: ");
  return input.replaceAll(" ", "").toLowerCase();
}
```

input メソッドは、非同期関数として定義され、Promise オブジェクトを返します。この関数は、内部で await を使用しているため、async キーワードを使用して宣言します。メソッド内では rl.question メソッドを呼び出し、解答者からの入力を受け取り、文字列を加工して返します。

question 関数が実行される際、引数として渡されたプロンプトがコンソールに表示され、解答者の入力を待ちます。入力が完了すると、Promise が解決し、入力された文字列が取得されます。最後に、replaceAll メソッドを用いて文字列から空白を削除し、toLowerCase メソッドで小文字に変換した後、その結果を戻り値として返します。

これで input 関数の実行は完了しました。理解が難しいと感じる方は、Promise や async/await を復習してみてください。

次は、clear メソッドと destroy メソッドを実装しましょう。これらのメソッドは比較的シンプルで、次のように実装されます。

▶ **10-19　clear と destory メソッドの実装**

```
// CLIオブジェクト内
clear() {
  console.clear(); // コンソールのクリア
},
destroy() {
  rl.close(); // プロンプトの終了
},
```

clear メソッドは、console.clear を実行して、コンソールに表示されている内容をすべて消去します。それによってゲームが開始されたことをわかりやすくします。

destroy メソッドは、readline インターフェイスの close()メソッドを実行します。rl.close()の実行により、readline セッションが終了し、プロンプトが閉じられ、使用していたリソースが適切に解放されます。

ここで、これまで実装した機能を確認してみましょう。そのために確認用の testQuestion 関数を作成します。この関数は CLI オブジェクトの input, clear, および destroy メソッドを利用して、入力のプロンプトとその処理をテストします。確認の際は、UserInterface の定義から、まだ実装していないメソッド(output と outputAnswer)を一時的にコメントアウトしてください。

▶ **10-20　CLI オブジェクトに実装したメソッドの確認**

```
// hangman.ts
const CLI: UserInterface = {
  async input() {
    // 省略
  },
  clear() {
    console.clear();
  },
  destroy() {
    rl.close();
  },
};

// 確認用関数
async function testQuestion() {
  CLI.clear(); // 画面クリア
  const userInput = await CLI.input(); // 入力を受け付けて返す。
  console.log(userInput);
  CLI.destroy(); // セッションの終了
}
testQuestion();
```

testQuestion 関数を実行すると、コンソールに入力のプロンプトが現れます。文字列を入力しエンターキーを押すと、入力した内容がコンソールに表示されます。input メソッドの戻り値が Promise オブジェクトであるため、その結果を待機するために await を使用しています。正しく動作することが確認できたら次に進みましょう。

次に、コンソールに出力する文字色を変更するための output メソッドを実装します。

今回は、文字色を変更するために chalk というサードパーティライブラリを使用します。chalk はターミナルでの文字列のスタイリングを簡単に行うためのライブラリで、これによりコンソール出力をカラフルで読みやすくすることができます。

まずは chalk をプロジェクトにインストールしましょう。

▶ **chalk のインストール**

```
npm install chalk@4.1.2
```

chalk の公式ドキュメントによれば、TypeScript での使用には、v4 の利用が推奨されています。この推奨に従い、特定のバージョンを指定してインストールします。

▶ **10-21　chalk のインポートと利用**

```
// hangman.ts
import chalk from "chalk"; // chalkをインポート

// 確認用
console.log(chalk.green("正解！！")); // 緑色で表示される
```

chalk の具体的な使用方法は、直感的で簡単です。上の例のように、chalk.green というメソッドに文字列を渡すと、緑色の文字としてコンソールに表示されます。
chalk は TypeScript の宣言ファイルを同梱しているため、追加のインストールなしで直接使用することができます。chalk.（ドット）とタイプすると利用できるメソッドが補完されるので、ドキュメントを見て利用できる色を確認する必要もありません。

output メソッドで chalk を利用してみましょう。ゲームでは数種類の文字色を利用したいので、表示色はパラメータで指定できるようにします。使用する色は Color という型エイリアスで事前に定義し、これを2つ目のパラメータの color パラメータの型として設定します。

▶ 10-22　Color 型の定義

```
// hangman.ts
type Color = "red" | "green" | "yellow" | "white";
```

▶ 10-23　output メソッドの実装

```
// CLIオブジェクト内
output(message: string, color: Color = "white") {
  console.log(chalk[color](message), "\n");
}
```

color パラメータにはデフォルト値として"white"を設定し、引数が省略された場合には白色が選択されるようにします。

メソッドの内部では、動的に色を指定するために chalk[color]のような構文を使用します。これにより、output メソッドの呼び出し時に指定された色に応じて、chalk ライブラリの対応する色のメソッドが動的に選択されます。メッセージが表示された後には、改行記号\n を用いて改行します。

最後に、outputAnswer メソッドを実装しましょう。

outputAnswer メソッドの実装では、figlet というサードパーティライブラリを使用します。figlet はテキストを大きくし、アスキーアート形式で出力する機能を提供するライブラリです。これにより、解答状況を通常のテキストよりも目立つ形で表示することができます。

まずは、プロジェクトにインストールして、モジュールをインポートしてみましょう。

▶ figlet のインストール

```
npm install figlet@1.6.0
```

▶ 10-24　figlet のインポート

```
// hangman.ts
import figlet from "figlet"; // NG
// >> Could not find a declaration file for module 'figlet'. ...省略/node-figlet.js' implicitly has an 'any' type.
//   >> Try `npm i --save-dev @types/figlet` if it exists or add a new declaration (.d.ts) file containing `declare module 'figlet';
```

インポートすると、上記のように、figlet モジュールのための宣言ファイルが見つからない旨のエラーが発生します。figlet には、宣言ファイルが同梱されていないため、TypeScript は figlet の型がわからない状態です。このような場合は、DefinitelyTyped で提供されている宣言ファイルを確認し、利用できる場合はインストールします。エラーメッセージで示されるコマンドを実行して、インストールが可能かどうかを試みます。

▶ **figlet の宣言ファイルのインストール**

```
npm i --save-dev @types/figlet
```

上記のコマンドによって、宣言ファイルをインストールできたことで、エラーが解消されました。次に、figlet ライブラリを活用して outputAnswer メソッドを実装しましょう。

▶ **10-25 outputAnswer メソッドの実装**

```
// CLIオブジェクト内
outputAnswer(message: string) {
  console.log(figlet.textSync(message, { font: "Big" }), "\n");
}
```

outputAnswer メソッドは、提供されたメッセージを figlet.textSync 関数に渡します。textSync 関数は、通常のテキストを特定のフォントスタイルでアスキーアート形式に変換する機能を持っています。
メソッドには、message パラメータを引数として渡し、変換する際に使用するフォントスタイルを指定するために { font: "Big" } というオプションオブジェクトを第 2 引数として渡します。figlet の使い方についてはこれ以上説明しませんが、詳しく知りたい方は公式ドキュメントを参照してください。

お疲れさまでした！　以上で、コマンドラインインターフェイスの機能の実装は完了です。最後に、CLI オブジェクトの全体像を確認しておきましょう。

▶ **10-26 CLI オブジェクトの実装**

```
// hangman.ts
const CLI: UserInterface = {
  // 入力の受け付け
  async input() {
    const input = await rl.question("文字または単語を推測してください: ");
    return input.replaceAll(" ", "").toLowerCase();
  },

  // コンソール画面のクリア
  clear() {
    console.clear();
  },

  // readlineインターフェイスの終了
  destroy() {
    rl.close();
  },

  // ライブラリを使用して、色付きでメッセージを出力
  output(message: string, color: Color = "white") {
    console.log(chalk[color](message), "\n");
```

```
  },

  // ライブラリを使用して、文字を大きく出力
  outputAnswer(message: string) {
    console.log(figlet.textSync(message, { font: "Big" }), "\n");
  },
};
```

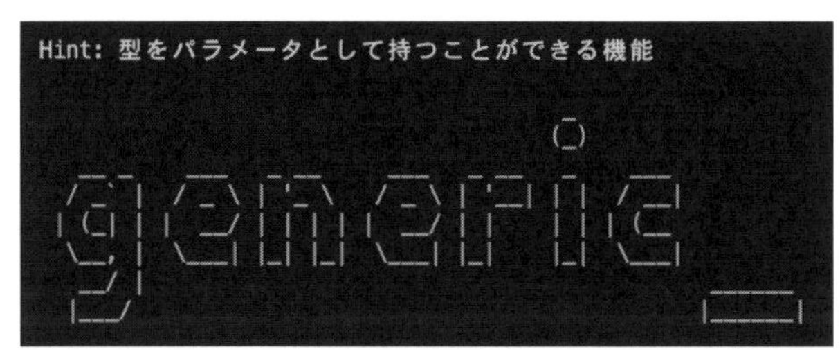

図10-4　figlet によるアスキーアート形式での出力

今回、UserInterface の実装をコマンドラインインターフェイス（CLI）の形で行いましたが、UserInterface 型はグラフィカルユーザーインターフェイス（GUI）における実装にも応用可能です。たとえば、input メソッドの実装において、readline の question 関数の代わりに DOM のイベントリスナを使用することが考えられます。これにより、ブラウザベースの GUI でユーザー入力を受け付けることが可能になります。

TypeScript を使用することで、サードパーティのライブラリを利用する際にも型情報が役立ちます。型情報は誤った使用を防ぎ、開発プロセスをスムーズにします。また、開発の初期段階で求められる機能を一覧化し、それらをインターフェイスとして明確に定義することで、より詳細な設計が可能になり、実装段階でのバグ発生のリスクを減らすことができます。

10-1- 4-4 個々の問題の解答状況を管理する Stage クラスの作成

次は、個々の問題の解答状況を管理する役割を持つ Stage クラスを作成しましょう。

Stage クラスは以下のデータを管理します。

- question: 出題中の単語（例：void）
- answer: 解答者が的中させた文字だけが開いた状態の文字列（例：v _ _ d）
- leftAttempts: 解答者が推測を外すことができる残りの回数

機能としては以下を実装します。

- isCorrect, isIncludes, isTooLong: 解答者の推測が的中したか判定するメソッド
- updateAnswer: 解答者の入力と出題中の単語を照らし合わせて answer を更新するメソッド
- decrementAttempts: 解答者が推測を外したとき、leftAttemps を減少させるメソッド
- isGameOver: ゲームオーバーか判定するメソッド

早速1つずつ実装していきましょう！

まずは、クラスにデータ保持するためのプロパティを追加します。

▶ 10-27　Stageクラスへのプロパティの設定

```
// hangman.ts
class Stage {
  answer: string; // 解答の状態（例：ty_escri_t）
  leftAttempts: number = 5; // 試行回数
  question: Question; // 出題中の問題

  constructor(question: Question) {
    this.question = question;
    // answerにブランク "_" の羅列を設定
    this.answer = new Array(question.word.length).fill("_").join("");
  }
}
```

このクラスには、answer、leftAttempts、およびquestionというプロパティが含まれます。

questionプロパティは、出題中の問題を保持し、Question型で定義されます。初期化はStageクラスのインスタンス化時にコンストラクタに渡す引数によって行われます。Question型はwordプロパティ（出題する単語）とhintプロパティを持つオブジェクトであることを思い出してください。

answerプロパティは、解答者が的中させた文字だけが表示された状態の文字列を保持します。answerプロパティは、"_"の羅列で初期化されます。コンストラクタから渡ってくる文字列question.wordの長さと同じ数の"_"（アンダースコア）を連続して並べた新しい文字列を作成し、これを初期値とします。例えば、question.wordが「void」だった場合、answerは「_ _ _ _」となります。これにより、解答者は問題の単語の長さを知り、同時に表示されるヒントを手がかりにして正解を推測することになります。

"_"を連結した新しい文字列の生成は以下の処理によって行います。

▶ 10-28　answerの生成

```
new Array(question.word.length) // 文字数の長さの空の配列を生成
  .fill("_") // 配列の要素を"_"で埋める
  .join(""); // 配列の要素を連結して新しい文字列にする。""によってセパレータ（区切り文字）なしで連結する。
```

メソッドがチェーンしていますが、個々の処理は非常に単純です。使い方を忘れていてもTypeScriptならホバーするだけで確認できるので安心ですね。

残りはleftAttemptsですが、これは解答者が、現在出題中の単語の推測に失敗できる回数を表します。フィールド宣言時に初期値を設定しています。解答者が推論に失敗するたびにこの値がマイナスされていき、0になった時点でゲーム終了となります。leftAttemptsは次のステージ（単語）に移るたびに初期化されます。

ここから、Stageクラスの機能の実装を行いましょう。

まず、解答者の入力と question.word（出題中の単語）を比較して answer を更新する updateAnswer メソッドを実装しましょう。このメソッドは、解答者が入力した文字が出題された単語内に存在する場合、answer の対応する位置のアンダースコア（"_"）をその文字に置き換える役割を果たします。

例として、出題される単語が「void」の場合、answer の初期状態は「_ _ _ _」となります。このとき、解答者が「v」を入力したとき、answer は「v _ _ _」に更新される必要があります。この動作を実現するアプローチは複数考えられますが、今回は正規表現※4を利用する方法を採用します。

updateAnswer の全体像は以下のようになります。処理の内容を 1 つずつ確認していきましょう。

▶ **10-29　updateAnswer の実装**

```
// Stageクラス内
updateAnswer(userInput: string = ""): void {
    if (!userInput) return; // 空文字の場合、以降の処理は行わない

    const regex = new RegExp(userInput, "g"); // 入力を正規表現のパターンとして使用
    const answerArry = this.answer.split(""); // 文字列を配列に変換

    let matches: RegExpExecArray | null; // 正規表現での検索結果を格納する変数

    // 入力と一致する箇所がなくなるまで繰り返す。
    while ((matches = regex.exec(this.question.word))) {
      /**
       * "n（入力）" で "union（正解の単語）" を検索した際の matches の例
       * 1ループ目：[ 'n', index: 1, input: 'union', groups: undefined ]
       * 2ループ目：[ 'n', index: 4, input: 'union', groups: undefined ]
       */
      const foundIdx = matches.index;
      // 対象のインデックスから、一致した箇所を入力された文字と置き換え
      answerArry.splice(foundIdx, userInput.length, ...userInput);

      this.answer = answerArry.join(""); // 配列を文字列に変換
    }
}
```

updateAnswer メソッドは、解答者からの入力（userInput）を受け取り、それに基づいて answer プロパティを更新します。解答者が何も入力せずにエンターキーを押した（つまり、空の入力をした）場合、メソッドは何もせずに return して処理を終了します。

空文字以外の文字列が渡ってきた場合は、その入力を基に正規表現のパターンを作成します。これは RegExp オブジェクトを使用して行われます。

```
const regex = new RegExp(userInput, "g");
```

※4　正規表現について詳しくは、巻末P.309のAppendix 30を参照してください。

正規表現に"g"フラグを設定することで検索モードをグローバルサーチ（複数一致）にします。このフラグにより、検索は単一の一致ではなく、対象となる文字列内のすべての一致を見つけるようになります。これは特に、出題された単語内に同じ文字が複数回現れる場合に重要です。例えば、単語が「union」で、解答者が「u」を入力した場合、正規表現は単語内のすべての「u」を見つけ出し、それらを answer プロパティに反映させることが可能になります。

answer プロパティの更新は、一時的な配列 answerArray に代入して行います。その際、this.answer は文字列から配列に変換してます。

```
const answerArry = this.answer.split("");
```

配列に変換する理由は、一致した文字が存在する場合に、配列の splice メソッドによって"_"をその文字に置換するためです。

次に、正規表現による検索結果を格納するための変数 matches を宣言します。その型は RegExpExecArray | null です。RegExpExecArray 型は、すぐ後の処理で実行する、正規表現の exec メソッドが返す値の型で、一致した文字列とその位置などの情報を含みます。この matches の値を while 文の条件式として使用します。

```
let matches: RegExpExecArray | null; // 正規表現での検索結果を格納する変数

while ((matches = regex.exec(this.question.word))) {
  // 省略
}
```

このコードでは、matches 変数に regex.exec(this.question.word)の結果を代入し、その値が null になるまで繰り返し処理を行います。exec メソッドは、指定された正規表現に一致 する最初の結果を返し、次回の呼び出し時には次の一致結果を返すため、単語内のすべての一致箇所を順に処理することができます。

あとは、while 文の中で、正規表現の検索結果を用いて answer を更新するだけです。

```
while ((matches = regex.exec(this.question.word))) {
  const foundIdx = matches.index; // 一致した箇所のインデックス（wordの先頭から文字目か）
  // インデックスの位置のanswerの"_"を入力された文字と置き換え
  answerArry.splice(foundIdx, userInput.length, ...userInput);

  this.answer = answerArry.join(""); // 配列を文字列に変換
}
```

まず、matches.index で、一致した箇所のインデックス（単語の先頭からの文字位置）を取得します。

次に、answerArray の foundIdx の位置にある文字（"_"）を userInput の文字で置き換えます。splice メソッドは、指定したインデックス位置から指定した数の要素を切り取り、その位置に新しい要素（この場合は userInput の文字）を挿入します。userInput は複数の文字を含む可能性があるため、スプレッド構文（...）を使用して、それを構成する個別の文字に展開します。これにより、配列の特定の位置にこれらの文字を一つずつ挿入することができます。

最後に、更新された answerArray を配列から文字列に戻し、answer プロパティを更新します。

この更新処理は、一致箇所が見つからなくなるまでループします。これにより、answer の中の"_"は、解答者が的中させた文字に順次置き換えられます。これで updateAnswer の実装は完了です。

残りのメソッドはシンプルなものばかりですので、一気に実装してしまいましょう！まず、解答が的中したかどうかを確認するためのメソッド群を実装します。

▶ 10-30　入力が正しいかを判定するメソッドの実装

```
// Stageクラス内

// 入力が単語の長さを超えているか判定
isTooLong(userInput: string): boolean {
  return userInput.length > this.question.word.length;
}

// 単語に解答者の入力が含まれるか判定
isIncludes(userInput: string): boolean {
  return this.question.word.includes(userInput);
}

// 解答が単語のすべての文字列と一致したか判定
isCorrect(): boolean {
  return this.answer === this.question.word;
}
```

このハングマンゲームは、オリジナルのルールと異なり、解答者が複数の文字列を入力できます。そのため、ゲームのロジックは、一発ですべて当てようとする推測や3文字だけの部分的な推測などの正しさを判断する機能を備えている必要があります。正解かどうかの判定なので、すべてのメソッドの戻り値はすべて boolean 型です。

isTooLong メソッドは、入力された文字列が単語より長いかを判定します。もし長い場合は不正解が確定します。isIncludes メソッドは部分的に一致するかを判定します。最後に、isCorrect は入力のすべての文字が単語と完全に一致しているかどうかの判定です。

残りのメソッドは、decrementAttempts メソッドと isGameOver メソッドです。

▶ 10-31　decrementAttempts と isGameOver メソッドの実装

```
// Stageクラス内

// 試行回数を1減少
decrementAttempts(): number {
  return --this.leftAttempts;
}

// 試行回数が0か判定
isGameOver(): boolean {
  return this.leftAttempts === 0;
}
```

decrementAttempts メソッドは、解答者が不正確な推測をした場合に使用されます。メソッドは leftAttempts（残り試行回数）の値を 1 減少させ、新しい値を返します。

isGameOver メソッドは、leftAttempts の値が 0 になったかどうかを判断します。つまり、解答者の試行回数がなくなった場合にゲームオーバーであることを判定します。

お疲れさまでした！これで Stage クラスの実装が完了しました。ここで実装した Stage クラスのメソッドは、後で実装する、ゲーム進行を管理する Game クラスで呼び出して使用します。最後に、Stage クラスの全体像を確認しましょう。

▶ **10-32　Stage クラスの実装**

```
// hangman.ts
class Stage {
  answer: string;
  leftAttempts: number = 5;
  question: Question;

  constructor(question: Question) {
    this.question = question;
    this.answer = new Array(question.word.length).fill("_").join("");
  }

  decrementAttempts(): number {
    return --this.leftAttempts;
  }

  updateAnswer(userInput: string = ""): void {
    if (!userInput) return;

    const regex = new RegExp(userInput, "g");
    const answerArry = this.answer.split("");

    let matches: RegExpExecArray | null;

    while ((matches = regex.exec(this.question.word))) {
      const foundIdx = matches.index;
      answerArry.splice(foundIdx, userInput.length, ...userInput);

      this.answer = answerArry.join("");
    }
  }

  isTooLong(userInput: string): boolean {
    return userInput.length > this.question.word.length;
  }

  isIncludes(userInput: string): boolean {
    return this.question.word.includes(userInput);
  }

  isCorrect(): boolean {
    return this.answer === this.question.word;
  }

  isGameOver(): boolean {
```

```
    return this.leftAttempts === 0;
  }
}
```

コメントがまったくなくても、型注釈によってそれぞれのプロパティやメソッドの意味や機能が理解できるので読みやすいですね！

10-1- 4-5 表示するメッセージ内容を管理する Message クラスの作成

次は、解答者に表示するメッセージ内容を管理する Message クラスを作成しましょう。このクラスはとてもシンプルですので気を楽にして進めてください！

まず、Message クラスの全体像を記載します。Message クラスには、UserInterface 型のプロパティ ui を持ちます。この ui プロパティはコンストラクタを通じて初期化され、すでに実装した CLI オブジェクトが値として設定されます。

▶ 10-33　Message クラスの実装

```
// hangman.ts
class Message {
  ui: UserInterface;

  constructor(ui: UserInterface) {
    this.ui = ui;
  }
  // 問題を解答者に表示
  askQuestion(stage: Stage): void {
    this.ui.output(`Hint: ${stage.question.hint}`, "yellow");
    this.ui.outputAnswer(stage.answer.replaceAll("", " ").trim());
    this.ui.output(`（残りの試行回数: ${stage.leftAttempts}）`);
  }
  leftQuestions(quiz: Quiz) {
    this.ui.output(`残り${quiz.lefts() + 1}問`);
  }
  start() {
    this.ui.output("\nGame Start!!");
  }
  enterSomething() {
    this.ui.output(`何か文字を入力してください。`, "red");
  }
  notInclude(input: string) {
    this.ui.output(`"${input}" は単語に含まれていません。`, "red");
  }
  notCorrect(input: string) {
    this.ui.output(`残念！ "${input}" は正解ではありません。`, "red");
  }
  hit(input: string) {
    this.ui.output(`"${input}" が Hit!`, "green");
  }
  correct(question: Question) {
    this.ui.output(`正解！ 単語は "${question.word}" でした。`, "green");
  }
  gameover(question: Question) {
```

```
    this.ui.output(`正解は ${question.word} でした。`);
  }
  end() {
    this.ui.output("ゲーム終了です！お疲れ様でした！");
  }
}

const message = new Message(CLI); // CLIを渡して初期化
```

Messageクラスのすべてのメソッドは、解答者に対して特定のメッセージを提供する役割を持ちます。これらのメソッドは、解答者の推測結果やゲームの進行状況に応じて、適切なフィードバックや情報を表示します。すべてのメソッドでは、すでにCLIオブジェクトに実装されたoutputメソッドが利用されています。

ここでは、処理が比較的複雑なaskQuestionメソッドに焦点を当てて解説します。このメソッドはMessageクラスの中で特に重要な機能を担っており、ゲーム開始時から終了まで解答者の各入力に応じて繰り返し呼び出されます。

▶ **10-34　askQuestionメソッドの実装（再掲）**

```
// Messageクラス内
askQuestion(stage: Stage): void {
  this.ui.output(`Hint: ${stage.question.hint}`, "yellow");
  this.ui.outputAnswer(
    stage.answer // 例："_oi_"
    .replaceAll("", " ") // 見やすくするために、すべての位置にスペースを挿入 " _ o i _ "
    .trim() // 先頭と末尾のスペースを削除 "_ o i _"
  );
  this.ui.output(`（残りの試行回数：${stage.leftAttempts}）`);
}
```

askQuestionは、出題中の単語のヒント、解答状況、および残りの推測可能回数を都度表示します。解答状況（stage.answer）は、より読みやすくするため、すべての文字の間にスペースを挿入し、先頭と末尾のスペースはtrimメソッドで削除しています。

残りのすべてのメソッドについては、単にメッセージを表示するだけですので説明は割愛いたします。

残るはGameクラスだけです。もう少しですので頑張りましょう！

10-1- 4-6 ゲーム進行を管理するGameクラスの作成

最後に、ゲームのフローをコントロールするGameクラスを作成します。このクラスは、これまでに実装したすべてのクラスのインスタンスをプロパティとして保持し、それらを組み合わせてゲームの進行を監督します。

まずは、Gameクラスにプロパティを設定します。

▶ **10-35　Game クラスのプロパティの設定**

```
// hangman.ts
class Game {
  quiz: Quiz; // ゲーム内のクイズの情報管理を担当
  message: Message; // ゲーム内のメッセージ管理を担当
  stage: Stage; // 現在のゲームステージの情報管理を担当
  ui: UserInterface; // ゲームのUIとのインタラクション機能を提供

  constructor(quiz: Quiz, message: Message, ui: UserInterface) {
    this.quiz = quiz;
    this.message = message;
    this.ui = ui;
    this.stage = new Stage(this.quiz.getNext()); // 初期ステージを設定
  }
}
```

Game クラスはプロパティとして、これまで実装してきたクラスのインスタンスを保持します。それらはコンストラクタで初期化されます。ここでは特に新しい内容はありません。

ここからは、ゲーム進行を管理するメソッドを実装しましょう。これまで実装したクラスの機能を総動員して、1 つのゲームとして動作するようにします。実装するメソッドは以下の 3 つです。

- shouldEnd: ゲームを終了すべきかを判断するメソッド
- next: 次のアクションを決定するメソッド
- start: ゲームを開始するメソッド

あと少しなので頑張りましょう！

まずは、shouldEnd メソッドの実装です。このメソッドは、現在のゲームの状態に基づいて、ゲームを終了すべきかどうかを評価し、その結果を返します。

▶ **10-36　shouldEnd メソッドの実装**

```
// Gameクラス内
shouldEnd(): boolean {
  // 失敗できる回数の上限を超えた場合
  if (this.stage.isGameOver()) {
    return true;
  }
  // 最終問題（次の問題がない）かつ、正解した場合
  if (!this.quiz.hasNext() && this.stage.isCorrect()) {
    return true;
  }
  return false;
}
```

ゲームを終了させるべきタイミングは 2 つあります。1 つは、解答者が出題された単語の推測に一定回数以上失敗した場合です。これは、Stage クラスの isGameOver メソッドを呼び出すことで判断されます。
もう 1 つは、解答者がすべての問題に正解した場合、いわゆる全クリしたときです。これは最終問題までゲームオーバ

ーにならずに進み、かつ、最終問題に正解した場合です。この条件は、Quiz クラスの hasNext メソッドと Stage クラスの isCorrect メソッドを組み合わせて表現することができます。

これらの条件に基づき、shouldEnd メソッドは真偽値を返し、ゲームの進行状況に応じて適切なアクションを取ることができます。

続いて、next メソッドを実装します。このメソッドは、ここで新たに定義する GameState インターフェイスを満たすオブジェクトを返します。

▶ 10-37　GameState インターフェイスの宣言

```
// hangman.ts
interface GameState {
  stage: Stage; // 現在のステージ情報。質問や解答、試行回数などを持つ
  done: boolean; // ゲームが終了したかどうかを示すフラグ。trueの場合、ゲームはすでに終了しているとみなされる
}
```

GameState 型のオブジェクトは、その名前が示す通り、ゲームの現在の状態に関する情報を持っています。特に重要なのは、done プロパティです。これはゲームの終了を示すフラグであり、true に設定されるとゲームが終了したとみなされます。ゲーム内で何らかのアクションが起きた際には、この GameState オブジェクトを適宜参照することで、ゲームの状態を管理します。

next メソッドの実装を確認しましょう。next メソッドは、boolean 型のパラメータを持ち、戻り値は GameState 型です。

▶ 10-38　next メソッドの実装

```
// Gameクラス内
next(isCorrect: boolean): GameState {
  // if文①：試行回数を減らすかどうかの判断
  if (!isCorrect) {
    // 推論に間違えた場合
    this.stage.decrementAttempts();
  }

  // if文②：ゲームを終了させるかの判断
  if (this.shouldEnd()) {
    // ゲームを終了すると判断するとき
    return { stage: this.stage, done: true }; // ゲーム終了のためにdoneをtrueに設定する。
  }

  // if文③：ステージ（単語）を新しくするかの判断
  if (isCorrect) {
    // 推測が完全に一致した場合
    this.stage = new Stage(this.quiz.getNext()); // 次のstageの情報を設定
  }

  return { stage: this.stage, done: false }; // ゲームは終了しない。
}
```

next メソッドは、引数に応じてゲームの進行を管理します。その挙動について詳しく見ていきましょう。

■isCorrect が false の場合
false を引数として next メソッドを呼び出すと、if 文 ① が真になり、decrementAttempts メソッドが実行され、残りの試行回数が減少します。

次に、if 文 ② で、shouldEnd メソッドを評価して、ゲームを終了すべきかどうかを判断します。もし、true であれば、done プロパティが true に設定された GameStage オブジェクトを返して処理を終了します。

if 文 ② の shouldEnd メソッドの評価結果が false の場合は、次の if 文 ③ もスキップされ、最終行で、done プロパティが false のオブジェクトを返して処理を終了します。

この場合は、GameStage オブジェクトの stage は更新されず、ゲームは同じ単語で続行されます。

■isCorrect が true の場合
一方、next メソッドに、true を引数として渡すと、まず if 文 ② で shouldEnd によってゲームの終了条件が評価されます。もし、true（最終問題での正解）であれば、done プロパティが true の GameStage が返され処理が終了します。

shouldEnd メソッドの評価結果が false の場合は、if 文 ③ の処理が実行され、新しい Stage オブジェクトが生成され、ゲームのステージが更新されます。そして、最終行で、更新された stage が設定された GameStage オブジェクトを返却して処理を終了します。この場合は、ゲームはまだ続行されるため、done プロパティは false のままとなります。

next メソッドの処理は少々複雑に感じられるかもしれませんが、後ほど、実際に next メソッドを呼び出す部分の実装を見ると理解しやすいので、安心してください。

いよいよ最後のメソッドを実装します！残るメソッドは、ゲームをスタートさせる start メソッドです。このメソッドはゲームの核となる部分で、これまでに実装してきたさまざまなメソッドを組み合わせて、ゲームのフロー全体を制御します。

まずは、メソッドの全体像を記載します。少し長いですが、ゲームのフローを追ってみてください。

理解のポイントは、next メソッドを呼び出すタイミングです。このメソッドは、ゲームの進行に関わる状態の変化が必要なときに呼び出します。そのタイミングは 2 つあります。1つ目は、解答者が推測に失敗したとき（ゲームオーバーで終了する可能性がある）と、もう 1 つは、出題中の単語のすべての文字を当てたとき（次のステージに進む or 全クリでゲーム終了）です。

一つ一つの処理自体はシンプルですので、ここまでの実装を着実に進めてきた皆さんであれば、きっと理解できるはずです！

▶ **10-39　startメソッドの実装**

```
// Gameクラス内

// 内部でawaitを使用しているため、asyncで宣言
async start(): Promise<void> {
  this.ui.clear();
  this.message.start();

  // GameStateの初期値を設定
  let state: GameState = {
    stage: this.stage,
    done: false,
  };

  // ゲームオーバーになるか、すべての問題を正解するまでループ
  while (!state.done) {
    if (state.stage === undefined) break;

    const { stage } = state; // stageオブジェクトを分割代入で取得

    this.message.leftQuestions(this.quiz); // 残り何問か表示
    this.message.askQuestion(stage); // 問題を表示

    // 解答者の入力を待機
    const userInput = await this.ui.input();

    // 入力値チェック
    if (!userInput) {
      // 入力がない旨のメッセージを表示
      this.message.enterSomething();
      // 不正解として扱い、falseを渡してnextを呼び出し、GameStateを更新
      state = this.next(false);
      continue; // 以降の処理を中断し、次のループ処理を実行
    }

    // 解答状況を最新の状態に更新
    stage.updateAnswer(userInput);

    // 入力が正解と完全一致するか判定
    if (stage.isCorrect()) {
      this.message.correct(stage.question); // 完全に正解した旨を表示
      state = this.next(true); // 正解したため、trueを渡してnextを呼び出す
      continue;
    }

    // 入力の文字数が正解より長いか判定
    if (stage.isTooLong(userInput)) {
      this.message.notCorrect(userInput);
      // 不正解のため、falseを渡してnextを呼び出す
      state = this.next(false);
      continue;
    }

    // 入力が部分的に正解に一致するか判定
    if (stage.isIncludes(userInput)) {
      this.message.hit(userInput);
      continue;
```

```
    }

    // 入力がどの文字にも一致しない場合
    this.message.notInclude(userInput);
    state = this.next(false);
  }

  // 試行回数が0か判定
  if (state.stage.isGameOver()) {
    this.message.gameover(this.stage.question);
  }

  this.message.end();

  this.ui.destroy();
}
```

start メソッドは、最初に ui.clear と message.start を呼び出して、ゲームの開始を解答者に通知します。次に、GameState の初期状態を設定し、ゲームが終了するまでの間、state.done が false である限り、ゲームのループを続けます。

ループ内では、解答者からの入力を ui.input で待ち、入力に応じてゲームの状態を更新します。具体的には、入力が正解、不正解、または部分的に一致する場合に応じて、適切なメッセージを表示し、next メソッドで GameState を更新します。

いかがでしたか？もし理解が難しいと感じた場合は、これまでに実装した各クラスを復習してみるとよいでしょう。また、実際にゲームをプレイしてみることで、全体の流れをより具体的に理解することができるかもしれません。

最後に、Game クラスをインスタンス化して start メソッドを呼び出して、実際にゲームをプレイしてみましょう！

▶ 10-40　Game クラスのインスタンス化

```
// hangman.ts

// 他のコード省略

const CLI: UserInterface = {
  // 省略
};

// 問題の読み込み
const questions: Question[] = rawData;

const quiz = new Quiz(questions);
const message = new Message(CLI);
const game = new Game(quiz, message, CLI);

// ゲーム開始
game.start();
```

大変お疲れさまでした！作成したゲームは比較的シンプルなものですが、TypeScript での開発のメリットを十分に体験していただけたことでしょう。

TypeScript の型システムは、JavaScript に比べてタイプミスや予期せぬバグを軽減し、開発効率を高めます。IDE の型補完機能のおかげで、コーディングプロセスもよりスムーズになりました。

外部ライブラリや組み込みメソッドの使用においても、型チェックによりエラーを即座に特定でき、デバッグの時間を短縮します。型注釈による事前の設定は、安全なコーディングを支援し、問題点の早期発見に役立ちます。

今回は小規模なゲームの開発でしたが、大規模プロジェクトやチーム開発では、その価値はさらに大きくなります。型情報は、コードのドキュメンテーションとしても有効で、他の開発者とのコミュニケーションを円滑にします。

今回はハンズオン形式でゲームのコードを一緒に作成していただきましたが、ご自身で一から実装を進める状況では上記のようなメリットはますます大きくなるはずです。

今回は基本的な機能に絞ってゲームの実装を行いましたが、これを土台としてさまざまな拡張が可能です。例えば、プレイヤーの成績を記録する機能など、さまざまなアイデアを実装してみてください。デザインや操作性の改善、難易度の選択、結果表示なども可能です。ぜひ自身のアイデアや工夫を取り入れて、さらにおもしろいゲームを作成してみてください。楽しみながら、プログラミングスキルも向上させることができるはずです！

10-1-4-7 モジュール分割

最後に、これまで 1 つのファイルにまとめてきたコードを複数のファイルに分割してみましょう。モジュール分割には 1 つの正解はなく、プロジェクトの規模やチームの好み、コーディングスタイルなどによって最適な方法は異なります。ここでは、モジュール分割後のディレクトリ構造と、TypeScript で利用できる便利な機能をいくつか紹介します。

この小規模なプロジェクトでは各機能の汎用性が限られているため、モジュール分割して管理するメリットはそれほどありませんが、以下のように分解してみましょう。

▶ ハングマンゲームのモジュール分割

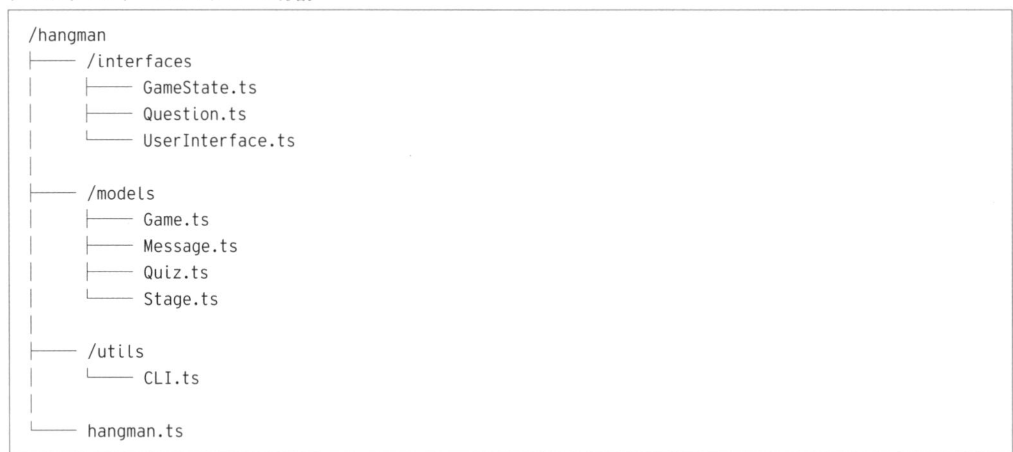

```
/hangman
├──── /interfaces
│      ├──── GameState.ts
│      ├──── Question.ts
│      └──── UserInterface.ts
│
├──── /models
│      ├──── Game.ts
│      ├──── Message.ts
│      ├──── Quiz.ts
│      └──── Stage.ts
│
├──── /utils
│      └──── CLI.ts
│
└──── hangman.ts
```

上記の構成では、インターフェイスとクラスをそれぞれ、interfaces と models ディレクトリでまとめて管理して、CLI は utils ディレクトリに格納します。あとは、それぞれファイルを作成してコードを移植していくだけです。ここでは、具体的なコードをすべて記載することはありませんが、モジュールをインポートするときの便利な機能を紹介します。詳細なコードはダウンロードできるソースコードを確認してください。

TypeScript プロジェクトでは、モジュール分割を容易にするために、いくつかの便利な機能があります。ここでは、特に役立つ 2 つの機能を紹介します。

1つ目の便利な機能は、モジュールパスの自動補完です。IDE として VSCode を使用している場合、import 文の後にインポートしたい値や型の名前をタイプすると、インポートする候補がリストで表示されます。そして、選択すると自動的にそのモジュールまでのパスが補完されます。これにより、インポートしたいモジュールのパスを調べてそれを正しく記載する、という面倒で間違いやすい作業から解放されます！

2つ目は、import 文の自動的な更新です。モジュール分割を進めている際に、途中でディレクトリの名前を変えたり、あるファイルを別のディレクトリに移したりということはしばしば起こります。関連するファイルが多く、変更の影響が大きい場合は、import 文を書き換えるのは非常に大変です。VSCode でそのような変更を加えた場合、エディタはダイアログを表示して、開発者にそれらの変更を自動的に更新するか確認します。それに同意した場合、エディタは関連する import 文を一括で更新してくれます。

これらの機能は、コードの整理や再編成を行う際に大きな助けとなります。他にも多くの便利な機能がありますので、それらを積極的に活用して、より効率的で快適な開発体験を得てください。

Chapter 10-2

ブラウザで動作するタスク管理アプリ

2つ目のアプリは、ブラウザ上で動作するKanbanボードアプリを作成します。このアプリの実装を通じて、DOMの操作方法、ジェネリック型、抽象クラスの活用方法など、TypeScriptの重要な概念を具体的に学びましょう。

10-2-1 アプリの概要

まずは作成するアプリの概要について解説します。ここでは「Kanbanボード」(以下、Kanban)と呼ばれるツールを作成します。Kanbanボードは、タスクや作業の進捗を視覚的に追跡するための便利なツールで、特にプロジェクト管理において重宝されます。Kanbanは複数のカラムを持ち、それらは個々のタスクの進捗状況を表します。プロジェクトの性質や業界によって、これらのカラムの名称や数はカスタマイズされます。ここでは以下のようなKanbanを作成します。

図10-5　Kanbanアプリの画面

個々のタスクはタスクアイテムとして表示されます。タスクアイテムは右のカラムに移動可能で、タスクの進行状況に応じて適切なカラムに配置されます。たとえば、タスクが完了した際には、「working」カラムから「done」カラムへ移動されます。

10-2-2 アプリの実装のための準備

この節では、まず Kanban に必要なデータ構造と機能を整理し、次に実装の方針を確認します。そして、これらの基礎をもとに開発環境の構築に進みます。

10-2-2-1 アプリに必要なデータと機能

このゲームに必要なデータと機能をリストアップします。大まかな機能は以下のとおりです。

■データ：

- Kanban の各カラムの名前（タスクの進捗状態を示す）（列：todo, done）
- タスク入力フォームに表示するテキスト
- 個々のタスクの情報（タイトルと内容）

■機能：

- GUI で入力を受け付ける機能（タスク入力フォーム）
- 入力されたデータをチェックする機能
- 各カラムを生成して表示する機能
- フォームから入力されたデータからタスクアイテムを生成して表示する機能
- タスクアイテムをカラム間で移動させる機能

このアプリは、「ハングマン」ゲームに比べてシンプルですが、GUI の操作機能の実装が求められるため、ハングマンで扱われなかった新たな学習内容が含まれています。

次に、これらを実装する方針について確認します。

10-2-2-2 実装の方針

ここで作成する Kanban の画面は、同じ形の部品を複数使用することで構成されています。例えば、タスクの進捗状況を表すカラムはヘッダーのテキスト（todo, done など）が異なるだけですし、個々のタスクを表すタスクアイテムも内容のテキストが異なるだけです。今回は、このような画面構造を持つアプリを効率的に作成するために、HTML の template 要素を利用した実装を採用します。

template 要素は、HTML5 で導入された比較的新しい要素です。この要素は、ページの読み込み時には表示されず、JavaScript を使用して動的にコンテンツを追加するためにクローンして利用されます。つまり、template 要素はページ上で繰り返し使用される要素の「雛形」として機能し、必要に応じて動的に作成して表示することが可能です。

template 要素は以下のように使用します。

▶ template 要素の利用方法

```
<body>
  <!-- template要素（この要素はレンダリングされない）-->
  <template id="item-template">
    <div class="item">
      <p>これはテンプレートの中の内容です。</p>
    </div>
  </template>

  <!-- ホスト：ここにテンプレートからクローンしたコンテンツをマウント -->
  <div id="container"></div>

  <!-- JavaScriptで動的に要素を追加 -->
  <script>
    // template要素を取得
    const template = document.getElementById("item-template");

    // テンプレートのコンテンツをクローン
    const clone = document.importNode(template.content, true);

    // 必要に応じて任意の要素を追加する処理
    // ...

    // ホストとなる要素を取得
    const container = document.getElementById("container");

    // クローンしたコンテンツをページに追加
    container.appendChild(clone);
  </script>
</body>
```

まず、再利用したい要素を template 要素として HTML に定義し、JavaScript を使用してこの要素を取得します。次に、template 要素の content プロパティをクローンして、必要に応じて内容をカスタマイズします。最終的に、このクローンされた要素をターゲットとなるホスト要素にマウントすることで、ページに動的に表示します。

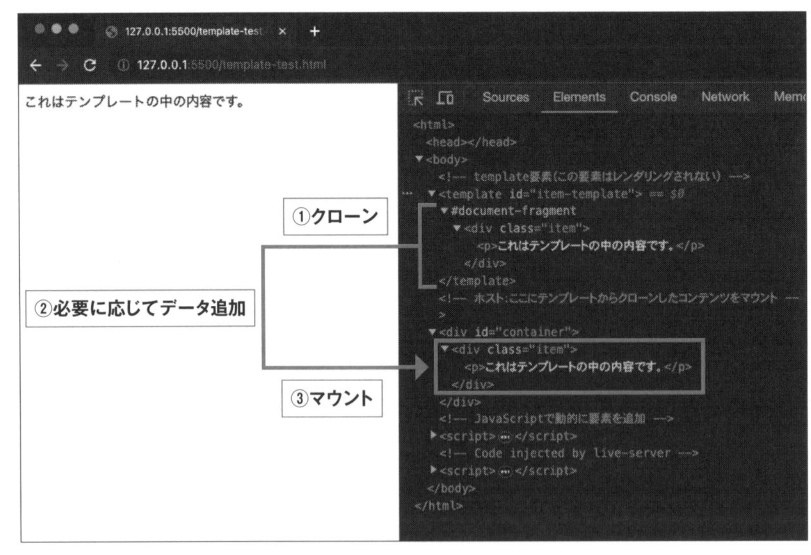

図 10-6
template 要素の利用

Kanban アプリでは、タスクアイテムとそれらを配置するカラムの雛形を template 要素として事前に準備し、必要に応じてこれらをクローンして使用します。タスクアイテムの内容はフォームから取得され、タスクの進捗状況を示す各カラム名は事前に定義された値を基に選択されます。これらの template 要素を取得し、編集する TypeScript コードは、効率的な管理のためにクラスとして整理されます。TaskItem クラスはタスクアイテムを管理し、TaskList クラスはそれぞれのカラムを管理します。具体的な HTML 構造においては、カラムは ul 要素として表現され、その中の各タスクアイテムは li 要素として配置されます。

以下の図は、Kanban アプリの画面構築のための処理の流れと、各部品の説明です。

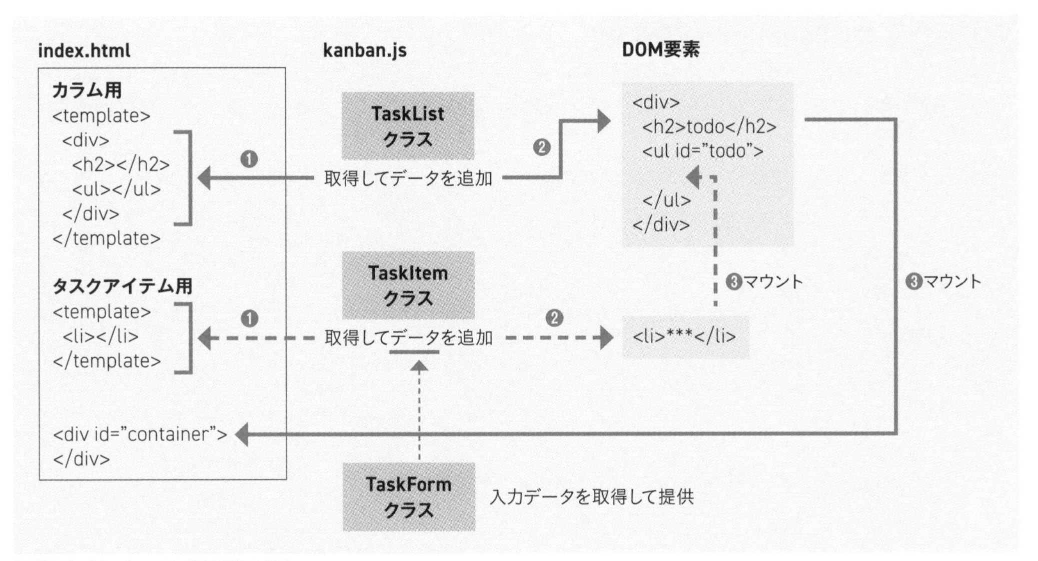

図10-7 Kanban アプリ構築の流れ

	カラム（タスクのステータス）	タスクアイテム
Kanbanの部品	todo h2 要素 ul 要素	li 要素 TypeScript学習 h2 要素 第3章の復習 p 要素
DOM要素 （クローンする要素）	<template id="task-list-template"> <div> <h2></h2> <ul></ul> </div> </template>	<template id="task-item-template"> <li> <h2></h2> <p></p> </li> </template>
管理するクラス名	TaskList	TaskItem

図10-8 Kanban アプリの構成表

このアプリの開発では、特定の UI ライブラリやモジュールバンドラーを使用せずに、純粋な TypeScript のみを利用します。現代のフロントエンド開発では、React、Vue.js、Angular のようなライブラリや、vite のようなモジュールバンドラーが広く使われていますが、このプロジェクトの主目的は TypeScript の基本的な特徴と機能に重点を置き、それらを活用してアプリを構築することです。したがって、これらのツールは使用しません。

また、HTML ファイルの詳細な記述や CSS を用いたスタイルの説明は省略します。これらのコードはソースコードからダウンロードして使用することができます。

10-2-3 開発環境の構築

開発環境の構築はもう慣れたものですね！ここでも新しく学ぶことはほとんどありませんので、さくさく進めていきましょう。

TypeScript をプロジェクトにインストールするために Node.js プロジェクトを作成します。まず、新しくディレクトリを作成して、そこに移動し、package.json を作成しましょう。

▶ Node.js プロジェクトの作成

```
mkdir kanban // ディレクトリの作成
cd kanban // 作成したディレクトリへ移動
npm init -y // package.jsonの作成
```

次に、TypeScript をインストールして、続けて tsconfig.json の作成を行います。

▶ TypeScript のインストール

```
npm install -D typescript@5.2.2
tsc --init // tsconfig.jsonの作成
```

tsconfig.json の設定は、"target", "module", "ourDir"を以下のように設定します。

▶ 10-41 tsconfig.json ファイルの設定

```
// tsconfing.json
{
  "compilerOptions": {
    "target": "ES2022",
    "module": "ES2022",
    "outDir": "./dist"

    // これら以外省略
  }
}
```

続いて、次に、ローカルマシン上で静的ファイル（HTML, CSS, JavaScript）をホストするためのサーバを設定する手順を解説します。これには、serve というサードパーティライブラリを用います。serve は Node.js のパッケージで、手軽に静的ファイルサーバを立ち上げることができます。では、インストールから始めましょう。

▶ **serve のインストール**

```
npm install -D serve@14.2.1
```

ハングマンの開発時と同様に、ソースコードのコンパイルとサーバの起動を 1 つのコマンドで行えるように、package.json に便利なスクリプトを登録しましょう。

▶ **10-42　package.json への実行スクリプトの登録**

```
// package.json
{
  // 省略
  "scripts": {
    "start": "tsc && serve" // tscコマンドを実行した後、serveコマンドを実行
    // 他のスクリプトは不要なので削除
  }
  // 省略
}
```

このスクリプトは、まず tsc コマンドで TypeScript コードをコンパイルし、続けて serve コマンドでサーバを起動します。

次に kanban ディレクトリ内に、HTML ファイルと TypeScript ファイルを作成します。ディレクトリ構造は以下のようになります。

▶ **Kanban アプリのディレクトリ構造**

```
/kanban
├─── /src
│     └─── kanban.ts // src ディレクトリ内に TypeScript ファイルを作成
├─── /node_modules
├─── index.html // ルートディレクトリに HTML ファイルを作成
├─── package-lock.json
├─── package.json
├─── tsconfig.json
```

プロジェクトのルートディレクトリに、index.html ファイルを配置し、さらに src ディレクトリを作成してください。そして、その src ディレクトリの中に kanban.ts ファイルを新規作成します。

index.html ファイル内に、JavaScript ファイルを読み込むための script タグを設定します。

▶ **10-43　JavaScript ファイルの読み込み**

```
// index.html
<!DOCTYPE html>
<html lang="ja">
  <head>
    <meta charset="UTF-8" />
    <meta name="viewport" content="width=device-width, initial-scale=1.0" />
    <title>Kanban board</title>
    <!-- scriptタグの設定 -->
    <script type="module" src="./dist/kanban.js"></script>
  </head>
  <body>
    <h1>Kanban board</h1>
  </body>
</html>
```

今回開発するアプリでは、モジュールシステムを利用するため、script タグの type 属性を"module"に設定します。src 属性には、コンパイル後の JavaScript ファイルのパスを指定します。

kanban.ts には、以下の確認用のコードだけを記述しましょう。

▶ **10-44　kanban.ts の確認用コード**

```
// kanban.ts
console.log("コンパイルと読み込み成功！");
```

この設定で、package.json に記述された npm start コマンドを実行すると、kanban.ts ファイルがコンパイルされ、dist ディレクトリ内に kanban.js ファイルが生成されます。同時に、serve を用いてサーバが起動し、ターミナルに URL が表示されます。Mac では cmd キー、Windows では Ctrl キーを押しながらこの URL をクリックすると、ブラウザが開きます。

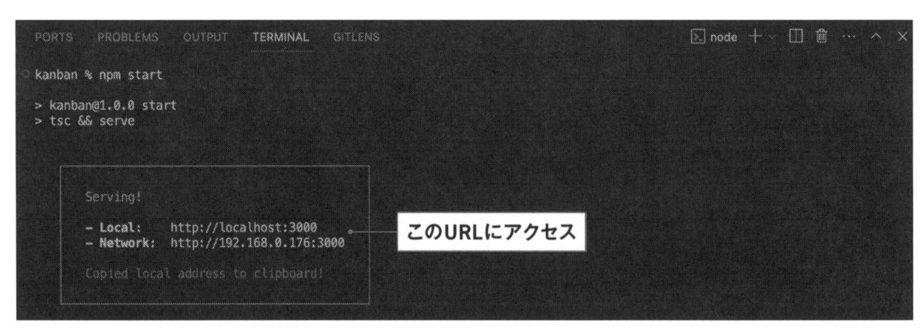

図10-9　serve によるサーバの起動

ブラウザを開くと、画面には"Kanban board"というタイトルが表示されるはずです。また、ブラウザの開発ツールを開き、コンソールタブを確認すると、"コンパイルと読み込み成功！"というメッセージが表示されていることをご確認ください。サーバを終了させる際は、ターミナルで Ctrl + C を押してください。

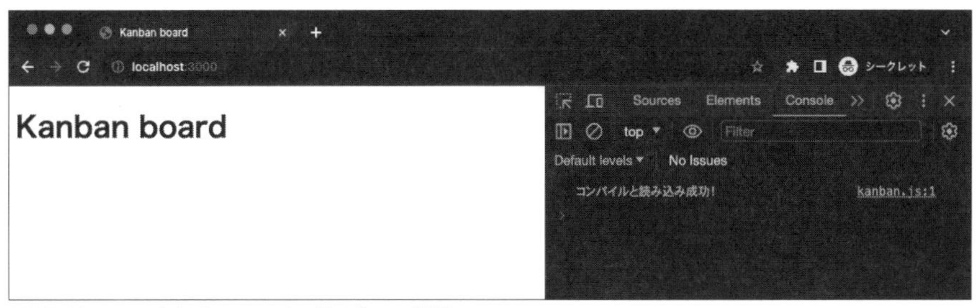

図10-10　コンパイルと.js ファイル読み込みの確認

開発をスムーズに進めるために、TypeScript コンパイラ (tsc) のウォッチモードを使用しましょう。ウォッチモードでは、TypeScript がファイルシステムを監視し、TypeScript ファイルに変更が加えられた際に自動的に再コンパイルを行います。これを利用するには、TypeScript プロジェクトのルートディレクトリに移動し、tsc -w コマンドを実行します。

このプロジェクトでは、すでに serve によるサーバが起動しているため、新たなターミナルタブを開き、そこで tsc -w コマンドを実行します。

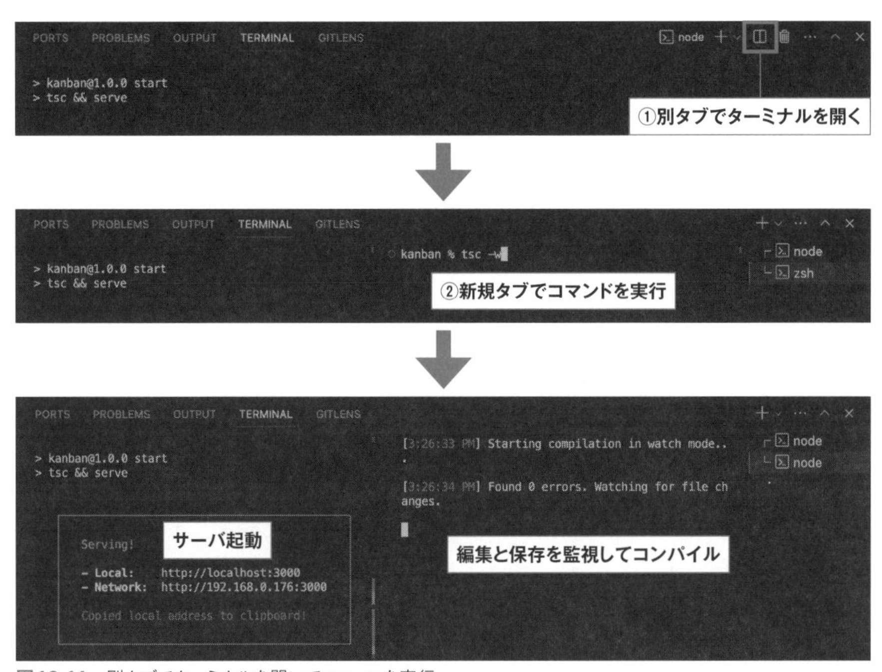

図10-11　別タブでターミナルを開いて tsc -w を実行

これで、プロジェクト内の TypeScript ファイルに変更が加えられて保存されるたびに、自動的にコンパイルが行われるようになりました。ここから開発を進めるときは、ts ファイルを変更・保存して、ブラウザを再読み込みして変更点が正しく反映されるか確認しながら進めてください。

また、このアプリにおいては CSS ファイルの実装については詳しく説明しませんので、ダウンロードした CSS ファイルをプロジェクトのルートディレクトリに配置し、HTML ファイルから読み込んでご利用ください。

▶ 10-45 CSS ファイルの読み込み

```
// index.html
<head>
  <title>Kanban board</title>
  <!-- CSSファイルの読み込み -->
  <link rel="stylesheet" href="style.css" />
  <script type="module" src="./dist/kanban.js"></script>
</head>
```

以上で、開発環境構築は完了です。次から、Kanban の実装を始めましょう！

10-2- 4 アプリの実装

ここから Kanban アプリの実装を開始します。始めに、Kanban アプリの HTML ファイルの内容を確認しましょう。

10-2- 4-1 HTML ファイル

このアプリの HTML ファイルは、主に 4 つの要素から構成されています。body 要素内には以下の要素が含まれています。

- タスク入力用の form 要素 (id="task-form")
- タスク進捗状況を示すカラムの template 要素 (id="task-list-template")
- 個々のタスクアイテムの template 要素 (id="task-item-template")
- 上記の 3 つの要素をマウントするためのホスト要素 (id="container")

全体像を確認してみましょう。

▶ 10-46 index.html の内容

```
// index.html
<!DOCTYPE html>
<html lang="ja">
  <head>
    <meta charset="UTF-8" />
    <meta name="viewport" content="width=device-width, initial-scale=1.0" />
    <meta http-equiv="X-UA-Compatible" content="ie=edge" />
    <title>Kanban board</title>
    <link rel="stylesheet" href="style.css" />
    <script type="module" src="./dist/kanban.js"></script>
  </head>
  <body>
    <!-- タスク入力フォーム -->
    <form id="task-form">
      <div class="form-group">
        <label for="title">タイトル</label>
        <input
          id="form-title"
          type="text"
```

```
          required
          autofocus
          pattern=".*\S+.*"
        />
      </div>
      <div class="form-group">
        <label for="description">内容</label>
        <textarea id="form-description" rows="3"></textarea>
      </div>
      <button type="submit">新規追加</button>
    </form>

    <!-- カラムの雛形 -->
    <template id="task-list-template">
      <div class="tasks">
        <h2 class="list-title"></h2>
        <ul id="list">
          <!-- ここにタスクアイテムのli要素を追加していく -->
        </ul>
      </div>
    </template>

    <!-- タスクアイテムの雛形 -->
    <template id="task-item-template">
      <li>
        <h2 class="task-title"></h2>
        <p class="task-description"></p>
      </li>
    </template>

    <!-- ホスト要素 -->
    <div id="container"></div>
  </body>
</html>
```

form 要素の入力欄は 2 つあり、それぞれ「タイトル」と「内容」です。

「タイトル」用の input 要素には id と type 属性の他に、以下の 3 つの特性を持つ属性が付与されています。

- required: 入力が必須であることを示す属性
- autofocus: ページ読み込み時に自動的にこの入力欄にフォーカスが当たる属性
- pattern: 入力パターンを指定する属性。このケースでは、空白文字のみの入力を禁止しています。

pattern 属性の正規表現に関する詳細な説明は省略しますが、これにより空白文字以外の文字の入力が必要となります。

「内容」の入力欄は textarea 要素として設定されています。type 属性を submit に設定した button 要素を追加することで、フォームの構築が完了します。

次に、2 つの template 要素を見てみましょう。これらの template 要素内には、それぞれ ul 要素と li 要素が子要素として配置されています。Kanban アプリにおける各カラムは ul 要素で表現され、個々のタスクアイテムは li 要素で表現されます。例えば、3つのカラムがある場合、それぞれに対応するul要素が3つ存在します。template要素から生成したul要素（カラム）は、idが"container"のdiv要素内にマウントされます。

フォームから入力されたデータを基にli要素を生成し、それをul要素に挿入することで、タスクアイテムが画面上に表示されます。タスクアイテムは、新規に作成するたびにtemplate要素からコピーされて生成されます。

このプロセスは少し抽象的に感じるかもしれませんが、実際のコードを見ると非常に直感的に理解できるようになります。もし今は完全に理解できない場合でも、先に進んで実際のコードとその動作を見ながら理解を深めていきましょう。

10-2-4-2 TaskFormクラスとbindThisデコレータの作成

タスク入力フォームから取得したデータを扱う機能を実装します。この機能は、TaskFormクラスが担います。

▶ 10-47 TaskFormクラスの実装

```
// kanban.ts
class TaskForm {
  element: HTMLFormElement;
  titleInputEl: HTMLInputElement;
  descriptionInputEl: HTMLTextAreaElement;

  constructor() {
    // form要素を取得
    this.element = document.querySelector("#task-form")!; // 非 null アサーション

    // input要素を取得
    this.titleInputEl = document.querySelector("#form-title")!;
    this.descriptionInputEl = document.querySelector("#form-description")!;
  }
}
```

TaskFormクラスは、form要素への参照であるelementプロパティと、タイトルおよび説明の各入力フィールドへの参照であるtitleInputElとdescriptionInputElプロパティを持ちます。これらのプロパティの型には、TypeScriptにデフォルトで用意されているHTML要素に関する型を指定します。

クラスのコンストラクタ内で、querySelectorを使用して各要素を取得し、それらをプロパティに代入して初期化します。この手順により、クラスはHTML要素への直接的な参照を持ち、フォームのデータ処理を効率的に行うことができます。

querySelectorメソッドは、指定されたセレクタに一致するDOM要素を返します。ただし、セレクタに一致する要素がDOM内に存在しない場合はnullを返します。このプロジェクトのtsconfig.jsonでは"strict"オプションが有効になっているため、戻り値がnullの可能性があると型チェッカーが警告します。しかし、本アプリではセレクタに一致する要素が必ず存在するため、非nullアサーション（!）を使用し、型チェッカーに戻り値がnullでないことを明示しています。

次に、TaskForm クラスにプライベートメソッドとして submitHandler を追加し、フォームの button 要素("新規追加"ボタン)が押された際に実行される処理を実装します。

▶ 10-48 submitHandler メソッドの追加

```
// TaskFormクラス内
private submitHandler(event: Event) {
  event.preventDefault(); // ブラウザのデフォルトの動作をキャンセル

  // 確認用の処理（各入力項目のプロパティにアクセス）
  console.log(this.titleInputEl.value);
  console.log(this.descriptionInputEl.value);
}
```

このメソッドは、まずブラウザのデフォルトのフォーム送信動作を preventDefault メソッドによってキャンセルします。次に、各入力項目のプロパティにアクセスし、入力されたデータを取得します。このメソッドは後にフォームのイベントリスナのコールバック関数として登録されて使用されます。そのため、メソッドのパラメータは event オブジェクトとなります。

続いて、上記の submitHandler をフォームのイベントリスナとして登録するために、bindEvents メソッドを実装します。

▶ 10-49 bindEvents メソッドの実装

```
// TaskFormクラス内
private bindEvents() {
  this.element.addEventListener("submit", this.submitHandler);
}
```

このメソッドでは、フォーム要素のイベントリスナに"submit"イベントを指定し、submitHandler メソッドをコールバック関数として登録します。

次に、TaskForm クラスのコンストラクタ内で bindEvents メソッドを呼び出します。これにより、TaskForm クラスのインスタンスが生成されると同時に、イベントリスナが自動的に設定されるようになります。

▶ 10-50 bindEvents メソッドの呼び出し

```
// TaskFormクラス内
constructor() {
  this.element = document.querySelector("#task-form")!;
  this.titleInputEl = document.querySelector("#form-title")!;
  this.descriptionInputEl = document.querySelector("#form-description")!;

  // 新たにイベントリスナを設定
  this.bindEvents();
}
```

これで TaskForm クラスの機能を確認する準備が整いました。TaskForm クラスをインスタンス化してフォームを初期化し、フォームから値を取得してみましょう。

▶ **10-51　TaskForm のインスタンス化**

```
// kanban.ts
new TaskForm();
```

TaskForm クラスをインスタンス化した後、ブラウザのフォームに値を入力し「新規追加」ボタンをクリックします。次に、ブラウザの開発ツールのコンソールタブを開いて表示される値を確認してください。しかし、現在の状態ではボタンを押すとランタイムエラーが発生します。エラーメッセージは、「undefined の value プロパティへのアクセスに失敗した」というものです。

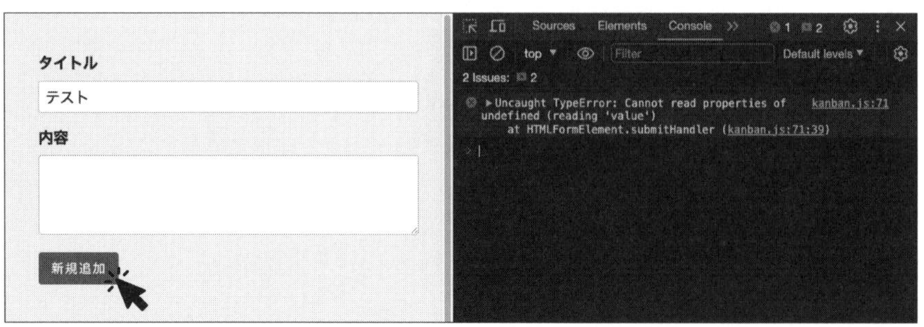

図10-12　TaskForm のエラー

このエラーの原因は、submitHandler 内の this が TaskForm クラスのインスタンスを正しく参照していないことにあります。submitHandler は、this.element (form 要素) のイベントリスナーから実行されるため、このコンテキストでは this は、TaskForm クラスのインスタンスではなく、イベントを発生させた form 要素を指します。その結果、form 要素の titleInputEl プロパティが undefined と評価され、value プロパティへのアクセス時にエラーが発生します。

この問題は、以下のように submitHandler をイベントリスナーに登録する際に、bind メソッドを使用して this を TaskForm クラスのインスタンスに束縛することで解決できます。

▶ **10-52　this の束縛**

```
// TaskFormクラス内
private bindEvents() {
  this.element.addEventListener("submit", this.submitHandler.bind(this));
}
```

しかし、ここではChapter 7で学んだデコレータを使用して this を束縛する方法を試してみましょう！もしまだChapter 7を学習していない場合は、これから導入するデコレータを使用した this の束縛の手法ではなく、上記の bind メソッドを用いる方法を採用しても問題ありません。その場合は、clearInput メソッドの実装から先に進めてください。

まず、新しく decorator ディレクトリを作成して、その中に bindThis.ts を作成してください。

▶ **bindThis.ts の作成**

```
/kanban
├─── /src
│    ├─── /decorator
│    │    └─── bindThis.ts // bindThis.tsファイルを作成
│    └─── kanban.ts
```

メソッドデコレータ bound を以下のように実装します。

▶ **10-53　bound デコレータの実装**

```
// bindThis.ts
export function bound<This, Args extends any[], Return>(
  _originalMethod: (this: This, ...args: Args) => Return,
  context: ClassMethodDecoratorContext<
    This,
    (this: This, ...args: Args) => Return
  >
) {
  // addInitializerに、フックしたい関数を渡す。動的なプロパティへのアクセスを許可するため this はany型にする
  context.addInitializer(function (this: any) {
    // thisはインスタンスを参照する。context.nameは対象のメソッド名
    this[context.name] = this[context.name].bind(this); // メソッド内のthisをインスタンスに束縛
  });
}
```

ここでは、繰り返しになるため詳細な説明は省略します。理解が難しいと感じる場合は、Chapter 7を参照して復習してください。それでは、このデコレータをインポートし、submitHandler メソッドに適用してみましょう。

▶ **10-54　bound デコレータの適用**

```
// kanban.ts
import { bound } from "./decorator/bindThis.js";

class TaskForm {
  // 省略

  @bound
  private submitHandler(event: Event) {
    // 省略
  }
}
```

上記のように、submitHandler メソッドに@bound デコレータを適用した状態で、フォームに値を入力し「新規追加」ボタンをクリックすると、今回はエラーなくコンソールに値が正しく表示されることを確認できます。これにより、メソッド内の this をクラスのインスタンスに自動的に束縛する再利用可能なデコレータの利用が可能になりました。

これでフォームからの値取得が可能となり、後ほど、この値を使用してタスクアイテム（li 要素）を作成します。

現在の実装では、フォームの送信後にも入力欄の値が残ってしまいます。これを解決するために、入力欄をクリアする機能を持つ clearInputs メソッドを TaskForm クラスに追加しましょう。そして、submitHandler メソッド内で clearInputs を呼び出して、フォーム送信後に入力欄をクリアするようにします。

▶ **10-55 clearInput メソッドの実装**

```
// TaskFormクラス内
private clearInputs(): void {
  this.titleInputEl.value = "";
  this.descriptionInputEl.value = "";
}

@bound
private submitHandler(event: Event) {
  event.preventDefault();

  /**
  * 後ほど、取得したデータを使ってタスクアイテムを作成する処理を実装
  */

  // フォームをクリア
  this.clearInputs();
}
```

この変更により、フォームの送信が行われると、入力欄が自動的にクリアされるようになります。

次に、タスク入力フォームから取得したデータを 1 つのオブジェクトでまとめて管理するために、そのデータ構造をインターフェイスで定義します。

▶ **10-56 Task インターフェイスの宣言**

```
// kanban.ts
interface Task {
  title: string;
  description?: string;
}
```

Task インターフェイスは、タスクアイテムの情報を保持するオブジェクトの構造を定義します。title プロパティにはタスクのタイトル、description プロパティにはタスクの内容が格納されます。ここで、description プロパティはオプショナルとして設定されています。これにより、タスクの説明を省略することが可能になります。

次に、Task 型のオブジェクトを作成して返す makeNewTask メソッドを実装します。

▶ **10-57　makeNewTask メソッドの実装**

```
// TaskFormクラス内
private makeNewTask(): Task {
  return {
    title: this.titleInputEl.value,
    description: this.descriptionInputEl.value,
  };
}
```

makeNewTask メソッドは、フォームから入力された値を使用して、新しい Task オブジェクトを作成し返します。このメソッドを submitHandler メソッド内で呼び出すことで、フォームの送信時に Task オブジェクトが適切に生成されるようになります。

▶ **10-58　makeNewTask メソッドの呼び出し**

```
// TaskFormクラス内
@bound
private submitHandler(event: Event) {
  event.preventDefault();

  // Taskオブジェクトの生成
  const task = this.makeNewTask();
  console.log(task);
  /**
  * TODO 後ほど、Taskオブジェクトを使ってタスクアイテムを作成する処理を実装
  */


  // フォームをクリア
  this.clearInputs();
}
```

お疲れさまでした！　TaskForm クラスの実装はほぼ完成しましたが、ここでいったん休止し、次に、タスクの進捗状況を示す各カラム（ul 要素）を管理するクラスの実装に進みましょう。

10-2-4-3 TaskList クラスの作成

ここでは、Kanban のカラムを管理する TaskList クラスを作成します。このクラスで実装する主な機能は以下のとおりです。

- 対象となる template 要素の取得
- template 要素のクローンを作成
- クローンした要素の子要素を操作して情報を追加
- その要素をホスト要素にマウント

TaskList クラスの実装は以下のようになります。

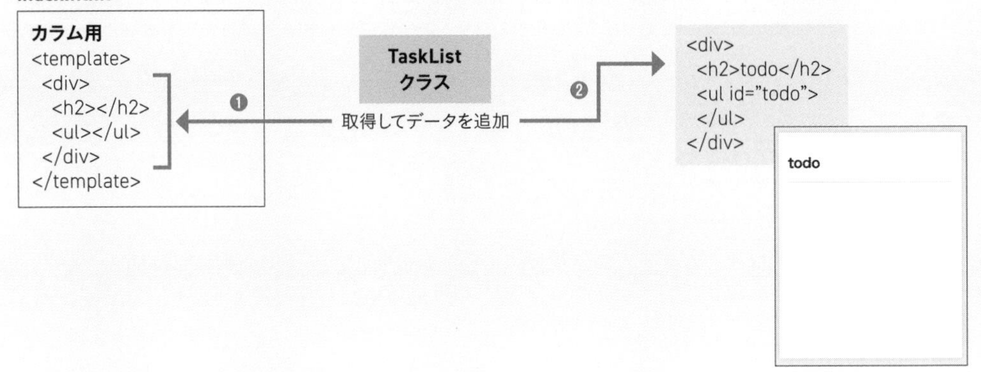

図10-3　TaskList クラスのインスタンス化

▶ 10-59　TaskList クラスの実装

```
// kanban.ts
class TaskList {
  templateEl: HTMLTemplateElement;
  element: HTMLDivElement;
  private taskStatus: TaskStatus;

  constructor(templateId: string, _taskStatus: TaskStatus) {
    // ターゲットのtemplate要素を取得
    this.templateEl = document.querySelector(templateId)!;

    // template要素のコンテンツ（子要素）を複製。trueを渡すことですべての階層でクローンする。
    const clone = this.templateEl.content.cloneNode(true) as DocumentFragment;

    // クローンした子要素から、1つ目を取得
    this.element = clone.firstElementChild as HTMLDivElement;

    // taskStatusプロパティを初期化
    this.taskStatus = _taskStatus;

    this.setup();
  }

  // クローンした要素に情報を追加
  setup() {
    // カラムに表示する、タスクの進捗状況を示すラベルを設定
    this.element.querySelector("h2")!.textContent = `${this.taskStatus}`;
    // ul要素にid属性を設定
    this.element.querySelector("ul")!.id = `${this.taskStatus}`;
  }
}
```

TaskList クラスは、以下の 3 つのプロパティを持ちます。

- templateEl：クローンの元となる template 要素への参照です。これは、コンストラクタで指定された template 要素の ID をもとに querySelector を使って取得されます。
- element：クローンされた template 要素の子要素への参照です。この要素に必要な情報が追加された後、画面上にカラムとして表示するためにホスト要素にマウントされます。
- taskStatus：タスクの進捗状況を示す文字列（例："todo", "done" など）です。これは、タスクの状態を表すために使われ、カラムのヘッダーや ID 名に使用されます。

コンストラクタでは、1つ目の引数としてクローン対象の template 要素の id 名（templateId）が渡されます。この id をもとに、querySelector を使用して対象の template 要素を取得し、templateEl プロパティに格納します。

次のクローン作成の過程では、cloneNode メソッドが使用されます。このメソッドに true を引数として渡すことで、template 要素のすべての子要素およびその下層の要素も含めた完全なクローンが行われます。具体的には、template 要素の content プロパティが対象となります。cloneNode メソッドは Node 型のオブジェクトを返しますが、template 要素の content プロパティは DocumentFragment 型です。したがって、この場合は型アサーションを使用して、クローンされたオブジェクトを DocumentFragment 型として扱います。

クローンの作成が完了した後、TaskList クラスのコンストラクタ内で setup メソッドが呼び出されます。この setup メソッドは、クローンされた要素に追加情報を設定する役割を持ちます。具体的には以下の操作を行います。

- h2 要素の設定：クローンされた要素の中の h2 子要素に、タスクの進捗状況を示すラベル（例：'todo', 'done' など）を設定します。これにより、各カラムの上部にヘッダーとして表示されるようになります。
- ul 要素の id 設定：同じくクローンされた要素の中の ul 子要素に id 属性を付与します。この id は、ラベルの値と同じ名前になります。この ul 要素は後ほど、タスクアイテムを表す li 要素を追加するためのコンテナとして機能します。

これらの設定に使用される taskStatus は、コンストラクタの第 2 引数として渡されます。taskStatus の型は、タスクの進行状態を表す TaskStatus 型です。TaskStatus 型は、"todo", "working", "done"という 3 つの文字列のいずれかを取り得るユニオン型として定義されています。ここでは少し工夫をしてそれらのユニオン型を作成してみましょう。

▶ 10-60 TaskStatus 型の定義

```
// kanban.ts
// 配列とインデックスアクセス型を使用したユニオン型の作成
const TASK_STATUS = ["todo", "working", "done"] as const;
type TaskStatus = (typeof TASK_STATUS)[number]; // インデックスアクセス型
```

まず、TASK_STATUS という変数にタスクの状態を示す文字列の配列を代入します。ここで使用される const アサーション（as const）は、配列を読み取り専用のタプルに変換するために用います。これにより、配列の各要素は変更不可能になり、より型安全になります。

次に、typeof 型演算子を使用して TASK_STATUS 変数の型を取得します。この型は Tuple 型となります。その後、インデックスアクセス型（(typeof TASK_STATUS)[number]）を使用して、Tuple 型から各要素の型を抽出します。

インデックスアクセス型は、他の型から特定の部分を抽出する際に用いられる強力なツールです。この機能により、型名[プロパティ名]の形式で、型の特定の部分へのアクセスを可能にします。また、インデックスアクセス型に number 型を指定することで、Array 型や Tuple 型の各要素のユニオン型を取得することも可能です。

この結果、TaskStatus 型は"todo" | "working" | "done"というユニオン型になります。これにより、将来的にタスクのステータスに新たな値（例："review"）を追加したい場合、TASK_STATUS 配列にその要素を追加するだけで、TaskStatus 型も自動的に更新されるようになります。

最後に、TaskList クラスに mount メソッドを実装します。このメソッドは、クローンした要素を指定されたホスト要素にマウントするためのものです。

▶ 10-61　mount メソッドの実装

```
// TaskList クラス内
mount(selector: string) {
  const targetEl = document.querySelector(selector)!;
  targetEl.insertAdjacentElement("beforeend", this.element);
}
```

mount メソッドは、引数として selector を受け取ります。この selector は、クローンされた要素を挿入するホスト要素のセレクタです。メソッド内ではまず、document.querySelector を使用してホスト要素を取得します。そして、insertAdjacentElement メソッドを使い、そのホスト要素の末尾にクローンした要素を挿入します。

この方法により、TaskList クラスはその内部で生成したカラム（ul 要素）を、適切な位置に動的に追加することができます。

以上で、TaskList クラスの実装が完了したので、次はこのクラスをインスタンス化して、template 要素からクローンした要素を画面上に表示してみましょう。タスクの状態は"todo", "working", "done"の 3 つがあるため、それぞれの状態に応じた TaskList クラスのインスタンスを作成する必要があります。

▶ 10-62　TaskList クラスのインスタンス化と mount メソッドの呼び出し

```
// kanban.ts
TASK_STATUS.forEach((status) => {
  const list = new TaskList("#task-list-template", status);
  list.mount("#container");
});
```

TASK_STATUS 配列を forEach メソッドでループし、各タスクの状態に応じて TaskList クラスの新しいインスタンスを作成します。それぞれのインスタンスには、template 要素の ID("#task-list-template")とタスクの状態（status）が引数として渡されます。そして、作成された各インスタンスの mount メソッドを呼び出し、"#container"セレクタを指定して、クローンされた要素をホスト要素にマウントします。

この手順により、"todo", "working", "done"それぞれのカラムがホスト要素に動的に追加され、画面上にタスクの状態を表すカラムが表示されます。

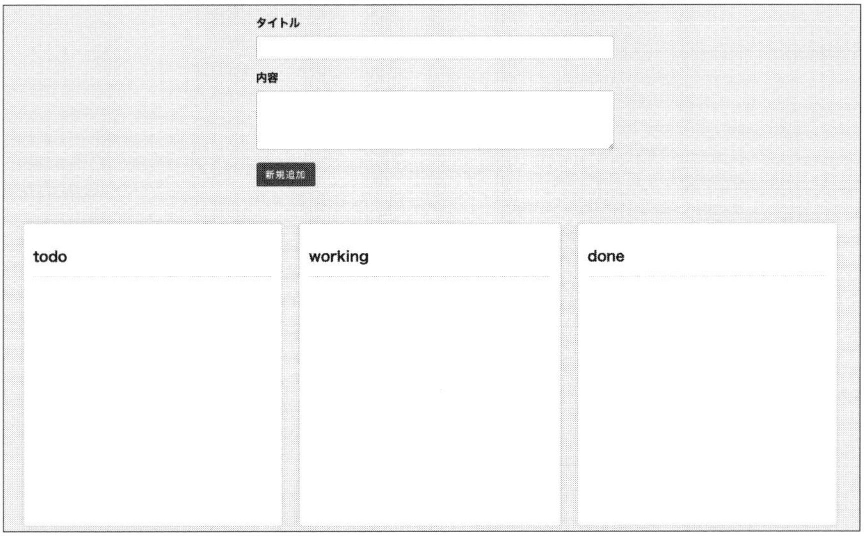

図10-14　mount メソッドによる各カラムの表示

次に、このカラム（ul 要素）に表示するタスクアイテム（li 要素）を管理するクラスを作成します。

10-2- 4-4 TaskItem クラスの作成

最後に、タスクアイテムを管理する TaskItem クラスを作成します。このクラスでは、template 要素をクローンしてマウントする機能を実装しますが、これは先に作成した TaskList クラスで実装した機能と同様です。さらに、TaskItem クラスにはタスクアイテムがクリックされた際に、そのタスクが次の進捗状態のカラムへ移動する機能も実装します。

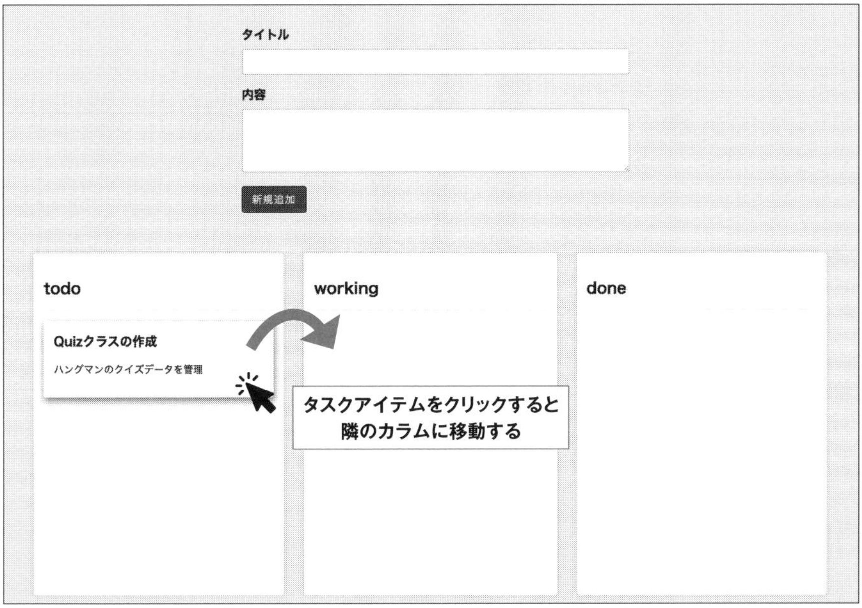

図10-15　タスクアイテムの挙動

TaskItem クラスは、タスクアイテムを管理し、ユーザーの操作に応じてタスクの状態を更新する機能を提供します。TaskItem クラスの実装は以下のようになります。

▶ 10-63 TaskItem の実装

```
// kanban.ts
class TaskItem {
  templateEl: HTMLTemplateElement;
  element: HTMLLIElement;
  task: Task;

  constructor(templateId: string, _task: Task) {
    this.templateEl = document.querySelector(templateId)!;
    const clone = this.templateEl.content.cloneNode(true) as DocumentFragment;
    this.element = clone.firstElementChild as HTMLLIElement;

    // taskプロパティを初期化
    this.task = _task;

    this.setup();

    this.bindEvents();
  }

  mount(selector: string) {
    const targetEl = document.querySelector(selector)!;
    targetEl.insertAdjacentElement("beforeend", this.element);
  }

  setup() {
    // 挿入した要素の子要素のリストにidを設定
    this.element.querySelector("h2")!.textContent = `${this.task.title}`;
    this.element.querySelector("p")!.textContent = `${this.task.description}`;
  }

  // TODO clickHandlerメソッドの実装。bindEvent内でイベントリスナに登録する。
  clickHandler() {}

  bindEvents() {
    // nextボタン。taskの状態を変化させる。
    this.element.addEventListener("click", this.clickHandler);
  }
}
```

TaskItem クラスは、templateEl と element の他に、Task 型の task プロパティを持ちます。task プロパティは、タスクの詳細情報（タイトルと内容）を保持し、コンストラクタで初期化されます。このプロパティの値は、コンストラクタの引数を通じて渡されます。

コンストラクタ内の処理内容やその他のほとんどのメソッドは、これまで実装してきたものと同様ですので解説はしません。ここでは、新しく登場した、mount メソッドと、タスクアイテムがクリックされたときの挙動を制御する clickHandler メソッドの実装に絞って解説します。

まず、mout メソッドですが、このメソッドの主な役割は、クラスによって生成された element（li 要素）を指定された ul 要素にマウントすることです。このメソッドは、TaskItem クラスのインスタンス化が完了した後に呼び出します。この処理により、タスクアイテムが対応するカラム（ul 要素）上に適切に表示されます。

次に、clickHandler メソッドについてですが、このメソッドは、画面に表示されたタスクアイテムがクリックされた際の処理を担当します。このメソッドにより、タスクアイテムの進捗状況を更新し、必要に応じて次のカラムへ移動させる処理が実行されます。具体的な処理の流れは以下のとおりです。

1. タスクアイテムの親要素の ID 取得：クリックされたタスクアイテムの親要素（ul 要素）から、その ID 名を取得します。この ID はタスクの現在の状態（例："todo"）を示しています。
2. 次の ID 名の決定：現在の ID 名をもとに、次の状態の ID 名を決定します。例えば、現在の ID が"todo"であれば、次の ID は"working"になります。
3. タスクアイテムの移動：決定した次の状態の ID 名を持つ ul 要素を見つけ、クリックされたタスクアイテムをこの ul 要素に移動させます。
4. 完了状態の処理：もしタスクアイテムが最終的な状態（"done"）に達していれば、その要素を DOM から削除します。

これらの処理を経ることにより、タスクアイテムはユーザーの操作に応じて、"todo"から"working"、最終的には"done"へと進捗状態が更新され、タスクの完了時には画面から消えるようになります。

上記の処理を、clickHandler に実装してみましょう。このメソッドは、後ほど bindEvents メソッド内でイベントハンドラのコールバック関数として登録されるため、this をクラスインスタンスに束縛するために@bound デコレータを適用します。これにより、clickHandler が正しいコンテキストで実行され、期待通りの動作をします。

▶ 10-64　clickHandler の実装

```
// TaskItem内
@bound
clickHandler() {
  if (!this.element.parentElement) return;

  // 1. 自身が所属しているul要素のidを見にいく。
  const currentListId = this.element.parentElement.id as TaskStatus;
  const taskStatusIdx = TASK_STATUS.indexOf(currentListId);

  // id が TASK_STATUS に見つからない時（プログラムのバグ）
  if (taskStatusIdx === -1) {
    throw new Error(`タスクステータスが不正です。`);
  }

  // idによって隣カラムのidを決定
  const nextListId = TASK_STATUS[taskStatusIdx + 1];

  if (nextListId) {
    // 2. 隣カラムのidにli要素を挿入
    const nextListEl = document.getElementById(
      nextListId
    ) as HTMLUListElement;
    nextListEl.appendChild(this.element);
    return;
```

```
  }

  // もし現在のリストが"done"なら、要素を削除して終了
  this.element.remove();
}
```

内部の処理を上から順に確認していきましょう。

```
if (!this.element.parentElement) return;
```

まず最初に行われるのは、this.element（タスクアイテムを表す li 要素）が DOM ツリー内で親要素を持っているかどうかの確認です。もし親要素がない場合、メソッドは直ちに終了します。

次のステップは、this.element の親要素である ul 要素の id を取得することです。この処理は以下のコード行で実行されます。

```
const currentListId = this.element.parentElement.id as TaskStatus;
```

この行の目的は、タスクアイテムが現在どのステータスのカラム（"todo", "working", "done" など）に属しているかを特定することです。親要素である ul 要素の id は、タスクの現在のステータスを示しており、この ID を使用してタスクアイテムの次の状態を決定します。
ここで使用される型アサーション as TaskStatus は、取得した id が必ず TaskStatus 型に属すると明示するために使用します。

次に、currentListId を使って、現在のタスクのステータスが TASK_STATUS 配列内でどの位置（インデックス）にあるかを特定します。

```
const taskStatusIdx = TASK_STATUS.indexOf(currentListId);
```

そのためには、上記のように、TASK_STATUS 配列に indexOf メソッドを用いることで検索します。このインデックスは、次のステータスを決定するために使用します。

もし、何らかのバグによって、currentListId が TASK_STATUS 配列内に存在しない場合は、indexOf は-1 を返します。その場合は、以下のようにエラーを発生させるようにします。

```
if (taskStatusIdx === -1) {
  throw new Error(`タスクステータスが不正です。`);
}
```

taskStatusIdx が正しく取得できた場合は、1 を加算することで、次のタスクステータスを TASK_STATUS 配列から取得します。

```
const nextListId = TASK_STATUS[taskStatusIdx + 1];
```

たとえば、現在のステータスが"todo"の場合（インデックス 0）、次のステータスは、"working"（インデックス 1）になります。

次のステータスが存在する場合に、該当する ul 要素に現在のタスクアイテム（this.element）を移動させる処理が行われます。

```
if (nextListId) {
  // 次のタスクのidにli要素を挿入
  const nextListEl = document.getElementById(nextListId) as HTMLUListElement;
  nextListEl.appendChild(this.element);
  return;
}
```

このコードでは、まず次のステータスに対応する ul 要素を取得します。そして、this.element をその ul 要素に追加します。これにより、タスクアイテムは現在のカラムから次のカラムへ移動し、タスクの進捗状態が更新されます。

タスクアイテムが最終ステータス（例: "done"）に達して、次のステータスが存在しない場合、タスクアイテムを DOM から削除します。

```
this.element.remove();
```

その処理は、this.element の remove()を呼び出すことで行います。この処理により、タスクアイテムは画面上から消去されます。

お疲れさまでした！以上が clickHandler 内の処理の内容です。これで TaskItem クラスの実装も完了です。

最後に、この TaskItem クラスを、TaskForm クラスの submitHandler 内でインスタンス化して、mount メソッドを呼び出してみましょう。

▶ 10-65　TaskItem クラスのインスタンス化と mount メソッドの呼び出し

```
// kanban.ts
class TaskForm {
  // 省略

  private submitHandler(event: Event) {
    event.preventDefault();

    const task = this.makeNewTask();

    // 新規で追加
    // TaskItemクラスのインスタンス化
    const item = new TaskItem("#task-item-template", task);
    item.mount("#todo"); // #todo をidに持つ ul要素 にマウント

    this.clearInputs();
  }

  // 省略
}
```

上記の処理を追加したら、タスク入力フォームからデータを新規に追加してみましょう。"todo"カラムに新しいタスクアイテムが表示されます。そして、そのタスクアイテムをクリックすると、次のタスクステータスに移動し、最終的には画面から消えます。

さらに、TASK_STATUS 配列に新しいタスクステータスを加えるだけで、アプリケーションの画面上にその変更が反映されるようになります。例えば、"working"の直後に"reviewed"を追加すると、アプリケーションに新たな"review"カラムが表示され、タスクアイテムをその新しいカラムに移動させることができます。

お疲れさまでした！今回作成した Kanban アプリは、タスクアイテムの編集や削除機能を含まないとてもシンプルなものでしたが、TypeScript を使って DOM を操作する基本的な方法についての理解を深めることができたのではないでしょうか。一般的な Kanban アプリには、タスクアイテムをドラッグ&ドロップで移動させる、特定のマークをつけるなど、より多くの機能が備わっています。このプロジェクトで得た知識を基に、これらの追加機能を自分自身で実装してみると、よりリッチで使い勝手のよいアプリケーションを作ることができますので、ぜひ挑戦してみてください！

現在のアプリは正常に動作しているものの、TaskList クラスと TaskItem クラスは、いくつかの共通の機能を持ち、記述が重複しています。今後、新しいクラスをこのアプリに追加するとき、同じような処理を繰り返し書くのは効率的ではありません。次の節では、共通の機能を 1 つにまとめ、抽象化することを考えてみましょう。このような場面で、クラスの継承やジェネリック型が非常に役立ちます！

10-2-4-5 UIComponent クラスによるリファクタリング

この節では、TaskList クラスと TaskItem クラスに共通する機能を抽出し、新しい抽象クラスを作成することでリファクタリングを行います。この抽象クラスはその後、TaskList と TaskItem クラスが継承する形で利用されます。以下の機能が両クラスで共通しています。

- template 要素の取得とクローン（コンストラクタ内の処理）
- クローンした要素にデータを追加する機能（具体的な処理はクラスで異なる）
- クローンした要素をホスト要素にマウントする機能

抽象クラス UIComponent を作成して、上記の重複しているコードを移植します。

▶ **10-66　UIComponent クラスの作成**

```
// kanban.ts
abstract class UIComponent<T extends HTMLElement> {
  templateEl: HTMLTemplateElement;
  element: T;

  constructor(templateId: string) {
    // template 要素の取得とクローン
    this.templateEl = document.querySelector(templateId)!;

    const clone = this.templateEl.content.cloneNode(true) as DocumentFragment;

    this.element = clone.firstElementChild as T;
  }

  // クローンした要素をホスト要素にマウントする機能
  mount(selector: string) {
    const targetEl = document.querySelector(selector)!;
    targetEl.insertAdjacentElement("beforeend", this.element);
  }

  // クローンした要素にデータを追加する機能
  abstract setup(): void;
}
```

TaskList と TaskItem クラス内で型注釈として複数箇所で使用されていた型は、新しく作成された UIComponent 抽象クラスにおいて、ジェネリック型パラメータ T を用いてより柔軟に扱われます。型 T は extends キーワードによって HTMLElement 型に制約します。これにより、T は HTMLElement またはそのサブクラスの型のみを受け入れることができます。

コンストラクタのパラメータは、それぞれのクラスに共通する templateId だけを設定します。UIComponent を継承するサブクラスで、もし追加のパラメータが必要であれば、そのクラスのコンストラクタに追加するようにします。

mount メソッドの実装は、TaskList クラスと TaskItem クラスでまったく同じであるため、このメソッドは UIComponent クラスにそのまま移植します。setup メソッドはサブクラスごとに異なる挙動をする可能性があるため、抽象メソッドとして UIComponent クラスに定義されます。各サブクラスは、この抽象メソッドをオーバーライドして、具体的な実装を提供する必要があります。

それでは、この UIComponent クラスを継承して TaskList クラスを作成してみましょう。

▶ 10-67　UIComponent クラスを継承した TaskList クラス

```
// kanban.ts
class TaskList extends UIComponent<HTMLDivElement> {
  constructor(private taskStatus: TaskStatus) {
    super("#task-list-template");
    this.setup();
  }

  setup() {
    this.element.querySelector("h2")!.textContent = `${this.taskStatus}`;
    this.element.querySelector("ul")!.id = `${this.taskStatus}`;
  }
}
```

リファクタリングにより、コードはより簡潔で見やすくなりました。コンストラクタ内では、super キーワード によって、スーパークラスのコンストラクタを呼び出すことを忘れないでください。また、リファクタリング前にクラスのトップで定義されていた taskStatus プロパティは、アクセス修飾子の省略記法を用いてコンストラクタのパラメータとして移動されました。これにより、コードの整理と簡素化が図られ、クラスの構造がより明快になっています。

次に、TaskItem クラスを定義し直します。TaskItem クラスが生成する要素はクリック可能な特性を持っており、この特性をより明確に示すために関連する機能をインターフェイスで定義し、TaskItem クラスでそのインターフェイスを実装することにします。今回、クリック可能な要素を持つクラスが TaskItem だけであるため、このアプローチが実用的なメリットをもたらす可能性は限定的かもしれませんが、学習として理解を深めるためにこの手法を試してみましょう。

新しく、ClickableElement インターフェイスを定義します。

▶ 10-68　ClickableElement インターフェイスの宣言

```
// kanban.ts
interface ClickableElement {
  element: HTMLElement;
  clickHandler(event: MouseEvent): void;
  bindEvents(): void;
}
```

ClickableElement インターフェイスは、以下の要素が含まれています。

- element：クリックイベントを受け取る HTML 要素
- clickHandler：要素がクリックされた際に発火するイベントハンドラ
- bindEvents：HTML 要素にイベントリスナを登録するメソッド

このインターフェイスを導入することで、クリック可能な要素とその振る舞いを規定する明確な契約を設定することができます。

この ClickableElement インターフェイスと UIComponent クラスを用いて TaskItem クラスを作成します。

▶ 10-69 UIComponent クラスを継承した TaskItem クラス

```
// kanban.ts
class TaskItem extends UIComponent<HTMLLIElement> implements ClickableElement {
  task: Task;

  constructor(_task: Task) {
    super("#task-item-template");

    this.task = _task;
    this.setup();
    this.bindEvents();
  }

  setup() {
    this.element.querySelector("h2")!.textContent = `${this.task.title}`;
    this.element.querySelector("p")!.textContent = `${this.task.description}`;
  }

  @bound
  clickHandler(): void {
    if (!this.element.parentElement) return;

    const currentListId = this.element.parentElement.id as TaskStatus;
    const taskStatusIdx = TASK_STATUS.indexOf(currentListId);

    if (taskStatusIdx === -1) {
      throw new Error(`タスクステータスが不正です。`);
    }

    const nextListId = TASK_STATUS[taskStatusIdx + 1];

    if (nextListId) {
      const nextListEl = document.getElementById(
        nextListId
      ) as HTMLUListElement;
      nextListEl.appendChild(this.element);
      return;
    }

    this.element.remove();
  }

  bindEvents() {
    this.element.addEventListener("click", this.clickHandler);
  }
}
```

こちらも TaskList ほどではありませんが、すっきりして見やすくなりましたね。TaskItem クラスの新しい実装では、UIComponent クラスを継承し、ClickableElement インターフェイスを実装しています。このアプローチにより、TaskItem は抽象クラスから共通の機能を継承し、同時にクリック可能な要素としての特定の振る舞いを確保します。

リファクタリングの結果、TaskList と TaskItem をインスタンス化する際に渡す引数が変わりましたので、それぞれをインスタンス化している箇所も忘れずに変更しましょう。まずは、TaskList です。

▶ **10-70　TaskList の引数の変更**

```
// kanban.ts
TASK_STATUS.forEach((status) => {
  const list = new TaskList(status); // リファクタリングに伴う引数の変更
  list.mount("#container");
});
```

続いて、TaskList をインスタンス化している部分です。

▶ **10-71　TaskItem の引数の変更**

```
// kanban.ts
class TaskForm {
  // 省略

  private submitHandler(event: Event) {
    event.preventDefault();

    const task = this.makeNewTask();

    const item = new TaskItem(task); // リファクタリングに伴う引数の変更
    item.mount("#todo");

    this.clearInputs();
  }

  // 省略
}
```

以上の変更を加えた上で、アプリが正しく動作するか確認してください。

この節では、抽象クラスと抽象メソッドを活用してコードの共通部分を整理し、さらにインターフェイスをクラスに実装する手法を採用しました。これらのアプローチによって、重複していたコードを効率的にまとめることができ、結果としてコードの保守性や可読性が向上しました。また、これらの手法は、メソッドの実装漏れなどのヒューマンエラーを減らすのにも役立ちます。今回のプロジェクトではコード量が比較的少ないため、これらの手法のメリットを完全に体感することは難しいかもしれませんが、大規模なプロジェクトではこれらの手法の効果がより顕著になり、プロジェクトの管理や拡張を容易にします。

大変お疲れさまでした。この章では 2 つのアプリを作成しました。それらを通して、TypeScript や Web 開発の基礎をより深く理解し、将来的にはさらに複雑で機能豊富なアプリケーションの開発に挑戦するよいきっかけとなることを願っています。プログラミングは実践を通して学ぶことが非常に重要ですので、さまざまな機能を試しながら知識とスキルを積み上げていってください。

Appendix

JavaScript Lessons

Appendixでは、本書を読む上で知っておいた方がよいJavaScriptの知識についてまとめています。すでにご存知の方もいるかと思いますが、必要に応じて参考にしてください。

Appendix 1

ECMAScript

ECMAScriptは、ECMA Internationalという国際的な非営利団体によって策定・維持されるスクリプト言語の標準仕様です。JavaScriptはこの標準に基づいて開発されています。ECMA Internationalは、情報および通信システムの標準化を目的とする組織であり、その中でもTC39という技術委員会がECMAScriptの仕様の策定・更新を担当しています。

TC39は、ブラウザベンダーや関連企業の代表者から成る委員会であり、新しい言語機能の提案から最終的な仕様策定までのプロセスを管理しています。JavaScriptは、このECMAScript仕様に基づいて実装される最もポピュラーな言語の1つです。JavaScriptをはじめ、多くの言語や実装がECMAScriptの基準に準拠しており、これによってさまざまなプラットフォームやブラウザでの互換性が確保されています。

ECMAScript (ES) の仕様は定期的に改訂されます。これは、技術やユーザーの要求が進化するにつれて、言語もそれに応じて成長・進化していく必要があるからです。新しい機能や変更は「提案 (Proposal)」として開始されます。新しい提案はTC39のメンバー、または関連するコミュニティメンバーによって作成され、TC39の定期的な会合で議論されます。提案は4つのステージを経て進行し、最終的に承認されると、その内容は次のECMAScriptの版に組み込まれます。そして最終的にJavaScriptに実装されることになります。

Appendix 2

Node.js と package.json

Node.jsは、ブラウザの外でJavaScriptを実行するための実行環境です。これにより、JavaScriptを使ってサーバサイドのアプリケーションを開発することが可能になりました。Node.jsにより、ウェブサーバを作成したり、データベースとの通信を行ったり、ファイルシステムを操作することが可能になります。また、Webプログラミングの範囲を超えて、さまざまな用途で利用することが可能です。

Node.jsには、最新バージョン (Current) と長期サポートバージョン (Long-Term Support、LTS) の2つのリリースタイプが存在します。

最新バージョンは、開発者が最新の機能や改善を早期に試すために使われます。これには新しいJavaScript機能やAPIの追加、最新のV8 JavaScriptエンジンへのアップデートが含まれることが多く、技術的な進歩を積極的に取り入れているのが特徴です。この最新バージョンは比較的短期間で更新され、安定性よりも新機能の導入に焦点が置かれています。

一方で、Node.js の LTSバージョンは本番環境での使用に適しており、安定性とセキュリティを重視しています。LTS バージョンは長期にわたってバグ修正やセキュリティアップデートが提供され、「アクティブ LTS」フェーズと「メンテナンス」フェーズを経て数年間サポートされ続けます。新しい技術よりも既存のコードの互換性と安定動作が保証されるため、企業や製品の信頼性の高い基盤として選ばれます。Node.js の LTS バージョンは偶数番号のリリースになります。

package.json は、Node.js プロジェクトの設定を含むファイルです。このファイルには、プロジェクトの名前、バージョン、ライセンス、作者情報、スクリプトの実行設定などが記述されています。また、プロジェクトで使用する外部のライブラリやモジュール（パッケージ）もここにリストされて管理されます。

Appendix 3

パッケージのグローバルインストールとローカルインストール

Node.js パッケージは、Node.js 環境で動作するモジュールまたはライブラリです。これらは、特定の機能を提供するためのコードの集合体で、再利用可能な形で提供されます。Node.js のパッケージは npm（Node Package Manager）によって管理されます。npm によって、開発者はオンライン上の npm レジストリからパッケージを検索し、それらを自分のプロジェクトに追加できます。npm はまた、依存関係の管理やパッケージのバージョン管理なども行います。

パッケージのインストール方法には、グローバルインストールとローカルインストールの 2つの方法が存在します。グローバルインストールを行うと、パッケージがシステム全体で利用可能になります。これは、コマンドラインツールや複数のプロジェクトで共通して使用するパッケージに適しています。一方のローカルインストールを行うと、パッケージが特定のプロジェクトのディレクトリ内にのみインストールされます。これにより、プロジェクトごとに異なるパッケージのバージョンを管理でき、依存関係の衝突を避けることができます。

typescript のインストールを例にすると、グローバルインストールした場合は、どのディレクトリからでも直接 tsc コマンドを使用できるようになります。一方、ローカルインストールした場合は、プロジェクトの node_modules ディレクトリ内にパッケージがインストールされます。この場合、tsc コマンドを実行するには、npx tsc のように npx コマンドを介して行うか、または package.json の script フィールドに tsc コマンドを追加して実行します。

▶ package.json

```
{
  // 省略
  "scripts": {
    "start": "tsc app.ts" // コマンドの追加
  }
  // 省略
}
```

▶ コマンドラインで実行

```
npm start // 追加したコマンド tsc app.ts が実行される
```

Appendix 4

JavaScript のプリミティブ値とオブジェクト

ECMAScript 標準では、以下の 8 つのデータ型が定義されています。それらのデータ型はさらに、以下のようにプリミティブデータ型（プリミティブ値）とオブジェクトに分けることができます。

A-4- 1 プリミティブデータ型

- String（文字列）：テキストの値を表す連続した文字。"Hello" など
- Number（数値）：整数または浮動小数点数。12 など
- BigInt（長整数）：精度が自由な整数値。9234234124208520352n など
- Boolean（真偽値）：真偽値を表す型。true または false
- Symbol（シンボル）：インスタンスが固有で不変となるデータ型
- undefined（未定義）：値がまだ割り当てられていない変数の型。値は undefined のみ
- null：値が意図的に存在しないことを示す型。値は null のみ

プリミティブ型は、JavaScript における基本的なデータ型です。プリミティブ型の値は、変更不可能（イミュータブル）であり、それらの値自体が直接操作されることはありません。

A-4- 2 オブジェクト（プリミティブデータ型以外）

JavaScript では、オブジェクトはプロパティ（キーと値のペア）の集合として見ることができます。オブジェクトは変更可能（ミュータブル）であり、プロパティの追加、削除、変更ができます。配列はキーが整数として順序付けられた、特殊なオブジェクトの一種です。また、関数は実行可能（callable）という追加機能を備えた特殊なオブジェクトです。

オブジェクトとプリミティブ型の主な違いは、オブジェクトは**参照**によって操作・渡されるのに対し、プリミティブ型は値によって操作・渡されるということです。したがって、オブジェクトを変数から別の変数に代入すると、そのオブジェクトへの参照がコピーされます。一方、プリミティブ型の値を別の変数に代入すると、その値自体がコピーされます。

この違いにより、オブジェクトのプロパティを変更すると、そのオブジェクトへの参照を持つすべての場所でその変更が反映されます。しかし、プリミティブ型の値は、それをコピーした後に元の値を変更しても、コピーされた値には影響しません。

Appendix 5

let、constおよびvar

let、const および var は、JavaScript で変数を宣言するためのキーワードです。現代の JavaScript の開発では、let と const を使用し、var は使用しません。それぞれの主な違いを以下に示します。

特徴	let	const	var
初期化	値なしで可能	宣言時に値が必要	値なしで可能
再代入	可能	不可能	可能
スコープ	ブロックスコープ	ブロックスコープ	関数スコープ
ホイスティング	宣言前にアクセスするとエラー	宣言前にアクセスするとエラー	宣言前でもアクセス可能（値は undefined）
グローバルオブジェクトのプロパティ	グローバルでの宣言でもプロパティとして追加されない	グローバルでの宣言でもプロパティとして追加されない	グローバルでの宣言がグローバルオブジェクトのプロパティとして追加

変数の宣言は、値の再代入が必要でない限り、const で行いましょう。それによって、意図せぬ再代入によるバグを防ぐことができ、コードの意図も明確になります。

ホイスティング（Hoisting）とは、変数宣言や関数宣言が、コードの最上部に「持ち上げられた」（hoisted）ように動作する挙動のことを指します。

```
// var で宣言された変数（アクセス可能）
console.log(x); // undefined
var x = 1;
console.log(x); // 1

// let で宣言された変数（アクセス不可能）
console.log(y); // Uncaught ReferenceError: Cannot access 'y' before initialization
let y = 2;

// const で宣言された変数（アクセス不可能）
console.log(z); // Uncaught ReferenceError: Cannot access 'z' before initialization
const z = 3;
```

var で宣言された変数は、その変数が含まれる関数、またはグローバルスコープの最上部にホイスティングされます。ただし、ホイスティングされるのは宣言のみで、初期化（値の代入）はホイスティングされません。その結果、宣言前に変数にアクセスすると undefined が返されます。

let と const キーワードで宣言された変数もホイスティングされますが、var とは異なり、宣言前に変数にアクセスしようとすると参照エラー（ReferenceError）が発生します。

Appendix 6 識別子の命名規則

識別子の命名規則には、キャメルケース、パスカルケース、スネークケース、ケバブケースの 4 つの一般的なスタイルがあります。これらは異なるプログラミング言語や状況に応じて使用されます。JavaScript では、変数や関数にキャメルケースを、クラス名にはパスカルケースが一般的に使用されます。なお、JavaScript ではケバブケースは使用することはできません。

A-6-1 キャメルケース (camelCase)

キャメルケースは、最初の単語を小文字で始め、以降の各単語を大文字で始めて連結する命名規則です。主に変数や関数名に使用されます。

```
firstName;
totalAmount;
calculateTotalAmount;
```

A-6-2 パスカルケース (PascalCase)

パスカルケースは、キャメルケースと似ていますが、最初の単語も大文字で始めます。主にクラス名やコンストラクタの名前に使われます。

```
CarModel;
ProductCategory;
BookTitle;
```

A-6-3 スネークケース (snake_case)

スネークケースは、すべての文字を小文字で書き、単語の間を _（アンダースコア）でつなぎます。JavaScript では一般的ではなく、Python などのプログラミング言語では変数名や関数名によく用いられます。

```
first_name;
total_amount;
calculate_total_amount;
```

A-6-4 ケバブケース（kebab-case）

ケバブケースは、すべての文字を小文字で書き、単語の間を -（ハイフン）でつなぎます。主に HTML や CSS のクラス名に使われます。JavaScript では変数名や関数名にケバブケースを使用することはできません。

```
menu-item btn-primary font-size
```

Appendix 7

スコープ

スコープとは、実行中のコードから値と式が参照できる範囲を示す概念です。スコープの理解は、変数の生存期間やアクセス範囲を理解する上で非常に重要です。

スコープタイプ	定義	有効範囲
グローバルスコープ	スクリプト全体でアクセス可能な変数や関数が存在するスコープ	すべての関数やブロック内でアクセス可能
関数スコープ	関数内でのみアクセス可能な変数や関数が存在するスコープ	その関数内でのみアクセス可能
ブロックスコープ	{} で囲まれた領域でのみアクセス可能な変数や定数が存在するスコープ	そのブロック内でのみアクセス可能。 let、const で定義
モジュールスコープ	各モジュールが持つスコープ	そのモジュール内でのみアクセス可能。外部モジュールから参照するためには `export` が必要

JavaScript のスコープは階層的に構造化されています。例えば、関数の内部からは、その関数スコープ、その関数を囲む外部のスコープ、さらにその外部のスコープ、と続くように最終的にグローバルスコープまでアクセスが可能です。このような特定のスコープから始まるスコープの連鎖を**スコープチェーン**と呼びます。
JavaScript 変数を参照するとき、このスコープチェーンをたどり、最初に見つかった識別子を使用します。

JavaScript のスコープは、コードが書かれている場所に基づいて決定されます。関数や変数がどのスコープにアクセスできるかは、実行時ではなくコードを書く段階で決まります。このようなスコープのことを**レキシカルスコープ**（静的スコープ）と呼びます。

Appendix 8
リテラルとオブジェクトリテラル

リテラルとは、プログラムのソースコード中で直接表現される固定の値を指します。別の言い方をすると、リテラルという構文によって、ソースコード内に固有の値を直接記述することができます。

一方、固定されていない、動的に生成される値はリテラルではありません。例として、関数の戻り値や、new Date で取得する現在の日時、Math.random()で生成されるランダムな数値などが挙げられます。これらはプログラム実行時にその値が決まるため、リテラルとは言えません。

JavaScript におけるリテラルを以下に示します。

リテラルのタイプ	例	説明
数値リテラル	123, -456, 0xFF, 123.456	整数、浮動小数点数、16 進数など
文字列リテラル	'Hello', "World", `Hi ${name}`	シングルクォート、ダブルクォート、テンプレートリテラル
真偽値リテラル	true, false	真偽値を表すリテラル
正規表現リテラル	/[a-z]+/i	パターンマッチングのためのリテラル
オブジェクトリテラル	{ key1: 'value1', key2: 'value2' }	キーと値の組み合わせを持つオブジェクト
配列リテラル	[1, 2, 3, 4, 5]	複数の値のリスト
関数リテラル	function(x) { return x * x; }	関数の定義
null リテラル	null	値が存在しないことを示すリテラル
BigInt リテラル	123n	任意の大きさの整数を表すリテラル
シンボルリテラル	Symbol('description')	一意の値を生成するためのリテラル

オブジェクトは、**オブジェクトリテラル** "{}" によって生成することができます。この方法は、オブジェクトを作成するためのより簡潔で直感的な構文として、new Object() などの他の方法とは別に追加された**シンタックスシュガー**(糖衣構文)と考えることができます。

Appendix 9
スプレッド構文

スプレッド構文（...）を使うと、配列やオブジェクトの要素を展開することができます。

A-9- 1 配列の展開

スプレッド構文を使用して、配列の要素を別の配列の中で展開することができます。

```
const arr1 = [1, 2, 3];
const arr2 = [...arr1, 4, 5]; // [1, 2, 3, 4, 5]
```

また、関数の引数としても使用できます。

```
function sum(x, y, z) {
  return x + y + z;
}
const numbers = [1, 2, 3];
console.log(sum(...numbers)); // 6
```

A-9- 2 オブジェクトの展開

スプレッド構文はオブジェクトのプロパティを展開するのにも使用できます。

```
const obj1 = { a: 1, b: 2 };
const obj2 = { ...obj1, c: 3 }; // { a: 1, b: 2, c: 3 }
```

スプレッド構文を使用したオブジェクトの複製は以下のように行うことができます。

```
const original = { a: 1, b: 2, c: 3 };
const copied = { ...original }; // { a: 1, b: 2, c: 3 }
```

この方法で original オブジェクトを copied にコピーすると、copied は original のプロパティをすべて持ちますが、original とは**別の新しいオブジェクトを参照**します。

ただし、オブジェクトのプロパティがネストされている場合、深いネストのオブジェクトは新しい参照が作成されず（シャローコピー）、元のオブジェクトと同じ参照を持ち続ける点に注意が必要です。
オブジェクト内のネストされたオブジェクトも新しい参照でコピー（ディープコピー）する場合は、グローバルメソッドのstructuredClone()を使用することができます。

Appendix 10 オプショナルチェーン演算子とnull合体演算子

オプショナルチェーン（optional chaining）演算子（?.）は、オブジェクトのプロパティにアクセスする際に、そのプロパティや中間のオブジェクトが存在しない可能性がある場合に、エラーを回避できる機能です。参照がnullish（nullまたはundefined）の場合にエラーとなるのではなく、undefinedが返されます。

A-10-1 オプショナルチェーン演算子

A-10-1-1 プロパティアクセス

```
const person = {
  name: "John",
  address: {
    city: "Boston",
  },
};

console.log(person.address.city); // Boston
console.log(person.address.zipCode); // undefined（アクセス可能だが、プロパティが存在しない）
// NG
console.log(person.profile.age); // エラー：Cannot read properties of undefined (reading 'age')

// OK. オプショナルチェーン演算子を使用
console.log(person.profile?.age); // undefined（エラーが発生しない）
```

A-10-1-2 関数やメソッドの呼び出し

```
const person = {
  greet: () => {
    console.log("Hello!");
  },
};

person.greet?.(); // "Hello!"
person.goodbye?.(); // 何も起こらない（エラーが発生しない）
```

A-10- 1-3 配列のアクセス

```
const colors = ["red", "blue", "green"];

console.log(colors?.[1]); // blue
console.log(colors?.[10]); // undefined (エラーが発生しない)
```

このように、参照や関数が nullish である可能性がある場合でも、オブジェクトの値に安全にアクセスすることができます。

A-10- 2 null 合体演算子

null 合体演算子 (??) は、論理演算子の一種で、左辺の値が null または undefined のときに右辺の値を返し、それ以外の場合は左辺の値を返す機能を持っています。

```
const result1 = null ?? "default";
console.log(result1); // "default"

const result2 = 0 ?? "default";
console.log(result2); // 0
```

JavaScript では、|| 演算子はしばしばデフォルト値を指定するために使用されますが、null 合体演算子との主な違いは、|| が "falsy" な値 (例：false、0、""、NaN) に対して動作するのに対し、?? は厳密に null または undefined の場合のみ動作するという点です。

オプショナルチェーン演算子と null 合体演算子を組み合わせることで、プロパティが undefined または null の場合のデフォルト値を簡単に指定できます。

```
const person = {
  name: "John",
  profile: {
    age: 20,
  },
};

const age = person.profile?.age ?? "unknown";
console.log(age); // 20

const gender = person.profile?.gender ?? "unknown";
console.log(gender); // "unknown"
```

Appendix 11 関数のパラメータと引数

ここでは、JavaScript の関数における「パラメータ」(parameter) と「引数」(argument) について説明します。

A-11-1 パラメータ (Parameter)

パラメータは関数の定義時に関数名の後の括弧 () 内で指定される変数のことを指します。パラメータは関数が実行される際に受け取る入力の「プレースホルダー」として機能します。

A-11-2 引数 (Argument)

引数は関数を呼び出す際に、関数の入力として渡される値 (プリミティブ値またはオブジェクト) のことを指します。
以下の関数を考えてみましょう。

```
function add(x, y) {
  return x + y;
}
```

この関数では、x と y はパラメータです。
次に、この関数を呼び出すとき、

```
const result = add(1, 2);
```

この場合の 1 と 2 は引数です。これらの引数は関数内の x と y パラメータにそれぞれバインドされ、関数の内部で使用されます。
この 2 つの用語は、多くの文脈で互換的に使われることがありますが、正確には上述のような違いがあります。

Appendix 12

truthy と falsy

JavaScript には、if 文の条件式などの真偽の評価の際に、true/false の真偽値として評価される値ではないが、その性質に応じて true あるいは false とみなされる値があります。これらをそれぞれ truthy と falsy と呼びます。

以下の値は、falsy とみなされます。

- false
- 0
- -0
- 0n
- ""
- null
- undefined
- NaN

これ以外の値はすべて truthy とみなされます。

```
// falsy
if ("") {
  console.log("実行されない！");
}

// truthy
if ({}) {
  console.log("{} は truthy な値！");
}
```

Appendix 13
アロー関数と関数式

アロー関数は ES6 (ES2015) で導入された新しい関数の構文で、関数を従来の記法よりも簡潔に記述することができます。アロー関数は関数式の形式で定義されます。

```
// 従来の関数宣言
function add(x, y) {
  return x + y;
}

// 関数式（無名関数を変数に代入）
const add = function (x, y) {
  return x + y;
};

// アロー関数式
const add = (x, y) => x + y;
```

JavaScript では、関数を変数に代入したり、他の関数の引数として渡したり、関数の戻り値として返すことができます。function キーワードによって宣言された関数はホイスティングされますが、関数式はホイスティングされないことに注意してください。

```
// ホイスティングされているのでエラーにならない
Hoisted();

// 関数宣言によって宣言された関数はホイスティングされる
function Hoisted() {
  console.log("Hoisted!");
}

// 関数式はホイスティングされないため、宣言前に実行しようとするとエラーになる
notHoisted(); // TypeError: notHoisted is not a function

const notHoisted = function () {
  console.log("Not Hoisted!");
};
```

アロー関数は、自身の this を持ちません。そのため、アロー関数内部で this を参照すると、定義時の外部のスコープ（レキシカルスコープ）の this を参照することに注意してください。

Appendix 14

コールバック関数

コールバック関数とは、他の関数の引数として渡される関数のことを指します。コールバック関数は、特定の操作が完了した後に実行されることが多く、JavaScript では非同期処理やイベントリスナなどでよく用いられます。
コールバック関数は通常、引数として渡された関数内で実行されます。

```
function greet(name, callback) {
  const greeting = callback();
  console.log(greeting + name);
}

function goodMorning() {
  return "Good morning! ";
}
function goodNight() {
  return "Good night! ";
}

greet("John", goodMorning); // Good morning! John
greet("Alice", goodNight); // Good night! Alice
```

上記の例では、greet 関数は 2 つの引数を取ります。1つ目の引数は文字列、2つ目の引数は関数です。greet 関数の中で、callback として渡された関数（この場合は goodMorning、goodNight）が呼び出されます。このように関数の振る舞いを、コールバック関数を変えることで柔軟に変更できます。

JavaScript の非同期プログラミングの中心的な部分としてコールバックが使用されます。以下は非同期コールバックの一般的な使用例です。

```
setTimeout(function () {
  console.log("実行後、2秒後ににメッセージを表示");
}, 2000);
```

コールバック関数は、他の関数を引数として受け取ることができるため、入れ子になることがよくあります。すなわち、あるコールバック関数が別の関数を引数として受け取り、その中でもさらにコールバック関数を受け取る、という構造を持つことができます。しかし、このようにネストが深くなると、コードの可読性が著しく低下します。

このような読みにくさを解消するため、近年の JavaScript では、非同期処理をよりシンプルに書ける Promise や async/await などの機能が導入されています。これらを利用することで、ネストされたコールバックを回避することができます。

Appendix 15

クラスと this

JavaScript のクラスは ES6 (ES2015) で導入された機能で、オブジェクト指向プログラミングの概念をサポートしています。クラスはオブジェクトを生成するためのブループリントやテンプレートとして機能し、メソッドやプロパティを持つことができます。

```
class Person {
  constructor(name, age) {
    this.name = name;
    this.age = age;
  }

  greet(greeting) {
    console.log(`${greeting}, my name is ${this.name}.`);
  }
}
```

上記の Person クラスは、name と age という 2 つのプロパティと、greet メソッドを持っています。

ES2022で導入された機能の1つとして、クラスのインスタンスフィールドの宣言が正式にサポートされるようになりました。この機能により、クラスのトップレベルでプロパティを設定可能になりました (フィールド宣言)。

```
class Person {
  name = "John"; // トップレベルで初期値の設定が可能
  age;
  constructor(name, age) {
    this.name = name; // 上書き可能
    this.age = age;
  }

  greet(greeting) {
    // 省略
  }
}
```

クラスからオブジェクトを作成することをインスタンス化と言います。new キーワードを使ってクラスからインスタンスを生成します。

```
// インスタンス化
const alice = new Person("Alice", 30);
const jane = new Person("Jane", 25);

alice.greet("Hello"); // Hello, my name is Alice.
jane.greet("Hi"); // Hi, my name is Jane.
```

alice と jane は、Person クラスの異なるインスタンスです。

this キーワードは、オブジェクト指向プログラミングにおける現在のインスタンスを参照するためのキーワードです。クラス内部での this は、現在のクラスのインスタンス、つまりオブジェクト自体を指します。

上記のPersonクラスを考えると、this.name や this.age はクラスのインスタンスが持つ name や age のプロパティを指します。したがって、メソッド内部で this を使用することで、そのインスタンスのプロパティや他のメソッドにアクセスできます。

```
class Person {
  constructor(name, age) {
    this.name = name;
    this.age = age;
  }

  incrementAge() {
    this.age += 1;
  }

  displayAge() {
    console.log(`I am ${this.age} years old.`);
  }
}

const bob = new Person("Bob", 20);
bob.incrementAge();
bob.displayAge(); // "I am 21 years old."
```

この例では、incrementAge メソッドは this.age によってインスタンスの age プロパティの値を 1 増加させます。displayAge メソッドも同じ this.age を使って年齢を表示します。ここでの this は bob インスタンスを指しています。

しかし、this の値は関数がどのように呼び出されるかによって変わります。特にイベントハンドラやコールバック関数での挙動に注意が必要です。

Appendix 16
JavaScript のプライベートクラスメンバー

JavaScript のクラスはハッシュ # 接頭辞を使ってプライベートクラスメンバーを生成することができます。フィールド名の前に#を付けることで、そのフィールドはプライベートとなり、そのメンバーはクラスの外部からアクセスできなくなります。

```
class Example {
  #privateField = "This is a private field";

  getPrivateField() {
    return this.#privateField;
  }
}

const obj = new Example();
console.log(obj.#privateField); // Error
console.log(obj.getPrivateField()); // This is a private field
```

上記の例では、#privateField は Example の内部からのみアクセス可能です。プライベートメソッドも同様に定義することができます。これらの定義方法は、ES2022 から追加されました。

TypeScript の private 修飾子は、コンパイル時にそのアクセス制約をチェックするもので、JavaScript にトランスパイルした際には、その制約情報は失われます。これに対して、JavaScript のプライベートフィールド（#を接頭辞として使用）は、ランタイム時にもそのプライベート性が維持されるため、トランスパイル後の実行環境においても外部からのアクセスが制限されます。

Appendix 17
三項演算子

三項演算子は、3 つのオペランドを持つ特殊な演算子で、以下の形式で表されます。

```
条件式 ? 条件式がtruthyのときに実行される式 : 条件式がfalsyのときに実行される式;
```

三項演算子の使用例を以下に示します。

```
const age = 20;
const type = age >= 18 ? "成人" : "未成年";
console.log(type); // "成人"
```

上記の例では、age >= 18 という条件を評価し、それが true なので、'成人'という文字列が type 変数に代入されます。この演算子によって、条件式の結果によって実行する式を切り替えることができます。

三項演算子は、シンプルな if-else ステートメントを 1 行で書く場合に特に便利です。しかし、複雑な条件やネストされた三項演算子を使うと、コードの可読性が低下する可能性があるので注意が必要です。

Appendix 18 typeof、in、instanceof 演算子

A-18-1 typeof 演算子

JavaScript の typeof 演算子は、オペランド（演算子の対象となる値）のデータ型を文字列として返す演算子です。この演算子は変数やリテラルのデータ型を確認する際によく使用されます。

以下は、typeof 演算子が返す値の一覧です。

型	結果
文字列	"string"
Number	"number"
BigInt（ES2020 の新機能）	"bigint"
真偽値	"boolean"
Symbol（ES2015 の新機能）	"symbol"
undefined	"undefined"
null	"object"
関数オブジェクト	"function"
その他のオブジェクト	"object"

typeof 演算子の具体的な使用例を確認しましょう。

```
typeof "JavaScript"; // "string"
typeof 12; // "number"
typeof 14n; // "bigint"
typeof true; // "boolean"
typeof Symbol("id"); // "symbol"
typeof undefined; // "undefined"
typeof function () {}; // "function"
typeof null; // "object"（これは歴史的な理由からの挙動です）
typeof { a: 1 }; // "object"
typeof [1, 2, 3]; // "object"（配列もオブジェクトの一種です）
```

typeof を使用するときの注意点は、null をオブジェクトとして返すことや、配列もオブジェクトとして扱われることです。typeof は演算子なので、括弧は必要ありませんが、読みやすくするために使用することがあります（例：typeof(変数)）。

また、TypeScript の typeof 演算子とは異なるので注意してください（5-7-2「typeof」を参照）。

A-18-2 in 演算子

JavaScript の in 演算子は、指定されたプロパティが指定されたオブジェクトに存在するかどうかをチェックするために使用されます。in 演算子は true または false の真偽値を返します。

in 演算子の具体的な使用例を確認しましょう。

```
// オブジェクト
const game = {
  maker: "Nintendo",
  model: "N64",
  year: 1996
}

console.log('model' in game); // true
console.log('price' in game); // false

// 配列
const colors = ['red', 'green', 'blue'];

console.log(0 in colors); // true
console.log(3 in colors); // false
```

in 演算子の基本的な構文は以下のようになります。

```
prop in object;
```

上記のpropは、プロパティ名、配列のインデックス、またはシンボルです。

注意点として、in演算子はオブジェクトのプロトタイプチェーン内のプロパティもチェックします。つまり、あるプロパティがオブジェクト自身には存在しなくても、オブジェクトのプロトタイプチェーン上にある場合はtrueを返します。

```
"toString" in {}; // true
```

上の例のtoStringメソッドはJavaScriptのすべてのオブジェクトが継承するObject.prototypeに存在するメソッドです。そのため、空のオブジェクトでさえ'toString' in {}はtrueを返します。

直接オブジェクト自身にのみ存在するプロパティを確認したい場合は、Object.hasOwnPropertyメソッドを使用しましょう。

A-18-3 instanceof演算子

JavaScriptのinstanceof演算子は、あるオブジェクトが特定のクラスのインスタンスであるかどうかをチェックするために使用されます。この演算子は、オブジェクトがクラスによって作成されたものかどうか、またはそのクラスを継承するサブクラスによって作成されたものかどうかを判断する際に役立ちます。instanceof演算子は、trueまたはfalseの真偽値を返します。

instanceof演算子の具体的な使用例を確認しましょう。

```
class Animal {
  constructor(name) {
    this.name = name;
  }
}

class Dog extends Animal {
  bark() {
    console.log("Wan!");
  }
}

const gon = new Dog("Gon");

console.log(gon instanceof Dog); // true
console.log(gon instanceof Animal); // true
```

上記のgon instanceof Dogの評価の結果は、trueとなります。なぜならgonはDogクラスのインスタンスだからです。また、gon instanceof Animalもtrueを返します。これはDogクラスがAnimalクラスを継承しているため、gonはAnimalの特性も持っているからです。

instanceof演算子は、オブジェクトが特定のクラスの「ファミリー」に属しているかどうかを調べる際に特に有用です。これはオブジェクト指向プログラミングにおいてオブジェクトの型を確認する一般的な方法です。

Appendix 19
DOM とイベントリスナ

DOM（Document Object Model）とは、HTML の構造をプログラムから操作するためのインターフェイス（API）です。DOM はさまざまなプログラミング言語から利用できる API を提供します。Web ブラウザでは、HTML 構造や内容を操作するために JavaScript から利用されます。JavaScript から DOM を使うことで、ウェブページの内容、構造、スタイルなどを動的に変更することができます。

DOM では、HTML 文書内のすべての要素（タグ、テキスト、属性など）はノードとして表されます。DOM はツリー構造として文書を表現します。例えば、HTML の body 要素は html 要素の子ノードとして存在し、その中の p 要素や div 要素は、さらに body 要素の子ノードとして存在します。

JavaScript を使用して DOM を操作する例を以下に示します。

A-19-1 要素の取得

DOM の document.querySelector メソッドは、引数で指定された CSS セレクタに一致する最初の要素を返します。

```
// HTML内を探索した際に一番最初に見つかるbutton要素を取得
const button = document.querySelector("button");
```

A-19-2 要素へのイベントリスナの追加

DOMのaddEventListenerメソッドは、指定された要素にイベントリスナを追加します。

```
// button要素にイベントリスナを追加
button.addEventListener("click", function (event) {
  alert("Button was clicked!");
});
```

第 1 引数はイベントの種類（'click'、'mouseover'など）を、第 2 引数はイベントが発生したときに実行される関数を指定します。登録するコールバック関数の引数には、イベントに関する情報（例：クリックされた座標、キーの押下情報など）が格納された event オブジェクトが渡ってきます。

これによって、button 要素をクリックすると、ブラウザ上にアラートメッセージが表示されるようになります。

イベントリスナの追加は 基本的な DOM 操作の一例です。JavaScript から DOM のインターフェイスを利用することで、動的なウェブページを作成することができます。

Appendix 20 デフォルト引数

ES6（ES2015）から、JavaScript に関数のパラメータにデフォルト値を設定する機能が追加されました。これにより、関数に値が渡されない場合や undefined が渡された場合に、デフォルト値が使用されます。JavaScript では、関数の引数は、指定しなければ undefined になります。

デフォルト引数（Default parameters）は、関数宣言や関数式の引数リスト内で、等号（=）を使用してデフォルトの値を指定します。

```
function greet(name = "Guest") {
  console.log("Hello, " + name);
}

greet(); // "Hello, Guest"
greet("Alice"); // "Hello, Alice"
```

上記の例では、greet 関数の name 引数にデフォルト値として "Guest" が設定されています。このため、関数を引数なしで呼び出した場合、デフォルト値が使用されます。

デフォルト引数は関数が呼び出されるたびに評価されるため、固定の値だけでなく、関数の呼び出しや計算の結果を持つこともできます。

```
// デフォルト引数に関数呼び出しの結果を設定
function logRandomNumber(num = Math.random()) {
  console.log(num);
}

logRandomNumber(); // 実行するたびに異なる値をとる

// 前に（左側で）定義された引数を、その後のデフォルト引数で利用
function totalWithTip(x, tip = x * 0.1) {
  return x + tip;
}

console.log(totalWithTip(1000)); // 1100
console.log(totalWithTip(1000, 150)); // 1150
```

デフォルト引数は、関数の可読性や使いやすさを向上させる便利な機能です。適切に使用することで、冗長なコードを減らすことができます。

Appendix 21

残余引数

残余引数 (Rest parameters) は、関数に複数の引数を渡すときに、それらの引数を配列としてまとめるための構文です。
残余引数は、関数の最後のパラメータとして、スプレッド構文 (...) の後に変数名を置いて使用します。
残余引数構文を使用することで、関数は不定数の引数を 1 つの配列として受け取ることが可能となります。これにより、JavaScript で可変長の引数を持つ関数を簡潔に表現することができます。

```
// 残余引数を用いた可変長引数関数
function sum(...args) {
  let total = 0;
  for (const arg of args) {
    total += arg;
  }
  return total;
}

sum(1, 2, 3); // 6
sum(1, 2, 3, 4); // 10
```

残余引数は、他の固定引数と組み合わせることもできます。

```
function myFunc(x, y, ...args) {
  console.log(x);
  console.log(y);
  console.log(args); // 配列にまとめられる
}

myFunc(1, 2, 3, 4, 5);
// ログ出力
// 1
// 2
// [3, 4, 5]
```

残余引数は関数内で1つだけ使用でき、必ず他のパラメータの後に配置する必要があります。

Appendix 22

bind、call、apply メソッド

bind、call、apply メソッドを使うと、関数内の this を明示的に束縛（固定）することができます。

this は、実行コンテキストに基づいて異なるオブジェクトを参照する特別なキーワードです。その振る舞いは、関数の呼び出し方法によって異なります。

例えば、単独の関数を直接呼び出すときは、this はグローバルオブジェクト（ブラウザの場合は Window オブジェクト）を指します。また、オブジェクトのメソッドとして関数を呼び出すときは、this はそのオブジェクトを指します。

```
function showThis() {
  console.log(this);
}

// 関数を直接呼び出す
showThis();
// Windowオブジェクト（ブラウザ環境でのグローバルオブジェクト）or
// globalオブジェクト（Node.js環境）

const obj = {
  showThis,
};

// オブジェクトのメソッドとして関数を呼び出す
obj.showThis(); // obj自体が表示
```

上記の関数 showThis は、現在の実行コンテキストの this をコンソールに表示するだけの関数です。この関数を直接呼び出すと、ブラウザの環境では this は通常、グローバルオブジェクトである Window オブジェクトを指し、Node.js 環境では this は、global オブジェクトを指します。

一方、showThis をオブジェクト obj のメソッドとして呼び出した場合は、this はそのメソッドを呼び出したオブジェクトを指します。したがって、この場合、this は obj オブジェクトを指し、そのオブジェクトがコンソールに表示されます。これが、関数がどのように呼び出されるかによって this の値が変わるという特性の一例です。

bind、call、apply メソッドを使うと、この関数の this を特定の値に束縛することができます。それぞれのメソッドについて見ていきましょう。

A-22- 1 bind メソッド

bind メソッドは、this が特定の値に束縛された新しい関数を生成します。

```
const john = {
  name: "John",
  greet() {
    console.log(`Hello, my name is ${this.name}.`);
  },
};

// johnのgreetメソッドの参照を新しい変数freeGreetに保存
const freeGreet = john.greet;
// thisのコンテキストが失われているため、エラーになるか意図しない結果になる
freeGreet();

// bindメソッドに渡したオブジェクトがthisに束縛された新しい関数が作成される
const boundedGreet = john.greet.bind(john);
boundedGreet(); // "Hello, my name is John."
```

上記の例では、freeGreet 関数を呼び出していますが、this のコンテキストが失われているため、この関数の中の this.name は john オブジェクトの name プロパティを参照しません。この場合の this は、Window オブジェクトになるか、strict モードの場合では undefined になります。
一方、boundedGreet には、bind メソッドによって、john.greet 関数の this を john オブジェクトに束縛した新しい関数が代入されています。これによって、正しく"Hello, my name is John"というメッセージがコンソールに出力されます。

bindメソッドは、this だけでなく、新たに生成した関数に渡す引数も束縛することができます。そのためには、bind メソッドの第 2 引数以降に束縛したい引数を指定します。

bindメソッドは、主にコールバック関数やイベントハンドラで this の参照を失う問題を解消するために使用されます。

A-22- 2 callメソッド

call メソッドは、this を束縛した上で関数の呼び出しまで行います。第 1 引数に this の値として設定したいオブジェクトを指定します。その後の引数は関数に直接渡されます。

```
function greet(greeting) {
  console.log(`${greeting}, ${this.name}!`);
}

const bob = { name: "Bob" };
// thisと引数の束縛と呼び出し
greet.call(bob, "Hello"); // "Hello, Bob!"
```

A-22-3 apply メソッド

apply メソッド は call と似ていますが、関数に渡す引数を配列として受け取る点が異なります。

```
function greet(greeting, message) {
  console.log(`${greeting}, ${this.name}! ${message}`);
}

const alice = { name: "Alice" };
greet.apply(alice, ["Hi", "How are you?"]);
// "Hi, Alice! How are you?"
```

これらのメソッドは、特にコールバック関数や、this のスコープが変わる場面（例：イベントリスナ、タイマー）で非常に便利です。

Appendix 23 コンストラクタ関数とクラス

コンストラクタ関数は、オブジェクトを作成するための特別な関数です。new キーワードと一緒に使うと、コンストラクタ関数から新しいオブジェクトインスタンスを作成できます。コンストラクタ関数の名前は慣例として大文字で始めます。コンストラクタ関数の内部で使用される this キーワードは、新しく作成されるオブジェクトを指し、プロパティやメソッドをそのオブジェクトに割り当てることができます。

```
// コンストラクタ関数
function Person(name, age) {
  this.name = name;
  this.age = age;
  this.greet = function () {
    return "Hello, my name is " + this.name + "!";
  };
}

const alice = new Person("Alice", 25);
console.log(alice.greet()); // "Hello, my name is Alice!"
```

上の例では、Person 関数がコンストラクタ関数として使われています。ES5 のバージョンまでは、コンストラクタ関数は新しいオブジェクトのインスタンスを作成する主な方法でした。

ES6で導入されたクラス構文は、オブジェクトのインスタンスを作成するよりモダンで読みやすい方法を提供します。クラス構文はコンストラクタ関数のシンタックスシュガーと考えることができ、より簡潔で明確な方法を提供しています。クラス内部のconstructorメソッドは、インスタンスを作成する際に呼び出され、プロパティやメソッドを初期化します。

```
// クラス構文
class Person {
  constructor(name, age) {
    this.name = name;
    this.age = age;
  }

  greet() {
    return `Hello, my name is ${this.name}!`;
  }
}
```

クラスはコンストラクタ関数のより直感的な代替手段ですが、背後で行われていることは基本的に同じです。class キーワードは内部的にはコンストラクタ関数を使用しており、JavaScript エンジンはクラスをコンストラクタ関数として扱います。つまり、クラス構文はオブジェクト指向プログラミングの概念をより明確に表現するための方法であり、コンストラクタ関数に基づいたプロトタイプベースの継承を維持しています。

Appendix 24

ES Modules の export/import

ES Modules は ECMAScript によって導入された公式のモジュールシステムで、モダンブラウザや新しい Node.js でネイティブにサポートされています。ES Modules は ES6（ECMAScript 2015）で導入されました。ここでは ES Modules のモジュールから変数、関数、クラスなどをエクスポートして外部に公開する方法と、それらを別のファイルからインポートする方法を説明します。

A-24-1 export

モジュールからエクスポートを行うには、**export**キーワードを使用します。

A-24-1-1 名前付きエクスポート

```
// myModule.js

// 個別にエクスポート
export const myVariable = "some value";
export function myFunction() {
  /* ... */
}

// or まとめてエクスポート
export { myVariable, myFunction };
```

A-24-1-2 デフォルトエクスポート

モジュールごとに 1 つだけデフォルトエクスポートを持つことができます。

```
// 無名関数をデフォルトエクスポート
export default function() { /* ... */ }

// or
const myFunction = () => { /* ... */ };
export default myFunction;
```

デフォルトエクスポートと名前付きエクスポートは合わせて使用することができます。

A-24-1-3 別名でエクスポート

```
const myVariable = "some value";
export { myVariable as publicVal };
```

A-24-2 import

モジュールのインポートを行うには、**import**キーワードを使用します。

A-24-2-1 名前付きエクスポートのインポート

```
import { myFunction, myVariable } from "./myModule.js";
```

A-24-2-2 すべての名前付きエクスポートを1つのオブジェクトとしてインポート（名前空間インポート）

```
import * as myModule from "./myModule.js";
```

A-24-2-3 デフォルトエクスポートのインポート

```
// 任意の名前を付けてデフォルトインポート
import myDefault from "./myModule.js";
```

A-24-2-4 名前付きエクスポートとデフォルトエクスポートを同時にインポート

```
import myDefault, { myFunction, myVariable } from "./myModule.js";
```

A-24-2-5 名前付きエクスポートを別名でインポート

```
import { myFunction as myFunc, myVariable as myVal } from "./myModule.js";
```

Appendix 25

ES Modules と CommonJS

JavaScript のモジュールシステムには、ES Modules の他に CommonJS が存在します。

CommonJS は、Node.js の初期から使用されているモジュールシステムで、特にサーバサイドやデスクトップアプリケーションでの使用を意図して設計されました。

CommonJS では以下のようにモジュールをエクスポートおよびインポートします。

A-25- 1 エクスポート

CommonJS モジュールシステムでは、module.exports オブジェクトを使ってモジュールをエクスポートします。このオブジェクトに代入された値が、モジュールを要求する他のファイルから利用可能になります。

```
// myModule.js
module.exports = {
  myFunction: function () {
    /* ... */
  },
  myVal: 123,
};

// または単一の関数をエクスポートする場合
module.exports = function () {
  /* ... */
};
```

A-25- 2 インポート

他のファイルからモジュールをインポートするには、require 関数を使用します。require 関数は、指定されたモジュールの module.exports オブジェクトが返されます。

```
const myModule = require("./myModule");

// エクスポートされた関数やオブジェクトを使用する
myModule.myFunction();
console.log(myModule.myVal);
```

上記のように、CommonJS モジュールは、module.exports を使用してエクスポートされたオブジェクト全体をインポートします。ES Modules モジュールにおける export default と import ... from ...とは異なり、CommonJS では個々のエクスポートやインポートの構文はありません。require 関数ではモジュールのインポート時にファイルの拡張子を省略することが可能です。Node.js は拡張子が省略された場合、.js、.json、.node の順にファイルを探します。

ES Modules は最新のブラウザにネイティブにサポートされており、CommonJS が主流だった Node.js でも採用されています。JavaScript のエコシステムは CommonJS から ES Modules へ徐々に移行しており、多くの新しいプロジェクトやライブラリが ES Modules を採用しています。

Appendix 26

JSDoc

JSDoc は、JavaScript コードに注釈をつけるためのマークアップ言語です。これを使うと、関数やメソッド、変数などの構造についての説明を、直接ソースコード内に記載することができます。JSDoc のコメントは、コードの可読性を高め、他の開発者がコードを理解しやすくするのに役立ちます。また、HTML などの形式のドキュメンテーションを自動生成することも可能です。

以下に、JSDoc の基本的な使い方を示す簡単な例を紹介します。

```
/**
 * 2つの数値を加算する関数
 * @param {number} a -1つ目の数値
 * @param {number} b -2つ目の数値
 * @returns {number} 2つの数値の合計
 */
function add(a, b) {
  return a + b;
}
```

上記の例では、@param で関数の各パラメータの型と、@returns で関数の戻り値の型を説明しています。"タグ"と呼ばれる@から始まる注釈には、他にもさまざまな種類が用意されています。

TypeScript のコンパイラは、JSDoc コメントから型情報を読み取り、型推論に使用することができます。これにより、純粋な JavaScript コードで JSDoc を使用する場合に、TypeScript の型チェックの恩恵を受けることができます。
多くのコードエディタは JSDoc を解釈し、コードの自動補完やツールチップに型情報を表示する機能を持っていますが、TypeScript はより進んだ言語サービスを提供し、エディタでの開発体験を強化します。

JSDoc は「GitHub」でホストされたオープンソースプロジェクトであり、多くの貢献者によって支えられています。

Appendix 27

分割代入

分割代入（Destructuring assignment）は、配列やオブジェクトの要素を変数に一度に代入するための便利な機能です。これにより、データ構造の内部からデータを取り出すことが容易になります。

A-27-1 配列の分割代入

配列の各要素を取り出して変数に代入することができます。

```
const nums = [1, 2, 3];

// 分割代入
const [a, b] = nums;

console.log(a); // 1
console.log(b); // 2
```

また、残余構文によって残りの要素を別の配列として受け取ることもできます。

```
const nums = [1, 2, 3, 4, 5];

// 分割代入
const [a, b, ...rest] = nums;

console.log(a); // 1
console.log(b); // 2
console.log(rest); // [3, 4, 5]
```

A-27- 2 オブジェクトの分割代入

オブジェクトのプロパティを変数に代入することができます。

```
const john = {
  name: "John",
  age: 20,
  gender: "male",
};

// 分割代入
const { name, age, gender } = john;

console.log(name); // 'John'
console.log(age); // 20
console.log(gender); // 'male'
```

プロパティ名とは別の名前の変数として代入することもできます。

```
// 別名の変数に分割代入
const { name: lastName } = john;

console.log(lastName); // 'John'
```

A-27- 3 関数のパラメータとしての分割代入

関数のパラメータとしても分割代入を使用することができます。

```
// パラメータを分割代入で指定
function displayUser({ name, age }) {
  console.log(`Name: ${name}, Age: ${age}`);
}

const user = { name: "Bob", age: 25 };
displayUser(user); // "Name: Bob, Age: 25"
```

分割代入によって、コードをシンプルに保ちつつ、要素やプロパティの取り出しを効率的に行うことができます。

Appendix 28

Promise

Promise は、JavaScript で非同期処理を扱うためのオブジェクトです。Promise オブジェクトは非同期処理の最終的な状態（完了または失敗など）およびその結果の値を保持します。Promise を使うことで、非同期処理の結果に基づいた継続的な処理を、深くネストしたコールバック（通称「コールバック地獄」）を避け、明瞭なコードで書くことができます。

Promise は以下の 3 つの状態を持ちます。

1. 成功して完了した場合（fulfilled）
2. 失敗した場合（rejected）
3. まだ処理が完了していない場合（pending）

Promise オブジェクトは new Promise()コンストラクタを使って作成されます。コンストラクタは関数を引数に取り、この関数は resolve と reject の 2 つの引数を持ちます。これらは、非同期処理がそれぞれ成功したときや失敗したときに呼び出す関数です。非同期処理が成功すれば resolve 関数を、失敗すれば reject 関数を呼び出して、Promise の状態を適切に変更します。

基本的な Promise の作成方法は以下のとおりです：

```
const promise = new Promise((resolve, reject) => {
  // 何らかの非同期処理を行う

  if (/* 非同期処理が成功した場合 */) {
    resolve(value); // valueは後続のthenメソッドで取り出せる結果の値です。
  } else {
     reject(error);   // errorはPromiseが拒否された理由で、通常エラーメッセージやエラーオブジェクトとなりま
す。
  }
});
```

Promise オブジェクトは、以下の 3 つのメソッドで操作します。

A-28- 1 then メソッド

非同期処理が成功した場合（fulfilled 状態）に実行するコールバック関数を登録します。then()は新しい Promise を返し、チェーンすることができます。resolve 関数に渡された値が、そのコールバック関数へ引数として渡されます。加えて、then メソッドは2つ目の引数として、非同期処理が失敗した場合（rejected 状態）に実行されるコールバック関数を登録することができます。これは、次に説明する catch メソッドに似ていますが、then メソッド内で失敗の処理を行う場合に使用できます。

```
const promise = new Promise((resolve, reject) => {
  setTimeout(() => {
    if (/* 条件 */) {
      resolve("非同期処理が成功！");
    } else {
      reject(new Error("非同期処理のエラー"));
    }
  }, 1000);
});

promise.then(
  (result) => {
    console.log(result); // '非同期処理が成功！' と出力される
  },
  (error) => {
    console.error(error.message); // '非同期処理のエラー' と出力される
  }
);
```

A-28- 2 catch メソッド

非同期処理が失敗した場合（rejected 状態）に実行するコールバック関数を登録します。一般的に、エラー処理のロジックをここで記述します。catch()も新しい Promise を返し、チェーンすることができます。

```
const promise = new Promise((resolve, reject) => {
  setTimeout(() => {
    reject(new Error("非同期処理のエラー発生"));
  }, 1000);
});

promise
  .then((result) => {
    console.log(result);
  })
  .catch((error) => {
    console.error(error.message); // '非同期処理のエラー発生' と出力される
  });
```

A-28- 3 finally メソッド

Promise が fulfilled 状態または rejected 状態になったとき、すなわち非同期処理が成功した場合も失敗した場合も必ず実行するコールバック関数を登録します。このメソッドは、リソースのクリーンアップや最終的な終了処理などを行うのに便利です。

```
const promise = new Promise((resolve, reject) => {
  setTimeout(() => {
    resolve("非同期処理が成功！");
  }, 1000);
});

promise
  .then((result) => {
    console.log(result);
  })
  .finally(() => {
    console.log("非同期処理が完了しました。"); // 成功・失敗にかかわらず、このメッセージが出力される
  });
```

これらのメソッドを駆使することで、非同期処理の結果に応じてさまざまな後続の処理を効率的に記述することができます。特に、then、catch、finally をチェーンすることで、非同期処理の流れを直感的に読み解くことができるコードを実現できます。

加えて、Promise.all()や Promise.race()といった静的メソッドも存在し、複数の Promise の動作を制御する際に役立ちます。例えば、Promise.all()は複数の Promise がすべて fulfilled 状態になるのを待ち、その結果の配列を返します。一方、Promise.race()は複数の Promise のうち、最初に完了する Promise の結果またはエラーを返します。

Appendix 29

async/await

Promise は非常に便利であり、非同期処理のフローを制御する上で素晴らしいツールとして機能しますが、多くの then や catch が続くと、コードが少し読みにくくなることがあります。この問題を解決するために、ES2017（ES8）からは async と await という新しい構文が導入されました。これにより、非同期処理をさらに直感的かつ同期処理のような書き方で実現できます。

async は関数の前に付けるキーワードで、その関数が非同期処理を行い、Promise を返すことを示します。この関数内部では await キーワードを使用して、Promise の結果を待つことができます。

```
async function fetchData() {
  // fetch()の戻り値はResponseオブジェクトに解決されるPromise
  let response = await fetch("https://api.example.com/data");

  // json()の戻り値はJSONに解決されるPromise
  let data = await response.json();
  return data;
}
```

上記の例では、fetchData 関数は async と宣言されているため、この関数は必ず Promise を返します。関数内部で fetch の非同期処理を await で待ってから、その結果を response に格納しています。同様に、response.json() の非同期処理も await で待っています。

このように、async/await を使用すると、非同期処理を簡潔で読みやすい形で書くことができます。また、エラーハンドリングについては、通常の try/catch 構文を使うことができます。

```
async function fetchData() {
  try {
    let response = await fetch("https://api.example.com/data");
    let data = await response.json();
    return data;
  } catch (error) {
    console.error("データの取得中にエラーが発生しました:\n", error);
  }
}
```

この方法で、then や catch メソッドを直接使用することなく、非同期処理とそのエラーハンドリングを効率的に行うことができます。

async/await は非同期処理をさらに直感的に、そして同期的な書き方で行える強力なツールです。しかし、内部的には Promise を利用しているため、Promise の知識があると、より深く理解するのに役立ちます。

Appendix 30

正規表現

正規表現（Regular Expression、略して Regex）は、文字列のパターンを表現するための記法です。このパターンは、文字列の検索、置換、抽出などの操作に使用されます。

A-30- 1 正規表現の作成

JavaScript で正規表現（RegExp オブジェクト）を作成するには 2 つの方法があります。

A-30- 1-1 正規表現リテラル

```
// 正規表現リテラルで正規表現のパターンを書く方法 (patternの文字列が固定値の時に使用)
/pattern/flags;
```

```
// 例：正規表現リテラルによる正規表現の作成
let regex = /apple/g;
```

A-30- 1-2 RegExp クラスをインスタンス化

```
// RegExp クラスから動的に正規表現を作成する方法 (patternの文字列を動的に作成する必要がある時に使用)
new RegExp("pattern", "flags");
```

```
let pattern = "apple";
let flag = "g";

// 例: RegExp クラスから正規表現を作成
let regex = new RegExp(pattern, flag);
```

A-30- 2 パターン内で使える特殊文字とフラグ

正規表現にはいくつかの特殊文字があります。それらと文字列を組み合わせることで非常に柔軟なパターンを表現することができます。以下はそのほんの一部です。興味のある方は"正規表現"で調べてみてください。

- .：任意の一文字
- *：直前の文字が 0 回以上繰り返す
- +：直前の文字が 1 回以上繰り返す
- ?：直前の文字が 0 回または 1 回繰り返す

フラグ（flags）は正規表現の動作（検索モード）を変更するためのオプションです。ここでは一部だけを紹介します。

- g：グローバル検索。パターンにマッチするすべての部分を検索します
- i：大文字・小文字を区別しない検索を行います

A-30- 3 正規表現に関わるメソッド

正規表現に関わるメソッドは、RexExp オブジェクトと String オブジェクトに格納されています。これらを使用することで文字列に対するさまざまな検索や操作を行うことができます。

ここでは、それぞれほんの一部だけ紹介します。

A-30- 3-1 RegExp オブジェクトのメソッド

■ testメソッド

与えられた文字列が正規表現にマッチするかどうかを調べ、真偽値を返します。

```
/hello/.test("hello world"); // true
```

■ exec メソッド

与えられた文字列に対してマッチを試み、マッチした場合は結果の配列を、マッチしない場合は null を返します。

```
/world/.exec("hello world");
// ['world', index: 6, input: 'hello world', groups: undefined]
```

A-30- 3-2 String オブジェクト（文字列）のメソッド

■ match メソッド

文字列に対して、与えられた正規表現でマッチングを行い、結果を返します。マッチする部分がない場合は null を返します。

```
"hello world".match(/hello/);
// ["hello", index: 0, input: "hello world", groups: undefined]
```

■ search メソッド

文字列内で、与えられた正規表現にマッチする最初の位置のインデックスを返します。マッチしない場合は-1 を返します。

```
"hello world".search(/world/); // 6
```

正規表現は奥が深いので興味のある方はさらに調べてみてください。

Index

記号

- (算術演算子) 015
!= 046, 112
!== 112
288
&& 015
* 192, 310
** 192
. 310
... 041, 279
.d.ts 180
.js 175
.ts 008, 016
;(オブジェクト型の型注釈内) 033
?(タプル要素のオプション) 041
?(オプショナルプロパティ) 062
?(正規表現) 192, 310
?. 048, 280
?? 281
@式 151
| 027
|| 281
+(算術演算子) 015
+(正規表現) 310
< 046
<= 046
== 046, 112
=== 015, 046, 112
=> 051
> 046
>= 046

A

abstract 086
accessor 170
addEventListener 292
addInitilizer 156
allowJs 202
allowSyntheticDefaultImports 197
any 型 044
apply 297
Array 型 039
async 222, 308
AtScript 003
Auto-Accessor 170
autofocus 251
await 222, 308

B

BigInt 274, 278
bind 296
Boolean 274
boolean 型 023
button 要素 251

C

call 296
catch 306
chalk 224
checkJS 204

CommonJS …… 176, 301
compilerOptions …… 010, 190
console.log …… 008
const …… 025, 275
const アサーション …… 124

D

declaration …… 194
declarationMap …… 194
declare module …… 185
DefinitelyTyped …… 181
DOM …… 123, 292

E

ECMAScript …… 003, 272
ES Modules …… 176, 298
esModuleInterop …… 196
exec …… 310
export …… 174, 298
extends …… 076, 144, 205

F

false …… 023
falsy …… 283
finally …… 307

G

g（正規表現のフラグ） …… 310
get …… 084

H

h2 要素 …… 259

I

i（正規表現のフラグ） …… 310
implements …… 087
import …… 174, 298
in …… 113, 290
include …… 191
Infinity …… 022
instanceof …… 046, 114, 291
interface …… 060

J

JavaScript エンジン …… 016
JSDoc …… 204, 302
JSON …… 215
JSON.parse …… 217

K

keyof …… 125, 145

L

let …… 275
li 要素 …… 245
lib …… 201

M

match …… 311
Math.random …… 111
module …… 195, 246

moduleDetection 179

N

NaN 022
never 型 043, 053
Node.js 005, 272
node_modules 182
noEmit 194
noEmitOnError 194
noImplicitAny 198
noImplicitThis 201
npm 005, 273
npm init 182, 211
npm install 006, 182, 211
npm start 213, 273
null 274, 278
null 型 047
null 合体演算子 281
Number 015, 274
number 型 012, 022

O

object 型 034
outDir 010, 190, 246

P

package.json 211, 272
Partial<T> 146
pattern 251
Pick<T, K> 148
PowerShell 007
preventDefault 253
private 080
Promise 221, 305
protected 081
public 079

R

readFileSync 217
readonly 038, 062
Record<K, T> 147
required 251
return 048
resolveJsonModule 215
rootDir 191

S

satisfies 117
search 311
serve 247
set 084
sourceMap 193
static 085
strict 198
strictBindCallApply 200
strictFunctionTypes 199
strictNullChecks 199
strictPropertyInitialization 201
String 274
string 型 012, 022
structuredClone 280
super 079, 268

Symbol ………… 274

T

target ………… 010, 194, 246
TC39 ………… 004, 272
template 要素 ………… 244
test ………… 310
textarea 要素 ………… 251
then ………… 306
this ………… 157, 284, 286, 295
toUpperCase ………… 024
true ………… 023
truthy ………… 283
tsc ………… 007, 008
tsc --init ………… 189
tsc -w ………… 249
tsconfig ………… 205
tsconfig.json ………… 009, 188, 246
Tuple 型 ………… 039
type ………… 029, 176
type 属性 ………… 248
TypeError ………… 015
typeof (JavaScript) ………… 046, 113, 289
typeof (TypeScirpt) ………… 126, 259
TypeScript ………… 002, 006

U

ul 要素 ………… 245
undefined ………… 274
undefined 型 ………… 047
unknown 型 ………… 045

V

V8 ………… 003
var ………… 275
Visual Studio Code ………… 003
void 型 ………… 052

あ行

アクセサ ………… 083
アクセス修飾子 ………… 079
アロー関数 ………… 051, 284
アンビエント宣言 ………… 186
暗黙の型変換 ………… 018
イベントリスナ ………… 253, 292
インスタンス ………… 286
インスタンス化 ………… 286
インターセクション型 ………… 043
インターフェイス ………… 060
インターフェイスのマージ ………… 069
インターフェイスの拡張 ………… 066
インデックスアクセス型 ………… 259
インデックスシグニチャ ………… 063
エラー ………… 013, 014
演算子 ………… 015
オーバーライド ………… 067, 077
オブジェクト ………… 031, 274
オブジェクトリテラル ………… 031, 278
オブジェクト型 ………… 031, 100
オプショナルチェーン演算子 ………… 048, 280
オプショナルパラメータ ………… 050
オプショナルプロパティ ………… 037

か行

拡張……141
過剰プロパティチェック……035
型……015, 092
型アサーション……122, 264
型安全性……015
型エイリアス……029
型エラー……014, 023
型ガード……112
型システム……015
型述語……120
型推論……012
型チェッカー……015
型チェック……015, 016
型注釈……012, 026
型のインポート……176
型のエクスポート……176
型の拡大……108
型の絞り込み……111
型パラメータ……133
型引数……134
型名……012
関数……048, 282
関数オーバーロード……055
関数型……051, 103
関数スコープ……275, 277
関数リテラル……278
キャメルケース……276
クラス……071, 286, 297
クラスデコレータ……168
グローバルインストール……006, 009, 273
グローバルスコープ……277
継承……076, 140
ゲッター……083
ゲッターデコレータ……165
ケバブケース……277
構造的型付け……034
構造的部分型付け……100
コールバック関数……051, 285
互換性……099
コンストラクタ……071, 297
コンストラクタ関数……169
コンパイル……016

さ行

サブクラス……076
サブタイプ……097
三項演算子……111, 288
残余引数……294
ジェネリクス……130
ジェネリックインターフェイス……136
ジェネリッククラス……138
ジェネリック関数……133
事前コンパイラ……016
実行時コンパイラ……016
実装……087
集合……092
上位集合……093
省略記法……082
真偽値……274
真偽値リテラル……278
シングルクォート……022

シンタックスシュガー …… 278
シンボル …… 274
シンボルリテラル …… 278
数値 …… 274
数値リテラル …… 278
スーパークラス …… 076
スーパーセット …… 002
スーパータイプ …… 097
スクリプト …… 178
スクリプト実行ポリシー …… 007
スコープ …… 275, 277
スネークケース …… 276
スプレッド構文 …… 041, 279
正規表現 …… 229, 309
正規表現リテラル …… 278
静的型付け言語 …… 017
制約 …… 144
セッター …… 083
セッターデコレータ …… 165
宣言のマージ …… 069
宣言ファイル …… 180
ソースマップ …… 193

た行

代入可能性 …… 099
タグ付きユニオン型 …… 115
タプル …… 040
ダブルクォート …… 022
抽象クラス …… 086
抽象メソッド …… 086
長整数 …… 274
ディープコピー …… 280
データ型 …… 017
デコレータ …… 150
デコレータファクトリ …… 158
デフォルト引数 …… 293
デフォルト型 …… 135
テンプレートリテラル …… 022
テンプレート文字列 …… 064
等価演算子 …… 112
統合開発環境 …… 004
動的型付け言語 …… 018
トップ型 …… 099
トランスパイル …… 016

な行

名前的型付け …… 103
ネスト …… 035

は行

配列 …… 039
配列リテラル …… 278
パスカルケース …… 276
バックティック …… 022
パラメータ …… 282
パラメータの型 …… 104
非 null アサーション …… 123
引数 …… 282
非同期処理 …… 221, 305
フィールドデコレータ …… 167
部分集合 …… 093
プライベートクラスメンバー …… 288

プリミティブデータ型 274
プリミティブ型 022, 092
ブロックスコープ 029, 275, 277
プロパティ 032
分割代入 218, 303
変数名 012
ホイスティング 275
ボトム型 099

ま行

未定義 047, 274
メソッド 061
メソッドデコレータ 153
メタプログラミング 150
モジュール 174, 178
モジュールスコープ 277
モジュール分割 240
文字列 274
文字列リテラル 278
戻り値の型 103

や行

ユーザー定義型ガード 120
ユーティリティ型 146
ユニオン型 027
呼び出しシグニチャ 065
読み取り専用プロパティ 038

ら行

ライブラリ 180
ラベル 041
ランタイムエラー 014
リテラル 278
リテラル型 025
レキシカルスコープ 277
ローカルインストール 273

わ行

ワイルドカード 192

著者プロフィール

■菅原 浩之（すがはら ひろゆき）

1987年、兵庫県姫路市生まれ。2012年、北海道大学応用物理学専攻修了。同年、大手電気機器メーカーに入社。産業用光源の光学設計や熱設計に携わり、欧米向けの製品開発の主担当として設計や海外製造ラインの立ち上げに従事。
趣味で始めたプログラミング学習を通じて、その面白さと可能性に惹かれ、ソフトウェアエンジニアとしてLeapIn株式会社に入社。現在は、同社にてスマホアプリやWebアプリの開発と新規サービスの立ち上げに従事。

監修者プロフィール

■外村 将大（とのむら まさひろ）

1987年、大阪府枚方市生まれ。2012年、北海道大学応用物理学専攻修了。同年、ソフトバンク株式会社入社。システムエンジニアとしてシステムの設計、開発、運用に従事。2016年、世界的なIT起業家になることを夢見て独立。その後、フリーのWeb開発者として働くかたわら、数々のネットサービスの立ち上げを試みるが尽く失敗。2019年、CodeMafiaのハンドルネームで、インターネット上でプログラミング講師として活動を開始。オンライン学習サイト（Udemy）で動画形式のプログラミング学習教材の提供を開始し、受講者数は9万人を突破。LeapIn株式会社代表。著書に「独習JavaScript新版」。

■LeapIn株式会社（リープイン株式会社）

京都に拠点を置くシステム開発とプログラミング教育事業を手掛ける会社。
最先端のIT技術を駆使して、人々の心をワクワクさせるようなサービスを提供します。
会社HP：https://leap-in.com

STAFF
ブックデザイン：三宮 暁子（Highcolor）
DTP：富 宗治
編集：伊佐 知子

現場で使える
TypeScript 詳解実践ガイド

2024年3月22日 初版第1刷発行

著者	菅原浩之
監修	CodeMafia 外村将大
発行者	角竹 輝紀
発行所	株式会社 マイナビ出版 〒101-0003 東京都千代田区一ツ橋2-6-3 一ツ橋ビル 2F TEL：0480-38-6872（注文専用ダイヤル） TEL：03-3556-2731（販売） TEL：03-3556-2736（編集） E-Mail：pc-books@mynavi.jp URL：https://book.mynavi.jp
印刷・製本	シナノ印刷株式会社

ISBN978-4-8399-8427-4